完全绘本

The Deconstructive Sketching Technique of

ARCHITECTURAL DESIGN

建筑设计线稿
解构式手绘技法

王美达 哈日其嘎 ——— 著

长江出版传媒 湖北美术出版社

前 言

FOREWORD

人类最淳朴的设计语言来自于手绘，手绘是与心灵契合的表达方式，可以表达最真实的感受，同时也是智慧的象征。著名建筑大师贝聿铭、梁思成、齐康、彭一刚等，无一不是通过手绘进行建筑设计的构思与推敲，进而落成幢幢经典巨筑，可以说，画好手绘是做好设计的必经之路。

在《建筑设计线稿解构式手绘技法》一书中，笔者总结近20年来手绘教学和手绘设计的经验，针对当前手绘教学领域中“基础训练与场景手绘的衔接与过渡”这一空白区，提出“建筑设计手绘线稿解构式训练方法”。这一方法旨在训练手绘初学者在绘制完整的建筑场景之前，先通过构图分析、草图训练、透视与光影训练、配景训练、局部训练等环节，对原图进行全方位的解构练习，完成多幅生成于该场景环境中的小型手绘图，在此基础上，一气呵成地完成整幅建筑场景线稿手绘。另外，本书按照由简到繁，由收到放，由共识到个性的手绘进阶规律，将建筑线稿手绘分为初级篇、中级篇、高级篇和个性篇四个阶段，并以解构式手绘训练贯穿于其中，为读者提供明确的手绘训练思路与丰富的临摹参考案例。

本书从读者的角度，针对手绘方法进行全面而系统的阐述，使初学者能够清楚地看到从一根线，到一个面，再到一个体，最终构建整个建筑场景的手绘演变过程。而且每个过程，即使是最基本的画线过程，都配有详细的图片步骤，如同看到老师的亲身示范。初学者使用本书，可以通过解构式训练方法，循序渐进地掌握建筑线稿手绘全套技法；接受过手绘训练的读者，可体验该书教程，丰富完善自身技法体系，进而通过临摹、鉴赏书中一些技法独特、难度较高的手绘作品，来提升审美水平。

在复杂的编写过程中，出版社编辑对本书进行了专业上的引导和大力协助，最终本书才得以顺利出版，为此我们也结下了深厚的友谊。

最后，感谢湖北美术出版社的支持，感谢关心我的家人和朋友们！我辈将不忘设计之初心，在手绘一途砥砺前行！

目录

CONTENTS

第一章 手绘工具

第一节 画笔 2

第二节 纸张 3

第三节 辅助工具 3

第二章 线稿基础

第一节 线条 5

1. 手绘用线分类 5
   1.1 快线 5
   1.2 慢线 5
   1.3 自由线 5
   1.4 M线 5
2. 手绘用线要点 6
   2.1 下笔果断 6
   2.2 前后顿笔 6
   2.3 敢于出头 6
3. 线条训练 7
   3.1 慢线训练 7
   3.2 快线训练 8
   3.3 自由线、M线训练 9
   3.4 排线训练 10

第二节 透视 12

1. 透视的构成 12
   1.1 视平线 12
   1.2 消失点 12
2. 一点透视 12
   2.1 一点透视的概述 12
   2.2 一点透视练习 13
   2.3 一点透视几何体组合造型合集 17
3. 两点透视 18
   3.1 两点透视的概述 18
   3.2 两点透视练习 18
   3.3 两点透视几何体组合造型合集 22
4. 三点透视 23
   4.1 三点透视的概述 23
   4.2 三点透视练习 24
   4.3 三点透视几何体组合造型合集 29

第三节 光影 30

1. 几何单体平视、俯视光影关系 30
   1.1 平视状态下几何单体光影关系 30
   1.2 俯视状态下几何单体光影关系 30
2. 方形洞口光影关系 31
   2.1 光源从正面照射洞口的光影现象 31
   2.2 光源从左上方照射洞口的光影现象 31
3. 几何体组合造型光影训练 32
4. 几何体组合造型光影训练合集 34

第四节 配景 35

1. 植物 35
   1.1 树的结构关系 35
   1.2 乔木的线稿画法 36
   1.3 灌木的线稿画法 37
   1.4 植物组合景观的线稿画法 38
   1.5 植物线稿合集 40
2. 人物 41
   2.1 简笔人物线稿画法 41
   2.2 抽象人物线稿画法 43
   2.3 人物线稿合集 44
3. 交通工具 45
   3.1 汽车线稿画法 45
   3.2 交通工具线稿合集 47

第三章 建筑设计线稿解构式训练精讲

第一节 一点透视单体建筑线稿 49

1. 画面剖析 49
   1.1 构图分析 49
   1.2 透视及光影训练 51
   1.3 配景训练 52
   1.4 局部训练 54
2. 全景绘制步骤 55
3. 训练参考图 58

第二节 两点透视单体建筑线稿 59

1. 画面剖析 59

1.1 构图分析 59
1.2 透视及光影训练 62
1.3 配景训练 64
1.4 局部训练 67
2. 全景绘制步骤 69
3. 训练参考图 75

第三节 高层建筑线稿 76

1. 画面剖析 76
1.1 构图分析 76
1.2 透视及光影训练 77
1.3 配景训练 78
1.4 局部训练 79
2. 全景绘制步骤 87
3. 训练参考图 92

第四节 曲线型建筑线稿 93

1. 画面剖析 93
1.1 构图分析 93
1.2 透视及光影训练 94
1.3 配景训练 96
1.4 局部训练 98
2. 全景绘制步骤 102
3. 训练参考图 106

第五节 街巷建筑线稿 107

1. 画面剖析 107
1.1 构图分析 107
1.2 透视及光影训练 108
1.3 配景训练 112
1.4 局部训练 114
2. 全景绘制步骤 119
3. 训练参考图 127

第六节 工业建筑线稿 128

1. 画面剖析 128
1.1 构图分析 128
1.2 透视及光影训练 130
1.3 配景训练 135
1.4 局部训练 137
2. 全景绘制步骤 143
3. 训练参考图 151

第七节 鸟瞰建筑线稿 153

1. 画面剖析 153
1.1 构图分析 153
1.2 透视及光影训练 155
1.3 配景训练 159
1.4 局部训练 162
2. 全景绘制步骤 173
3. 训练参考图 192

第四章 建筑设计线稿解构展示及作品欣赏

第一节 建筑线稿初级篇 195

1. 解构展示 195
2. 作品欣赏 198

第二节 建筑线稿中级篇 203

1. 解构展示 203
2. 作品欣赏 206

第三节 建筑线稿高级篇 215

1. 解构展示 215
2. 作品欣赏 218

第四节 建筑线稿个性篇 227

1. 解构展示 227
2. 作品欣赏 230

后记

第一章

手绘工具

面对市场上各种手绘工具，初学者难免感到迷茫。“器不在多，而在精。”借助本书，笔者结合自己近20年的手绘教学经验，为各位读者推荐一套颇为顺手的工具，并在书中予以操作和使用。

第一节 画笔

铅笔

建筑手绘通常对结构有比较严格的要求，而线条是表达建筑结构等诸要素的主要语言，因此线条的准确性在画面中显得格外重要。通常来说，画面构图、建筑轮廓、结构关系在加墨线之前，可利用铅笔予以简单的示意或定位，进而为画面的深入塑造打好基础。一般黑度低于2B的铅笔，都可用来绘制底稿。

墨线笔

●中性笔

中性笔是进行手绘基础训练、草图训练、细节刻画的重要工具。本书推荐读者选用书写流利、墨水充足的中性笔，因为这类笔可以顺利地在铅笔底稿上施加墨线，减少堵笔现象，保持线条流畅度。从性价比上考虑，本书推荐白雪牌中性笔。

●签字笔

签字笔是绘制建筑轮廓和主要结构线稿的工具。该笔绘制线条有较强的顿挫感，特别是绘制快线时，充满“力”的感受。本书推荐读者选用0.5和0.7型三菱签字笔，0.5型适合A4版幅建筑轮廓和主要结构线稿绘制，0.7型适合A3版幅建筑轮廓和主要结构线稿绘制。

●美工钢笔

美工钢笔是徒手绘制建筑线稿的重要工具。该笔能根据下笔力度和角度的不同，画出粗细变化丰富的线条。完成整幅建筑线稿，一支美工钢笔便足以应对。美工钢笔可以在短时间内完成较大版幅的画面，线条生动、流畅，独具钢笔画魅力，但是该笔墨迹干得较慢，操作不当会滴落墨点或刮蹭墨痕，弄脏画面。因此，建议将粘好画纸的画板以一定角度斜置进行作画，绘画手法要干净利落，切勿拖泥带水。本书推荐英雄或孔子牌美工钢笔。

●针管笔

针管笔主要用来刻画细节，比如肌理、明暗、光影等。该类笔绘制的线条粗细比较均匀，适合排线使用。本书推荐使用0.1或0.2型笔尖较细的一次性针管笔，品牌不限。

●草图笔和黑色马克笔

草图笔是建筑线稿手绘后期加强对比的特效工具。其笔头较粗，具有良好的笔触感和灵活度。黑色马克笔有宽窄两个笔尖，窄笔尖与草图笔作用相同，但笔触感略差；宽笔尖可以绘制较大面积的深色背景，但笔触相较于美工钢笔来说则显得生硬。本书推荐草图笔品牌为派通或百乐，马克笔品牌不限。

第二节 纸张

●打印纸

打印纸价格便宜，纸面细腻、光滑，适合手绘初学者进行大量基础训练时使用。

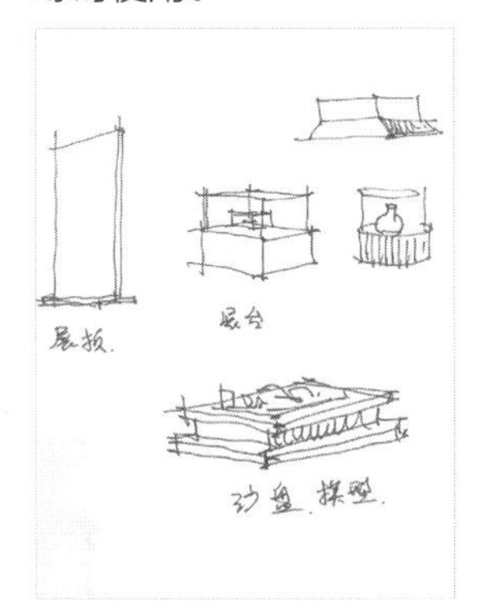

使用打印纸进行草图构思

●白卡纸

白卡纸具备打印纸纸面的优点，且更为厚实，吸水性胜过普通打印纸，非常适合表现完整的建筑手绘线稿，并有助于保存与收藏。本书推荐使用180g~300g白卡纸。

使用白卡纸绘制建筑线稿

●有色纸

适合手绘的有色纸，需具有较灰的背景色，如牛皮纸、灰卡纸、黑卡纸等。在该类纸上手绘，可以使用白广告色、白色粉、高光笔等提炼高光与亮部，增强画面对比度和艺术感染力。

使用有色纸绘制建筑线稿

第三节 辅助工具

●橡皮

橡皮用于清洁画面，是建筑线稿手绘前期的必备辅助工具。

●美纹纸

在建筑手绘中，美纹纸是固定画纸的重要工具。该材料不伤纸面，可徒手撕断，性能优于胶带和图钉。

●修正液、高光笔

在建筑手绘中，修正液和高光笔，不仅可用来修整画面，更可用来提炼高光，丰富层次，是重要的增效工具。本书推荐使用派通牌ZL72-w（4.2ml)细尖型修正液和三菱牌POSCA极细0.7mm型白色高光笔，尽管价格偏贵，但性能优越，是建筑手绘中必不可少的辅助工具。

●美工刀

在建筑手绘中，美工刀不仅可以用来削铅笔和裁画纸，还可以将画错了的墨线刮掉，或用于切补法改图，是手绘纠错的必备工具。

●直尺

本书强调建筑设计手绘线稿的徒手表达，对尺的使用仅为后期“修线”的辅助之用，因此准备20cm和30cm的直尺各一把即可。

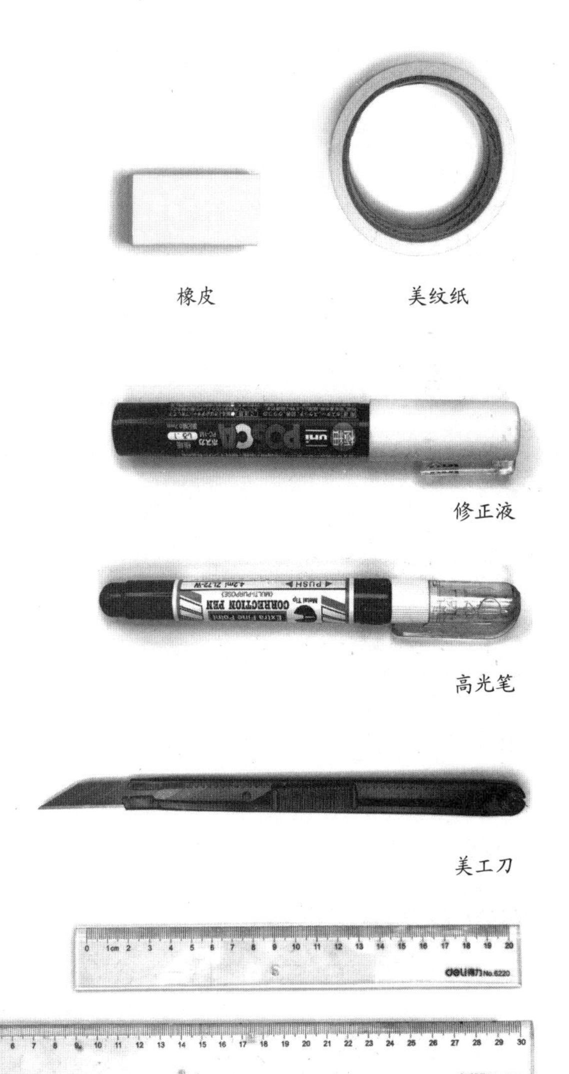

橡皮　美纹纸　修正液　高光笔　美工刀　直尺

第二章

线稿基础

建筑手绘线稿并非单纯的感性创作的产物，而是多种手绘要素的综合体，包括线条、透视、光影、配景、比例、结构等诸多方面。因此，建筑手绘有必要先进行一定量的基础训练，掌握手绘线稿基础知识和基本技巧，再进行综合性的建筑场景手绘。

第一节 线条

建筑线稿手绘主要的表现形式就是线条，线条堪称建筑手绘的语言。尽管每个人都可以画出线条，但要使线条有力而流畅，符合建筑手绘的视觉要求，必然要在掌握用线要领的前提下，进行一定数量的训练。

第一讲 怎样绘制线条

1.手绘用线分类

●1.1 快线

快线是在落笔时，先短程反复运笔，形成线条起点，再快速划过，最后收笔停顿，形成端点，构成两端粗、中间细的利落线条。快线线条一气呵成，挺直锋利，视觉上酷似尺画直线，具有较强的视觉张力。该类线条常用于构思草图，由于运笔快速，易于抓住设计灵感的瞬间火花。直线和弧线都可用快线完成。

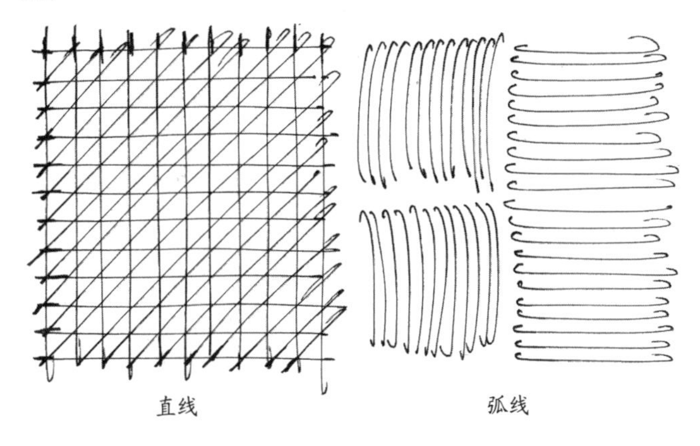

提示 快线在初学时较难上手，但经过一定时间的连续练习，形成"手感"之后，画面便会给人耳目一新的效果。

●1.2 慢线

慢线是在落笔时，笔尖紧压纸面，缓慢拖动或灵活抖动运笔画线，形成生动而流畅的线条。慢线轻松、随意，有节奏感，富于细节变化。该类线条常用于写生和效果表现，体现个人审美修养，蕴含深层的艺术魅力。用美工钢笔绘制慢线效果更佳。慢线包括平拉线、小振幅线、大振幅线等。

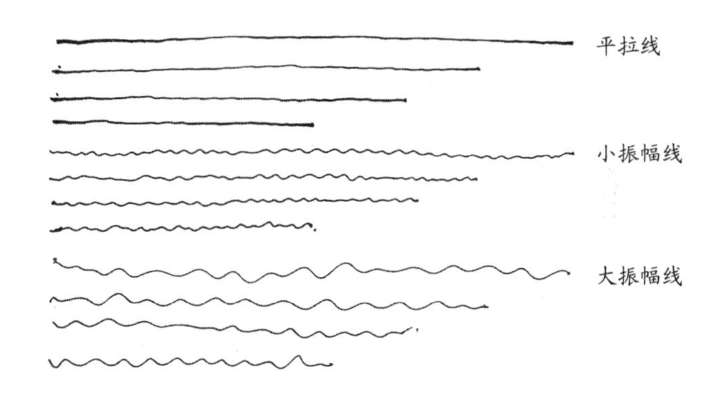

提示 慢线上手比较容易，但在综合性较强的建筑场景中，在保证构图准确性的前提下，真正达成线条流畅、随意的韵味，则是非常有难度的。其实破点不仅是技能，更在于心态。

●1.3 自由线

除了快线与慢线之外，建筑手绘线稿中，还有一些专门为了绘制植物配景而使用的随意性更强的线条类型。绘制这类线条，需要借助握笔手指灵活震动笔尖，形成锐角向外、弧线向内的不规则线条，用以表现植物的树冠轮廓，我们称之为自由线。

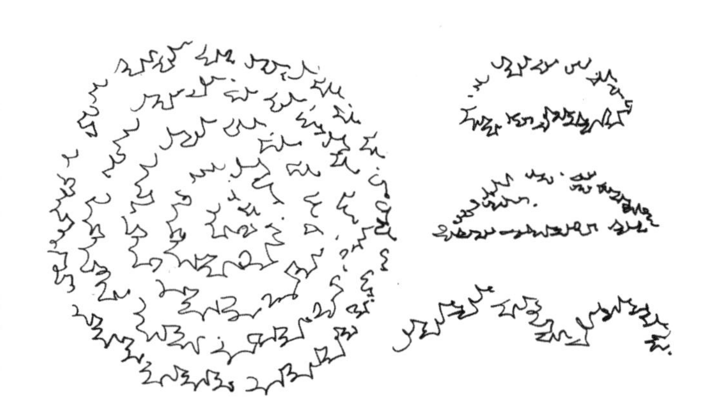

●1.4 M线

在自由线的基础上，我们可以以不同比例的英文字母"M"为线条的基本单元，按照一定的轨迹进行大量绘制，如此构成的造型，具备一定的树叶细节感，更适合表达位于前景或中景轮廓比较清晰的植物配景。

2.手绘用线要点

手绘用线除了必要的准确性以外，最重要的就是有力和流畅。笔者将从以下三个方面的用线要点予以讲解。

●2.1 下笔果断

建筑手绘线稿中，每条线务必一笔画出，即使没画准，还可以再画一遍，直至画准为止，这样的线条在视觉上可以保持流畅感。切勿用多根短线断断续续地接出一条长线，因为这样的线条毫无流畅感可言。

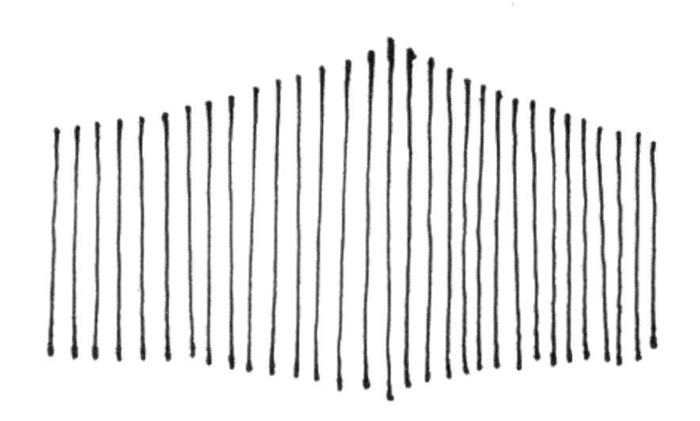

正确示范：线条具有流畅感

错误示范：线条缺失流畅感

●2.2 前后顿笔

建筑手绘线稿中，为线条赋予力度感最简单的方法，就是将线条联想成拉长的皮筋，其两端粗、中部细的形态，带有强烈的张力。因此，画线时起笔、收笔，要注意顿笔、加重，画线过程要放松、快速，保持线条两端粗、中部细的视觉力量感。

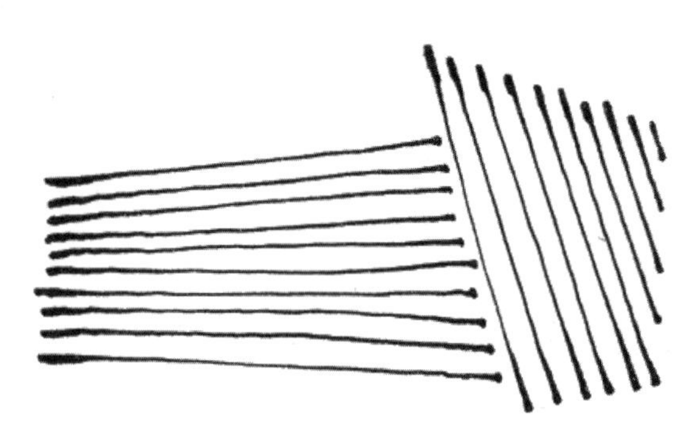

正确示范：线条具有力度感

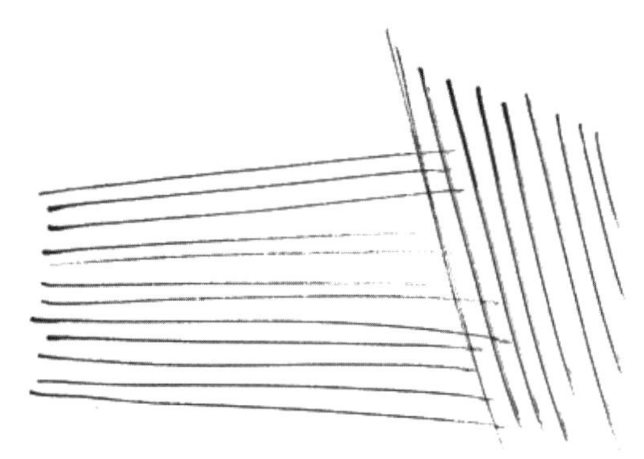

错误示范：线条缺失力度感

●2.3 敢于出头

建筑手绘线稿中，绘制立体造型，经常会涉及处理结构角点的情况。为了使结构转折更明确，使线条张力更强烈，结构角点的各个边线一定要大胆画出头。即使各边线能够不出头，准确汇聚在角点处，也并不可取，因为手绘更强调表达的随意感，绝对的精确会使画面显得过于拘谨、呆板。

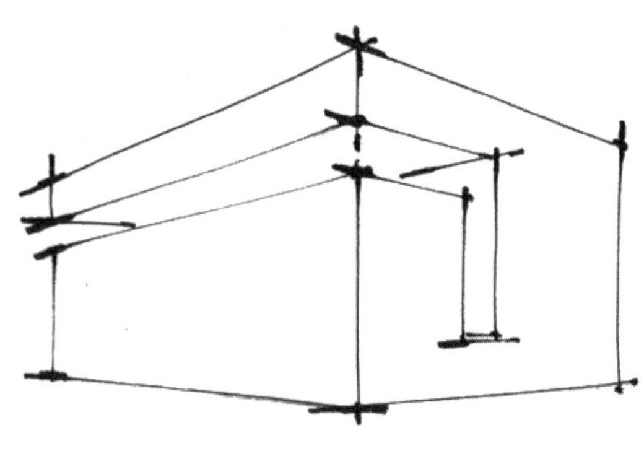

正确示范：线条纯熟、随意

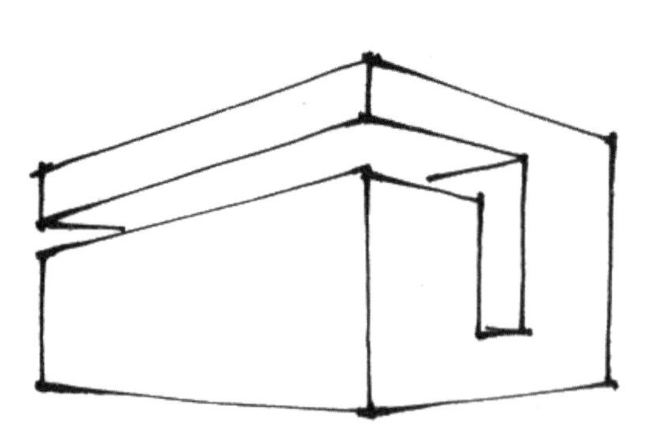

错误示范：线条拘谨、呆板

3.线条训练

在了解线条分类和用线要点的基础上，我们通过线条训练来进一步加强对线条的掌握。

●3.1 慢线训练

本环节重点针对慢线绘制的流畅度、准确度和随意性进行训练。

第二讲 慢线训练

（1）同心方形训练

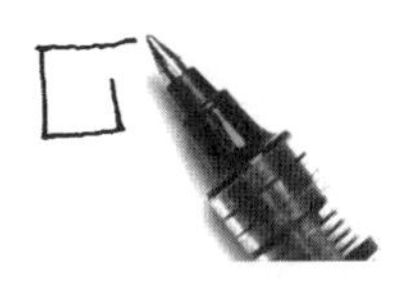

1. 用中性笔，在画纸中心部位画出起始折线。注意，折线的每条线段都需单独运笔画出，保持线条力度感。

2. 用中性笔，在步骤1的基础上继续绘制外圈折线。注意，为了确保线条位置的准确性，应该先点出要绘制线段的终点位置，再进行连接。

3. 用中性笔，继续以水平和垂直方向的连续线段，依次连接绘制外圈图形。注意，画线时使各平行线之间的宽度尽量相等。

4. 绘制后期较长的线段时，未必能做到一气呵成，可先完成该线段一部分长度，然后暂时断开。

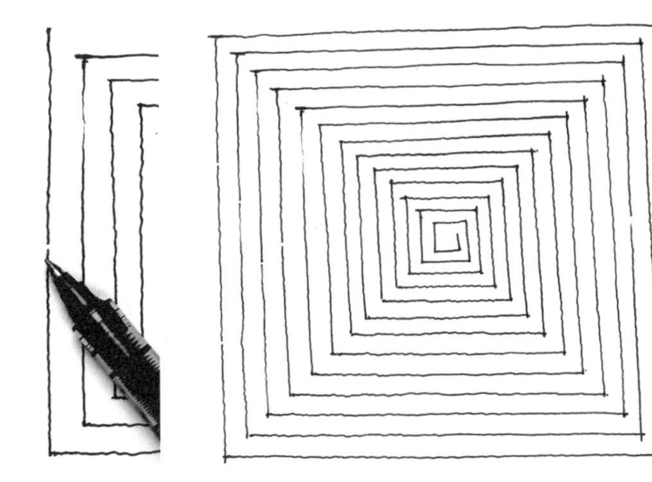

5. 在步骤4的基础上，继续衔接下半截线段时，应与之前线段端点保持细微的空隙，再补完整条线段，保持线条整体上的视觉流畅感。绘至构图饱满，完成本图。

（2）长方形载入训练

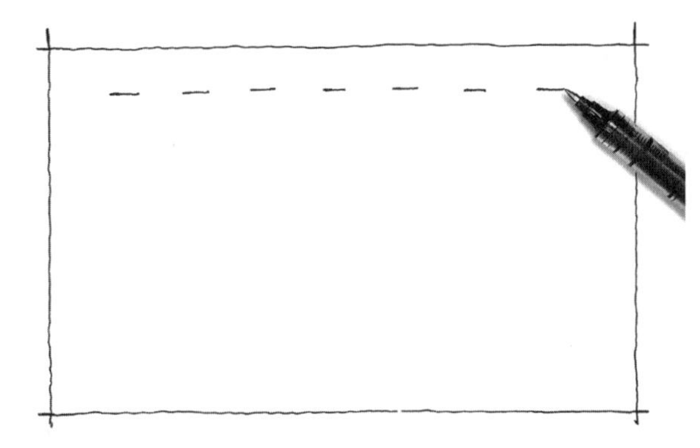

1. 用中性笔，先在纸面上徒手画出长方形外轮廓，再按照一定间距，以平拉线一气呵成地画出第一行长方形的顶边。注意，尽量使长方形的顶边长和间距分别相等。

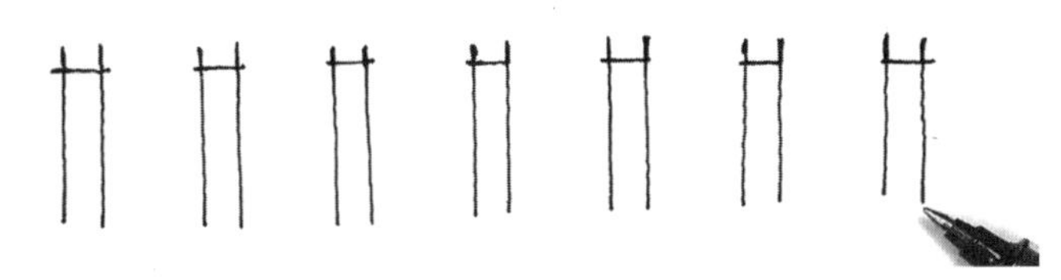

2. 参照长方形的顶边宽度，用中性笔以平拉线画出长方形的左右两边。

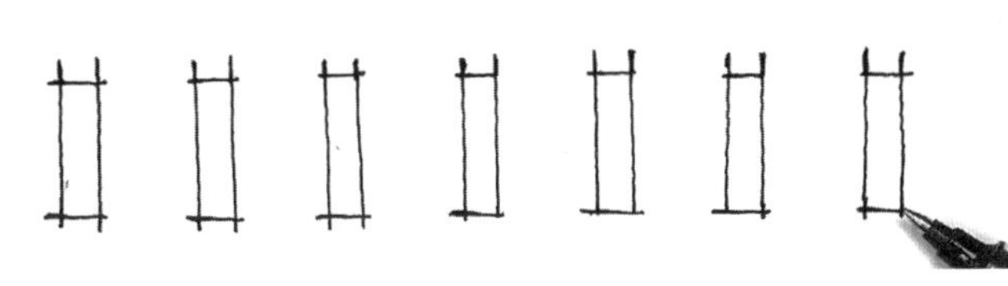

3. 用中性笔以平拉线一气呵成地完成第一行长方形的底边。

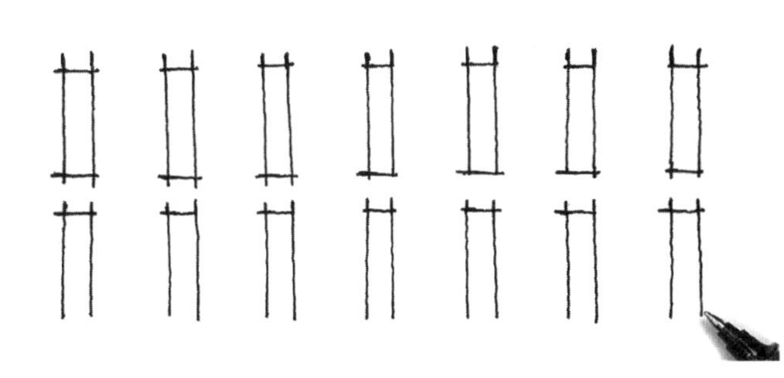

4. 参照第一行长方形，用中性笔画出第二行长方形的所有顶边与侧边。

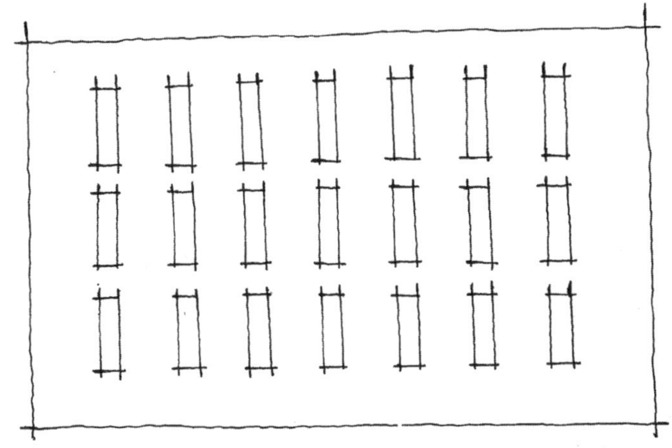

5. 画出第三行长方形的所有边线。调整画面关系，完成本图。

（3）徒手绘制表格

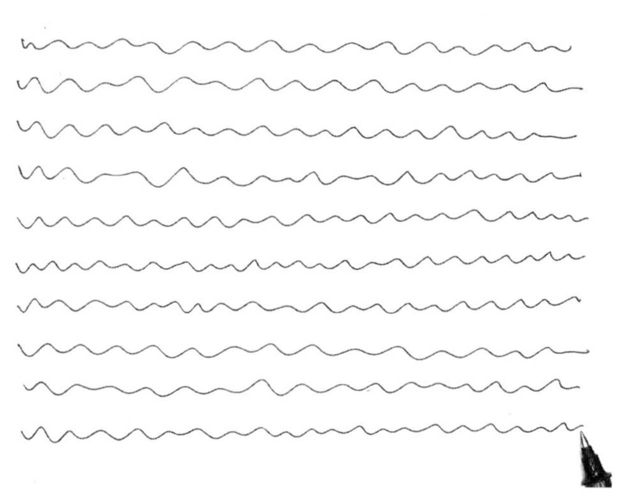

1. 用中性笔，以大振幅线画出表格的多行“水平线”。注意，大方向平直即可，线条抖动力争自然流畅。

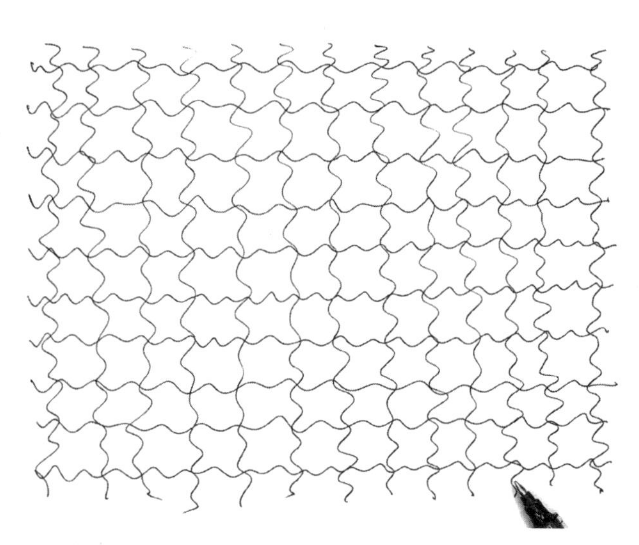

2. 用中性笔，以大振幅线画出表格的多列“垂直线”，徒手构建出表格的框架。

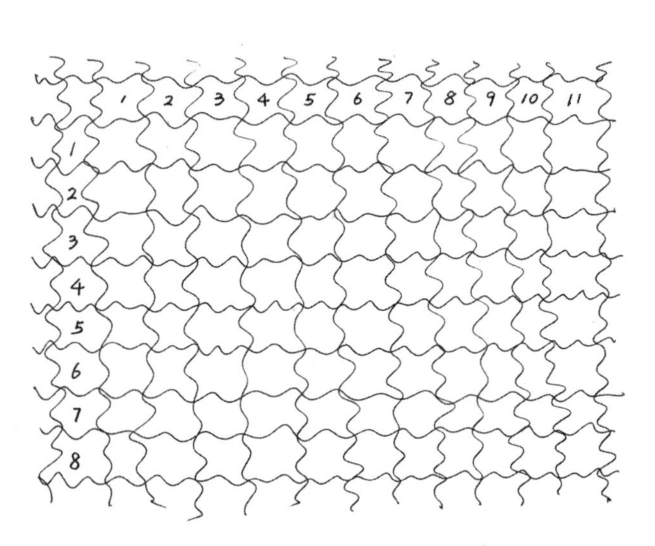

3. 用中性笔，标明序号，完成本图。

●3.2 快线训练

本环节重点针对快线绘制的流畅度、准确度和随意性进行训练，具体内容如下：

第三讲 快线、自由线、M线训练

（1）长方形网格对角线绘制

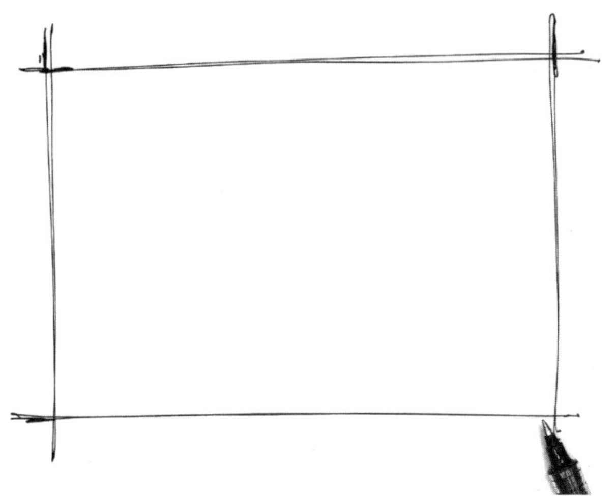

1. 用中性笔，以直线画出长方形框架。注意，按照快线的绘制要领操作，线条要流畅有力。

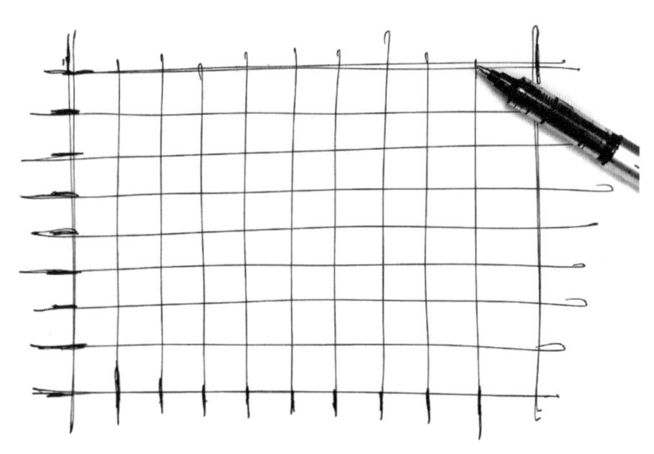

2. 用中性笔，在长方形框架内，以水平和垂直的快线画出8行10列的正方形网格。注意，因为是徒手绘制，方格接近等边即可，不必刻意追求绝对精确。

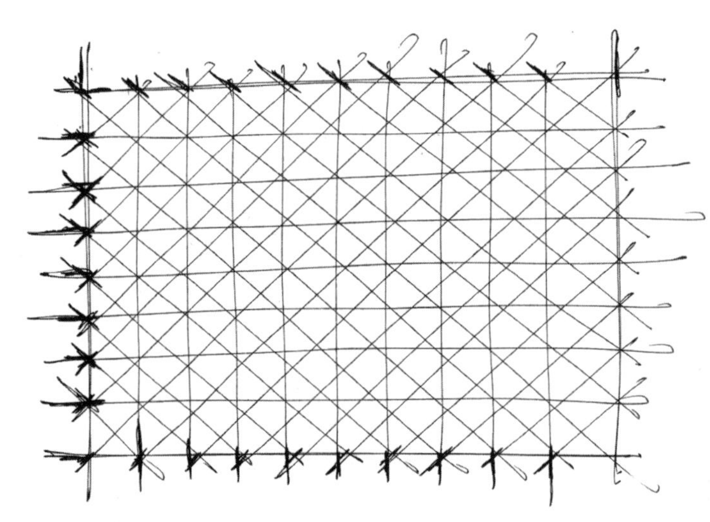

3. 用中性笔，连接网格各主要端点，形成对角线。调整画面关系，完成本图。

（2）曲线造型绘制

1. 用中性笔，以曲线画出造型顶部的弧线，运笔要流畅。

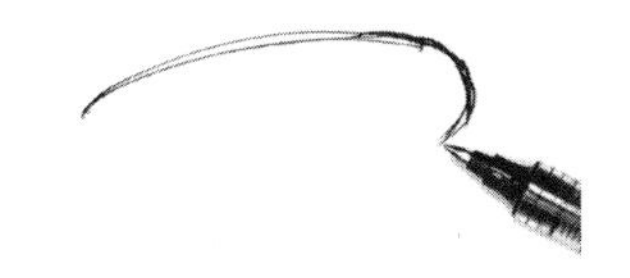

2. 用中性笔，强调造型转折部分的弧线，可反复运笔叠加。注意，转折线与造型顶部弧线的衔接要保持流畅。

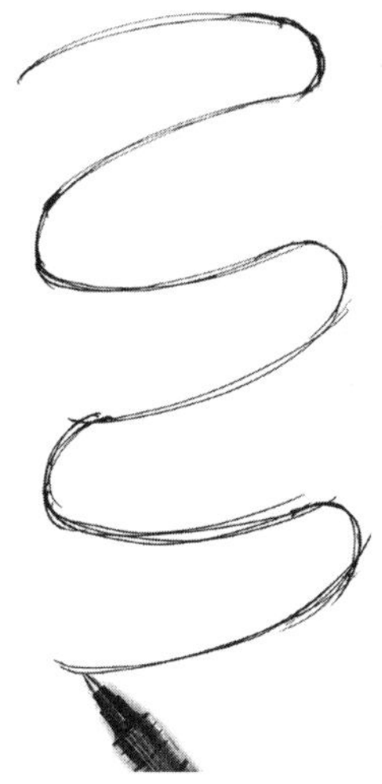

3. 用中性笔，按照步骤1、2的方法，完成连贯的曲线。

4. 用中性笔，结合直线绘出带有立体感的曲面造型。调整画面关系，完成本图。

●3.3 自由线、M线训练

本环节重点针对自由线、M线绘制的流畅度和随意性进行训练，具体内容如下：

（1）曲线轨迹的自由线绘制

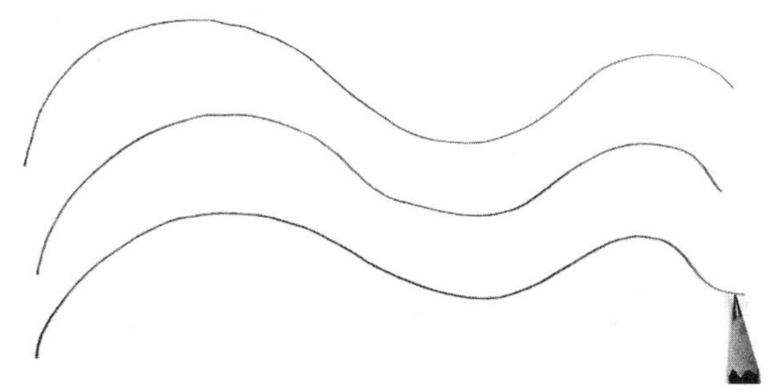

1. 用铅笔，画出曲线形轨迹。

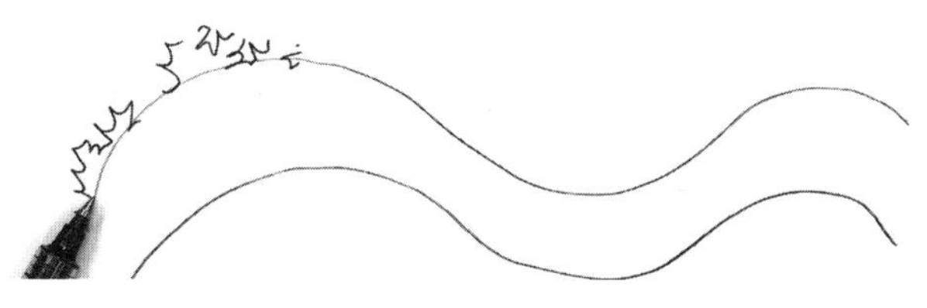

2. 用中性笔，沿着之前画出的铅笔轨迹绘制自由线。注意，自由线大方向沿着轨迹画出即可，不必严丝合缝。

3. 按照步骤2的方法，以自由线绘制三条曲线轨迹。调整画面关系，完成本图。

（2）同心“松子形”M线绘制

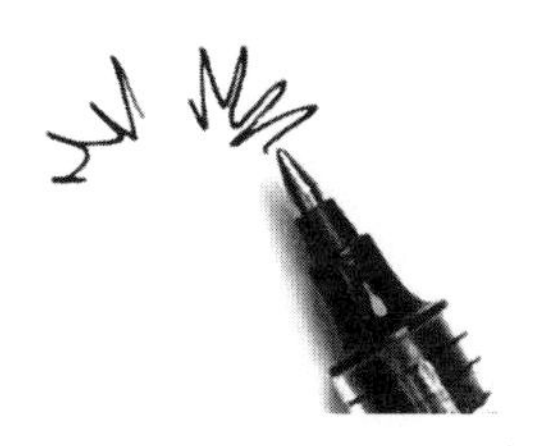

1. 用中性笔，在纸张中心以M线绘出中心松子形的顶部弧线。

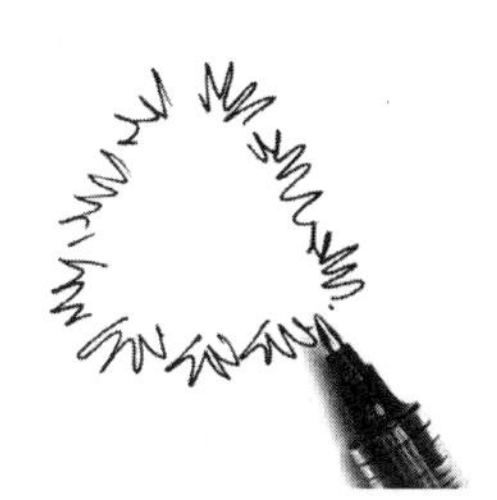

2. 用中性笔，继续以M线绘出完整的松子形。

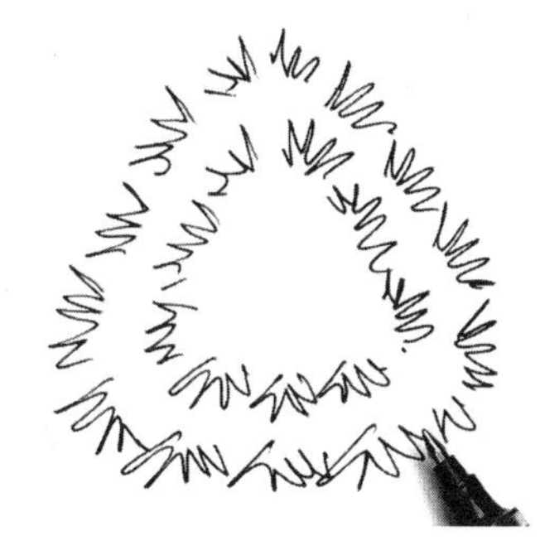

3. 用中性笔，以M线绘出第二个层次的松子形。

4. 绘至构图饱满，调整画面关系，完成本图。

●3.4 排线训练

本环节重点针对各种排线绘制的流畅度、疏密度和协调性进行训练，具体内容如下：

（1）曲线排线训练

第四讲 排线训练

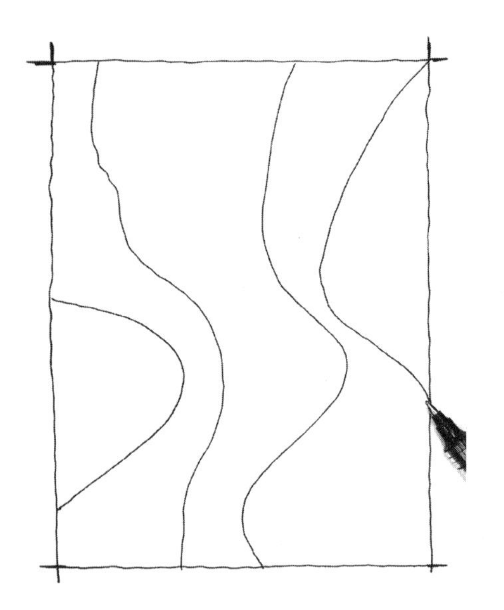

1. 用中性笔，以慢线画出长方形框架以及框架内的主要结构曲线。

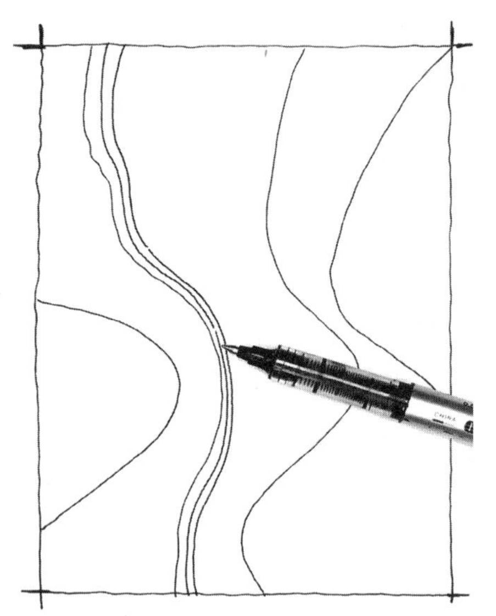

2. 用中性笔，沿结构曲线的方向，以慢线细心画出与其弯曲度较为一致的曲线。注意，所画曲线并不绝对平行于初始结构，需有一定的宽窄变化。

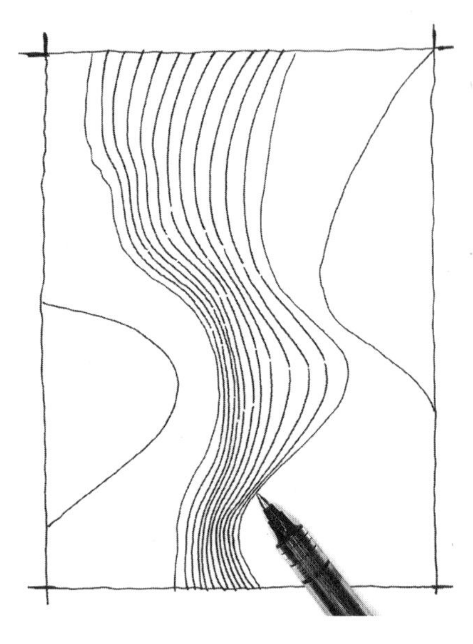

3. 用中性笔，继续用曲线填充结构区，保持疏密变化的秩序。

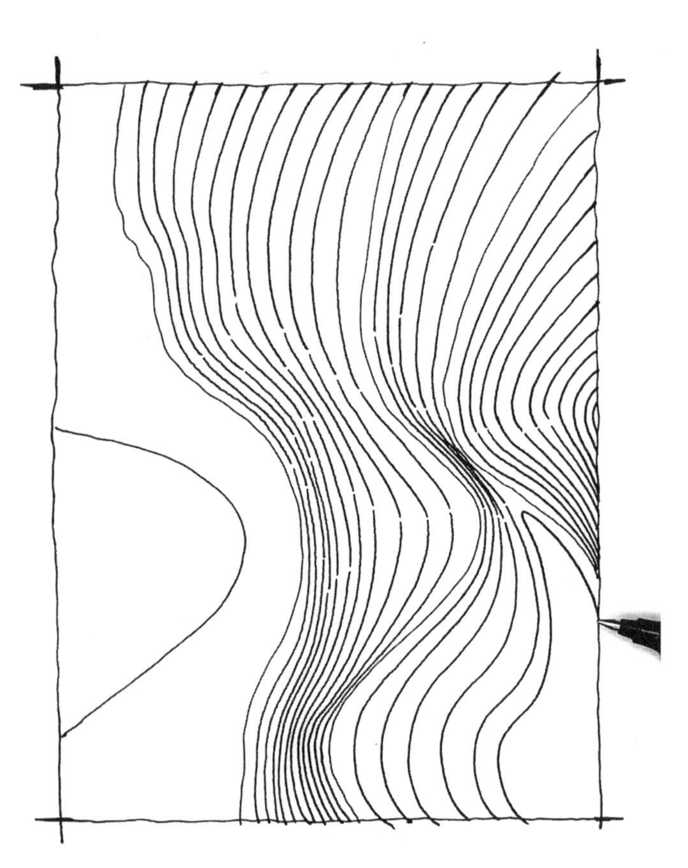

4. 用中性笔，继续用曲线填充结构区域，通过排线的疏密变化，营造视觉动感。

5. 调整画面关系，完成本图。

（2）斜线排线训练

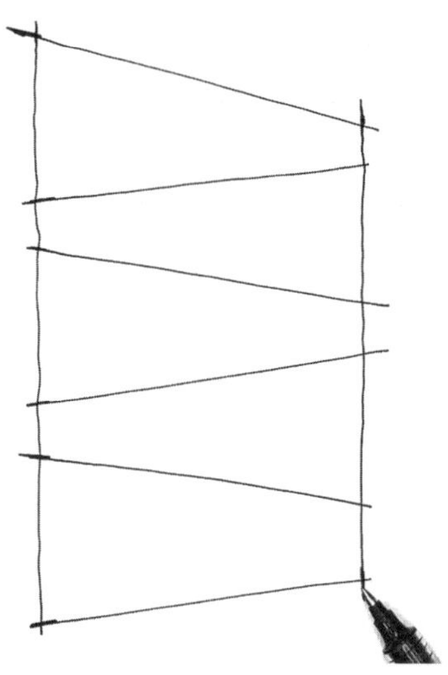

1. 用中性笔，以慢线画出本图框架和主要结构线。

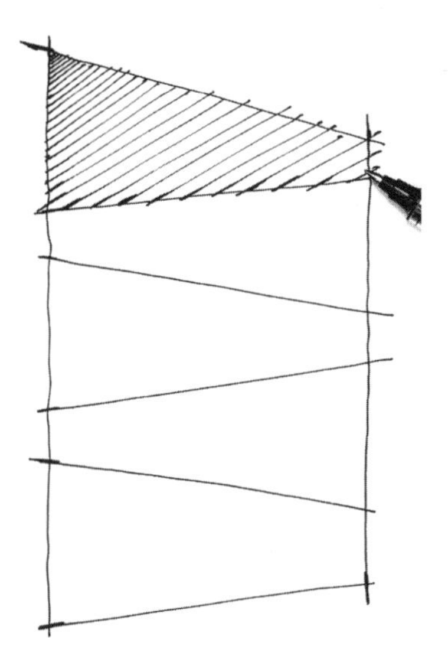

2. 用中性笔，以直线排线填满最上端的梯形结构区域。注意，排线线条用快线或慢线的平拉线均可，需按照图中所示的疏密关系进行排线，借以训练排线的过渡能力。

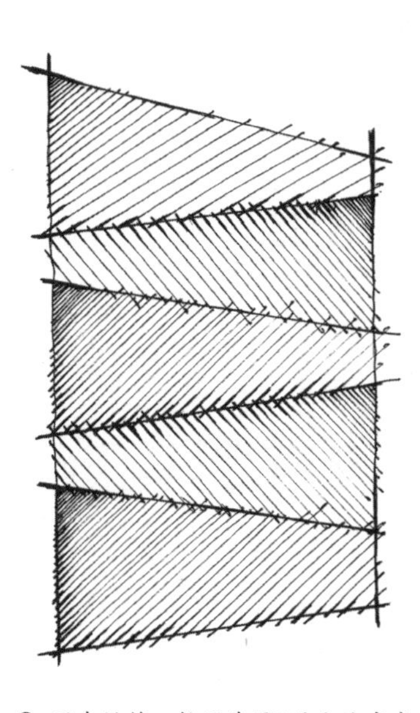

3. 用中性笔，按照步骤2的方法完成全部梯形结构区域的填充。调整画面关系，完成本图。

（3）圈线排线训练

1. 用美工钢笔，以慢线画出长方形框架结构，在框架内部用画圈的笔法画出第一组圈线。注意，圈线绘制时，圈与圈是紧密相接的，而且为了形成肌理，体量要小；另外，圈线的构成元素不仅局限于圆形，多边形或其他特殊形状均可。

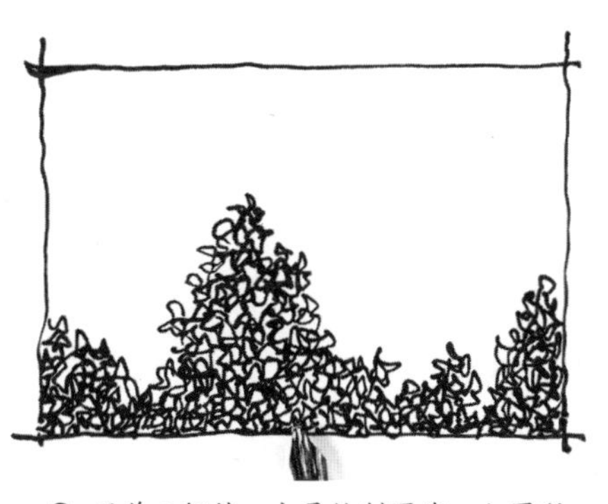

2. 用美工钢笔，大量绘制圈线，如图所示。注意，圈线可以适当叠加，形成细密的肌理；另外，通过该步骤的效果我们可以看出，该笔法适用于表达茂密植物的树冠肌理。

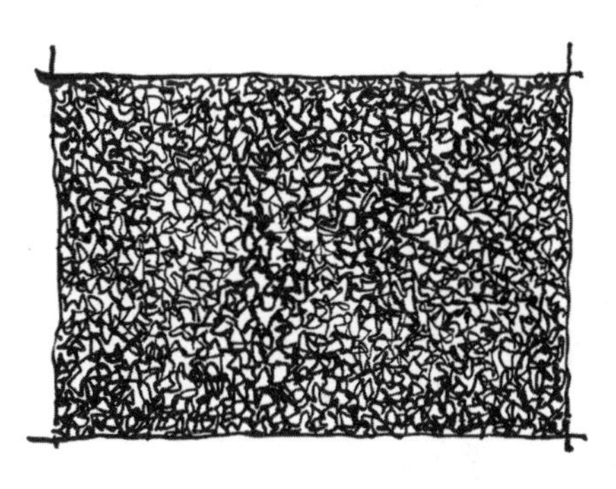

3. 用美工钢笔，用圈线法完成整个长方形内部的肌理填充。调整画面关系，完成本图。

（4）短弧线排线训练

1. 用美工钢笔，以慢线画出长方形框架结构，然后在内部用美工钢笔的笔腹画出短弧线，并进行一定的密集排列。

2. 用美工钢笔，绘制短弧线，形成一定的图案效果。注意，在排列短弧线时，头脑中要联想水波的形态，尽量排列出波纹效果。

3. 用美工钢笔，继续密排短弧线。调整画面关系，完成本图。

第二节 透视

透视是通过透明平面观察、研究立体图形发生原理、变化规律和图形画法的表现方法。建筑手绘线稿是立体造型的表现，透视是图面立体感形成的主要依据。对于建筑手绘来说，透视既是重点又是难点，熟练掌握透视，并将其融入自身的感觉，形成一种习惯，是必要的基础能力。

第五讲 一点透视

1.透视的构成

●1.1 视平线

建筑手绘中，视平线通常是指观察者观察场景建筑时，双眼所在高度形成的一条水平直线。视平线在画面中，决定透视线方向与斜度。（见下图水平线L）

●1.2 消失点

建筑手绘中，位于视平线上的建筑及场景进深线延伸所产生的相交点为消失点。消失点在画面中位置与数量的变化，决定建筑物角度的变化。（见下图点0和0'）

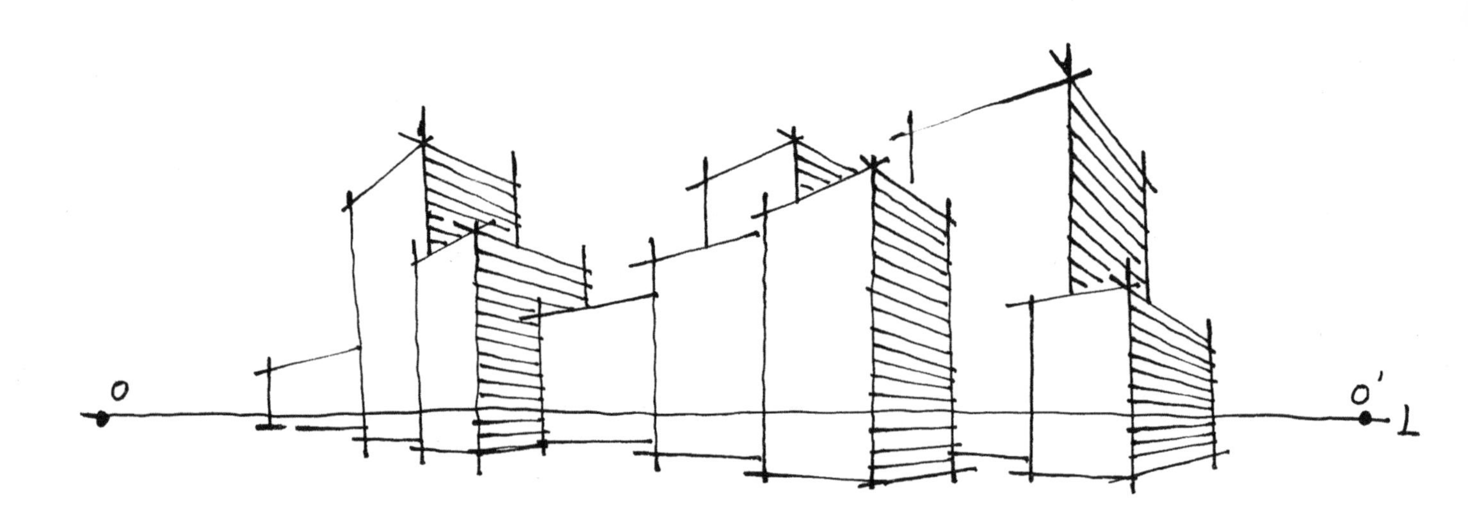

2.一点透视

●2.1 一点透视的概述

一点透视，是指当建筑的各个立面与画面平行时所产生的透视现象，也叫平行透视。

（1）透视方法

将视平线L设置在画面的合理高度，并于其上设置一个消失点0。绘制立体造型时，结构的水平边和垂直边仍然保持水平与垂直状态，进深边要与消失点0相连。

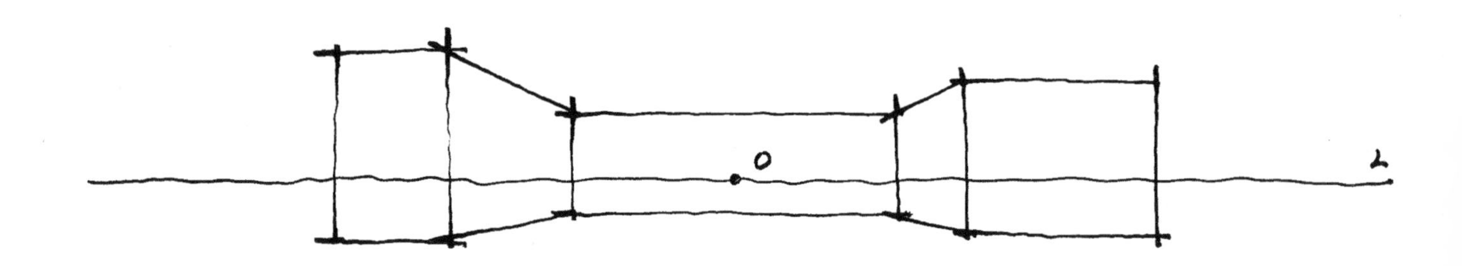

（2）线稿图

●2.2 一点透视练习

为了熟悉一点透视的规律和造型技巧，我们可进行如下训练。

（1）一点透视空间立方体练习

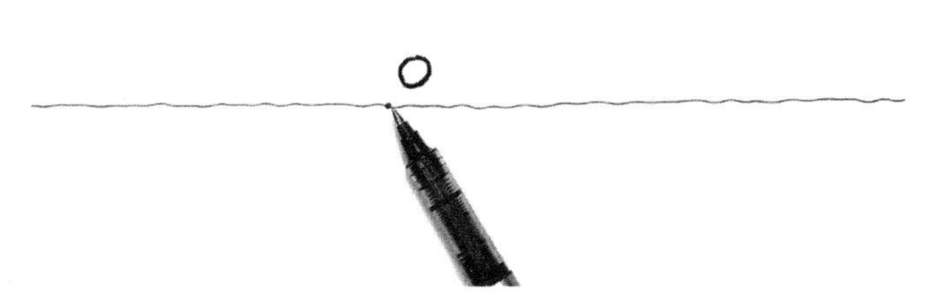

1. 用中性笔，在A4纸垂直方向约1/2的位置画下视平线，之后在视平线中间点下消失点0。

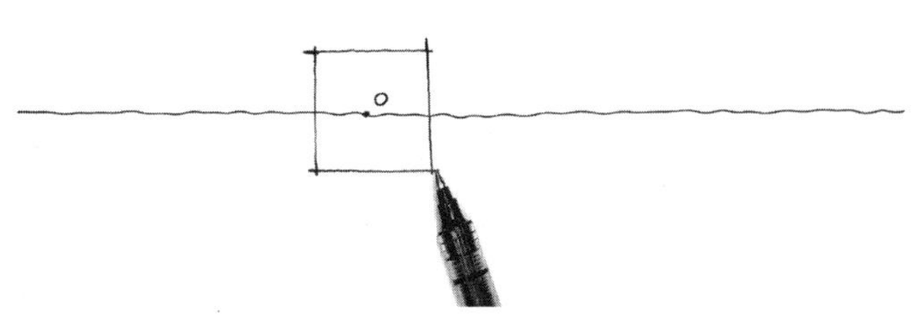

2. 用中性笔，在消失点0的外围画出正方形，快线、慢线均可。

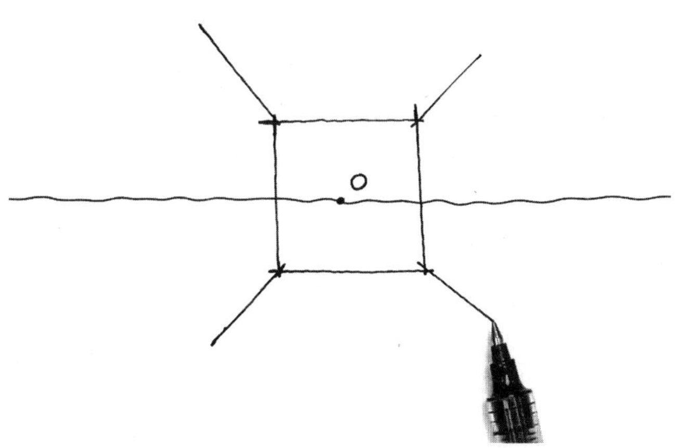

3. 用中性笔，分别过正方形四个角点，画出消失点0与相应角点的反向延长线。<u>注意，选用快线或慢线均可，但需与步骤2选用的线型保持一致。</u>

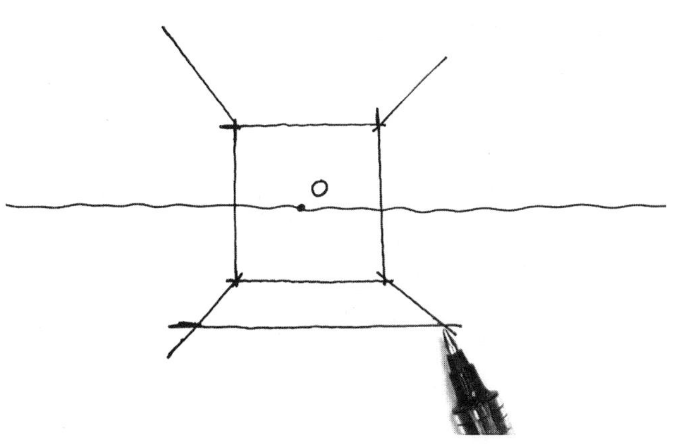

4. 在正方形左下的反向延长线上，目测截取与正方形边长相等的长度（就经验而论，截取长度通常为正方形实际边长的1/3 ~ 1/2）。再用中性笔，绘制水平直线，并与正方形右下的反向延长线相交，进而形成正方体底面。

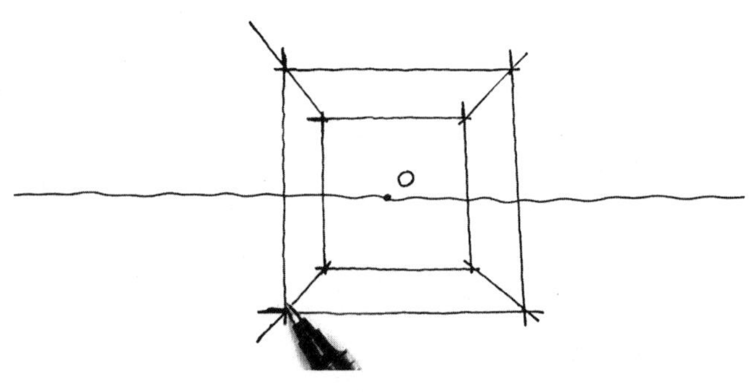

5. 用中性笔，过正方体底面的两个角点，向上引垂直线，分别与正方形左上和右上的反向延长线相交，最后再以水平线连接新形成的两个交点，绘出完整的一点透视空间立方体。注意，本步骤完成的造型旨在表达立方体内部空间结构，酷似室内空间。

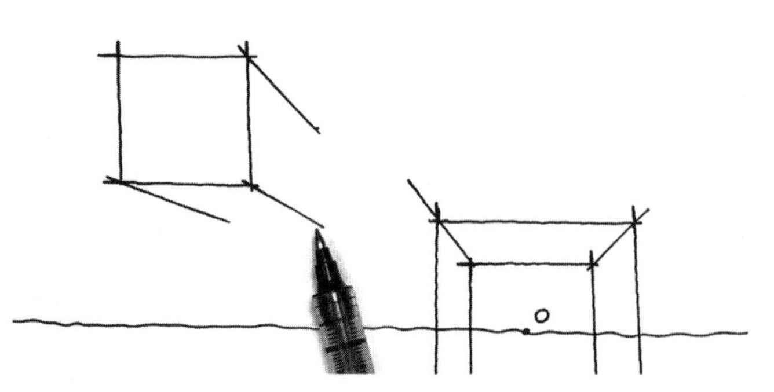

6. 用中性笔，在画面的其他位置先画下正方形，然后将距消失点0最近的三个顶点与消失点连线，形成“外凸”空间立方体的基本框架。注意，连接正方形顶点和消失点0的进深线，在方向准确的前提下画出一部分长度即可，保持正方体的独立性。

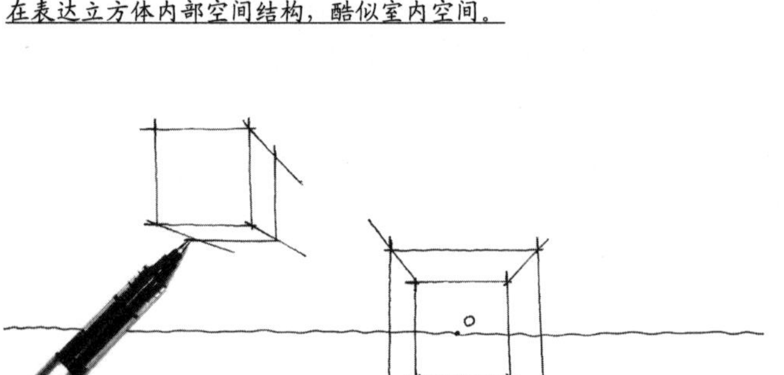

7. 用中性笔，在外凸空间立方体左下角的进深线上，目测截取与其边长相等的长度（考虑透视因素，距离消失点越远，需截取的长度越长），通过绘制水平线和垂直线，将立方体各面闭合。

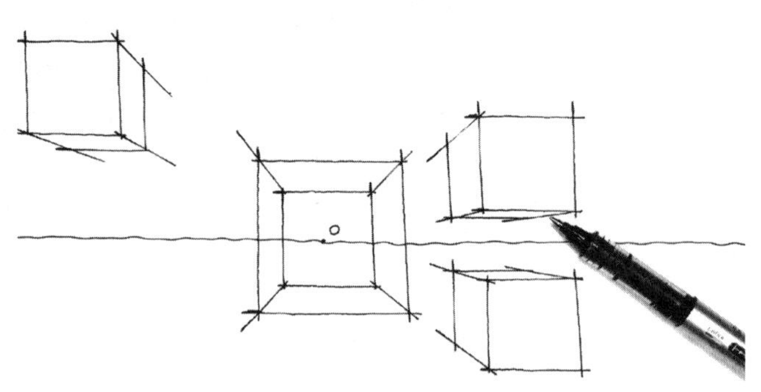

8. 用中性笔，按照步骤6和步骤7的方法，在画面接近视平线的位置再绘出两个空间立方体。注意，立方体的底面或顶面距离视平线越近，该面则显得越薄。徒手绘制进深线时，需要严格控制顶点与消失点连接的准确性。

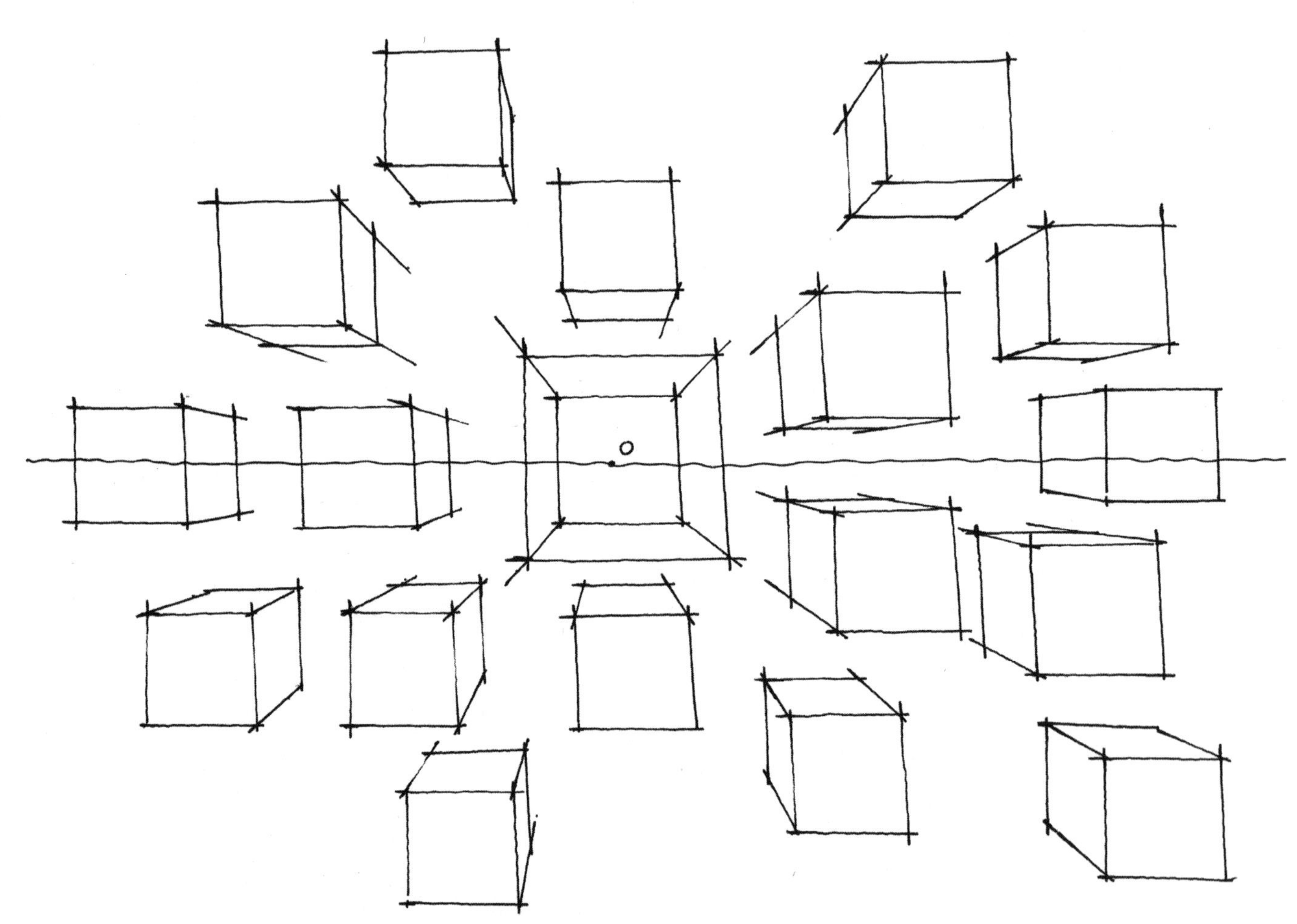

9. 绘至构图饱满，调整画面关系，完成本图。

（2）一点透视立体英文字母造型练习

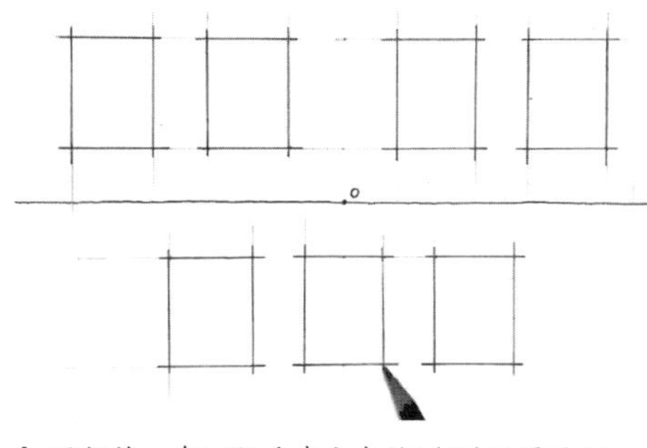

1. 用铅笔，在A4纸垂直方向约1/2的位置画下视平线，之后在视平线中间点下消失点O，绘制七个长方形，作为将要绘制的立体英文字母造型的外边框。

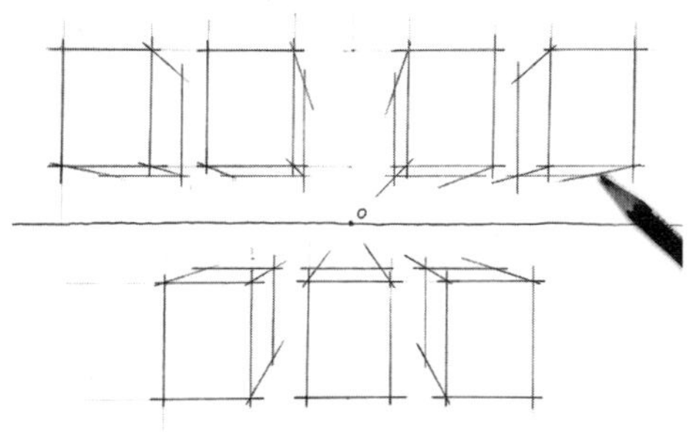

2. 用铅笔，连接长方形角点与消失点O，并截取适当的进深宽度，形成七个长方体。注意，进深宽度的截取，不要太宽。

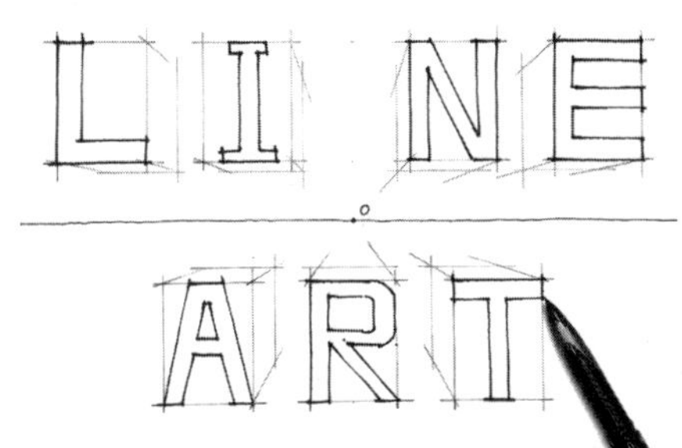

3. 用签字笔，在之前绘制的长方体正立面框架内，参照边框线画出“LINE ART”七个英文字母。

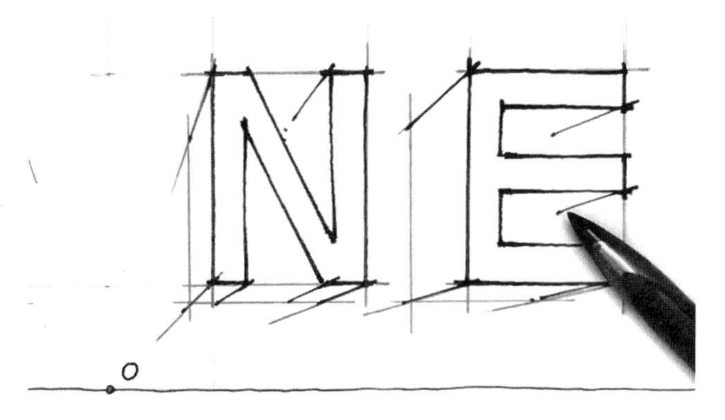

4. 用签字笔，过英文字母角点与消失点O连线，形成各字母的进深结构线。

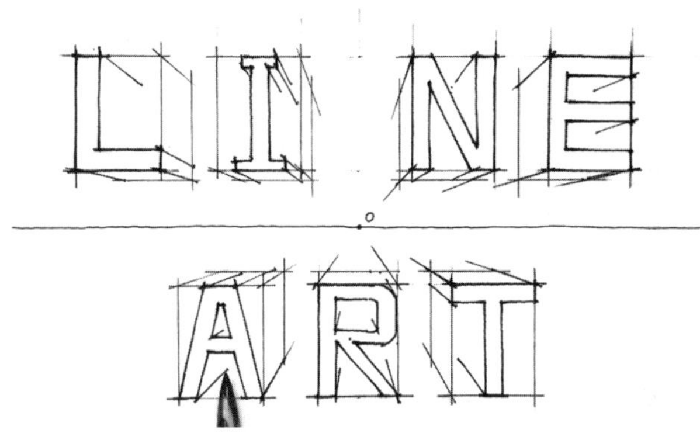

5. 用签字笔，完成所有字母进深结构线的绘制。

6. 用签字笔，以水平线截取各字母的进深宽度。注意，尽量保持各字母的进深宽度在视觉上等宽。

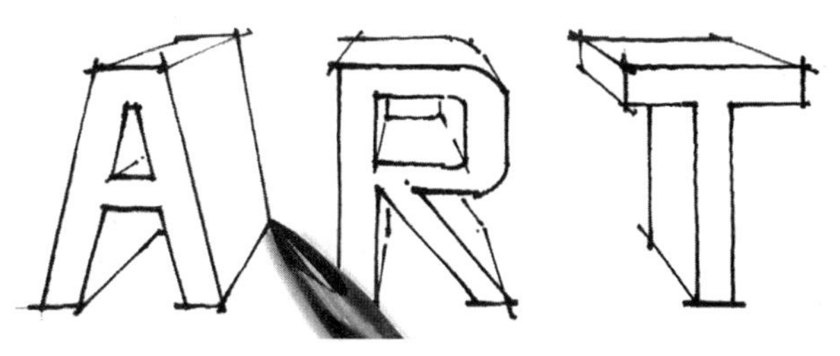

7. 用签字笔，完成视平线以下“ART”三个字母的进深宽度截取。注意，由于字母“R”所处的位置比较特殊，其透视结构相对复杂。

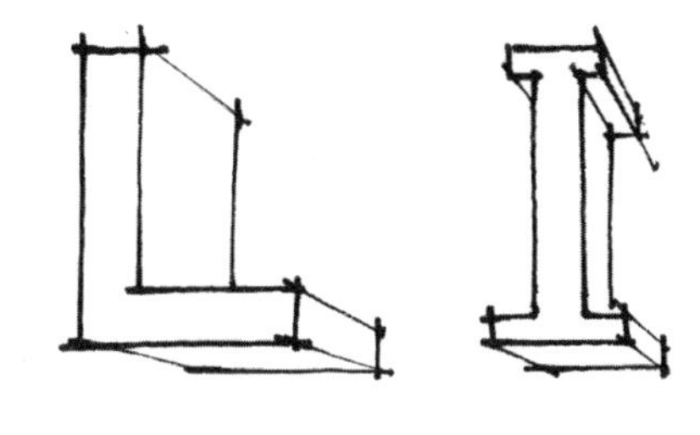

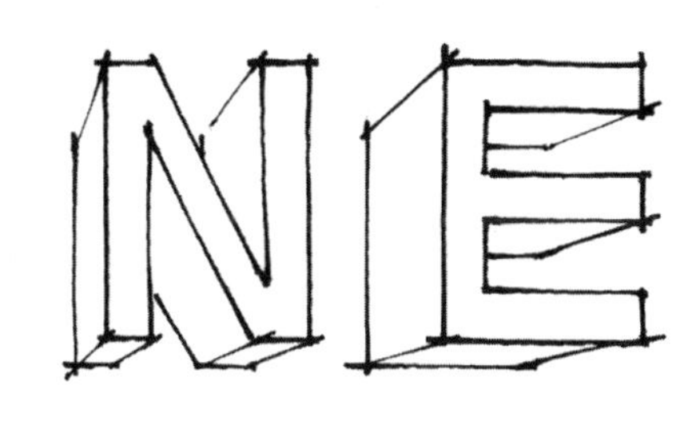

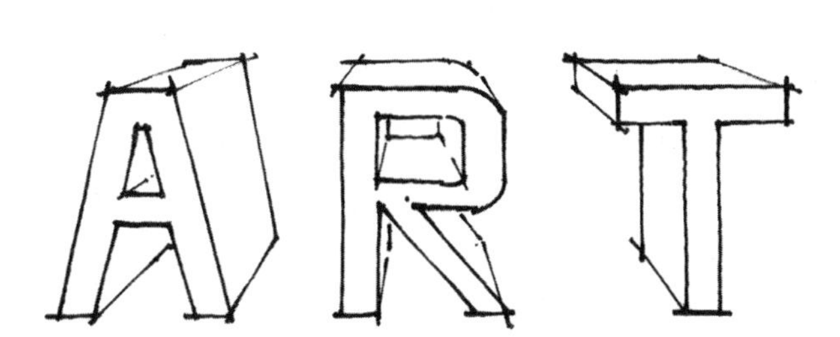

8. 调整画面关系，完成本图。

（3）一点透视几何体组合造型练习

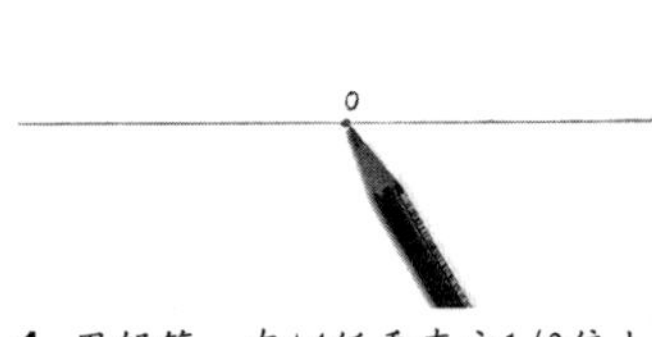

1. 用铅笔，在A4纸垂直方1/2偏上的位置画下视平线，之后在视平线中间点下消失点O。

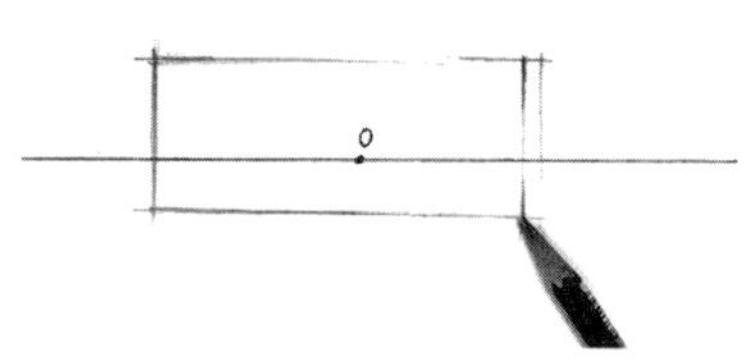

2. 用铅笔，绘制几何体组合造型最里侧的长方形立面。注意，在该长方形右侧，需以垂线截取出即将与其衔接长方体的交接面。

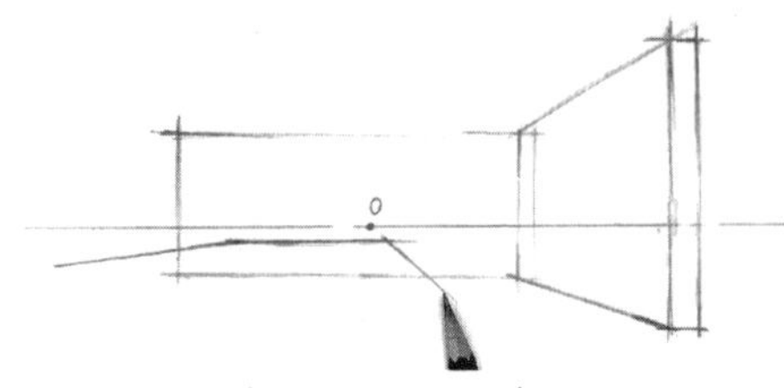

3. 用铅笔，先按一点透视规律画出右侧的长方体结构，再画出左侧即将与最里侧长方形衔接的形体顶面透视关系。

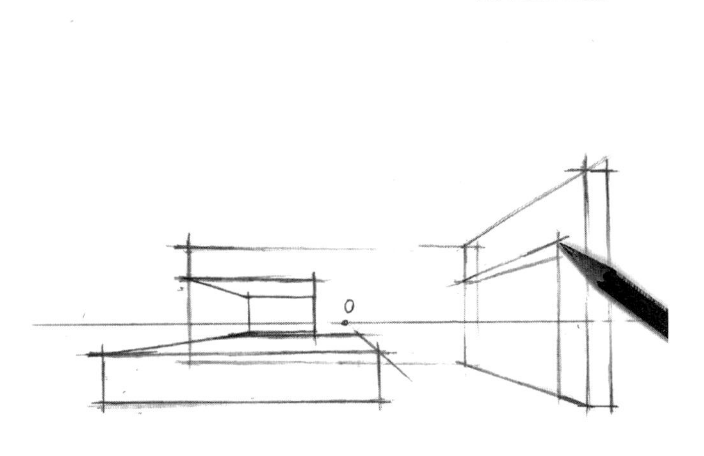

4. 用铅笔，根据一点透视规律完成各组合体造型的结构绘制。

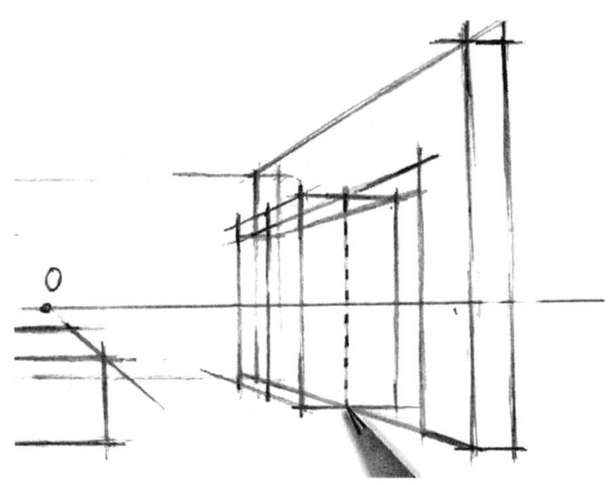

5. 用铅笔，根据一点透视规律，完成右侧造型中嵌入的长方体绘制。注意，绘制嵌入的长方体时，应先画出纵向的轴线（如上图虚线所示），再完成长方体造型结构绘制。

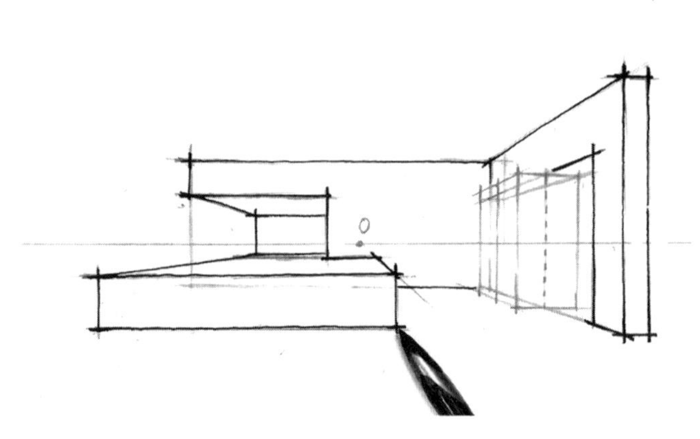

6. 用签字笔，以慢线完成组合体造型的主体框架结构绘制。注意，线条要体现力度感。

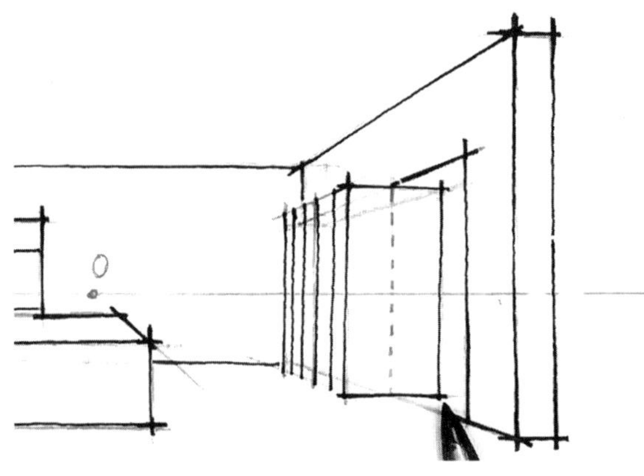

7. 用签字笔，以垂直线等分绘制右侧造型中嵌入长方体的立面。

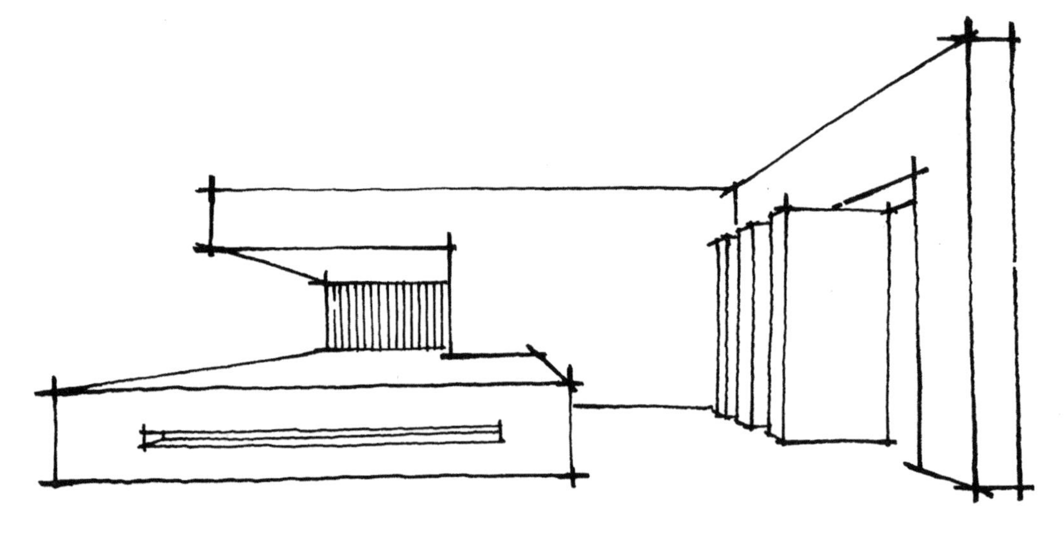

8. 用签字笔，根据一点透视规律，完善组合体造型的细部结构。调整画面关系，完成本图。

●2.3 一点透视几何体组合造型合集

临摹以下一点透视几何体组合造型，可先确定每个造型的视平线和消失点位置，再根据一点透视规律完成绘制。

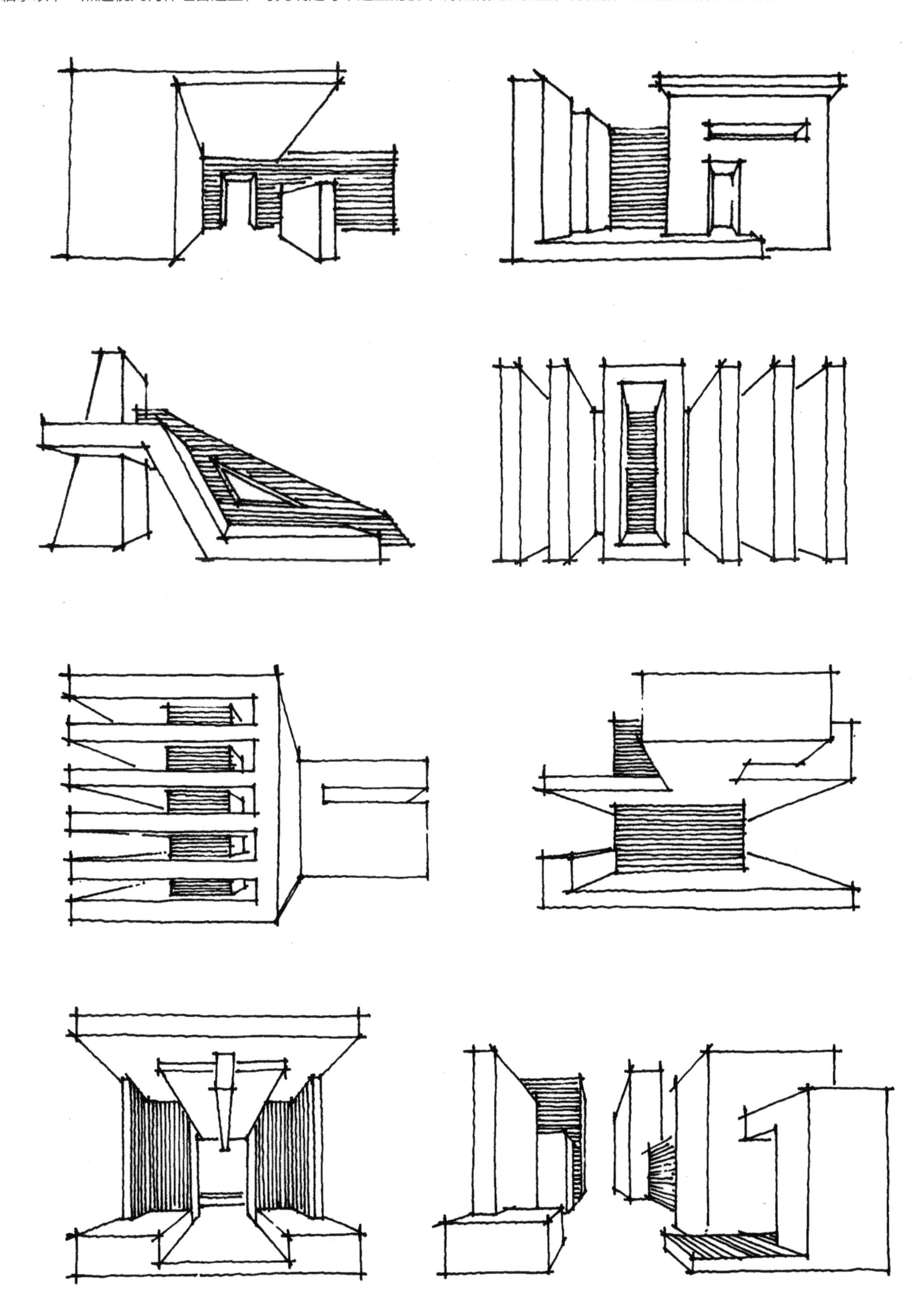

3.两点透视

第六讲 两点透视

●3.1 两点透视的概述

两点透视也叫成角透视，指当建筑的各侧立面都不与画面平行时所产生的透视现象。

（1）透视方法

将视平线L设置在画面的合理高度，并于其两端分别设置一个消失点，即0和0'。绘制立体造型时，结构的垂直边仍然保持垂直状态，另外两个方向的边要分别与消失点0和0'相连。

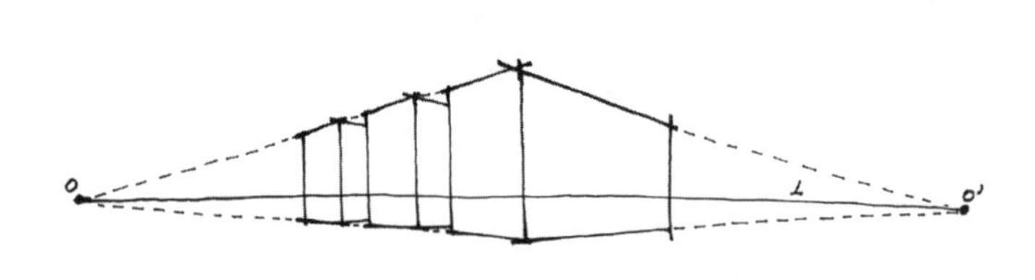

（2）线稿图

●3.2 两点透视练习

（1）两点透视空间立方体练习

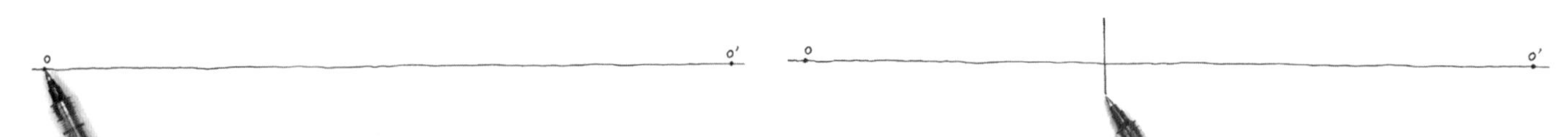

1. 用中性笔，在A4纸垂直方向约1/2的位置画下视平线，之后在视平线靠近纸边的两端点下消失点0和0′。

2. 用中性笔，先画一条垂直并穿过视平线的直线。注意，本图要绘制能看到内部结构的两点透视空间立方体，因此该线应为立方体最内侧转角线。

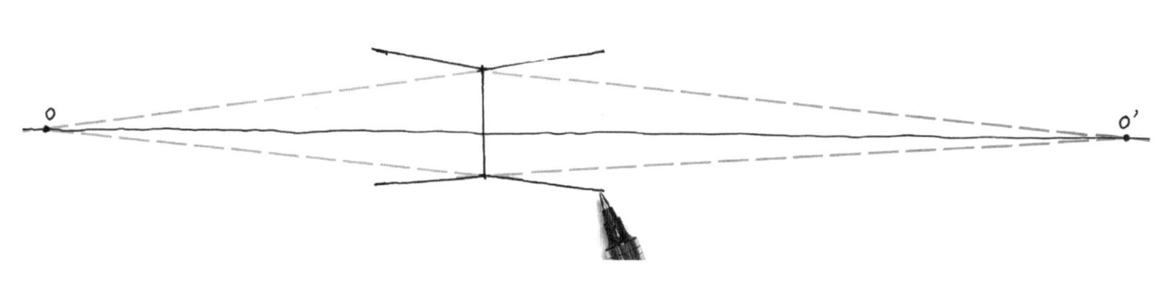

3. 用中性笔，过之前所画垂线的上下端点，绘制与消失点0或0′的反向延长线，形成两点透视结构。注意，图中虚线起辅助示意作用，不需要画出。

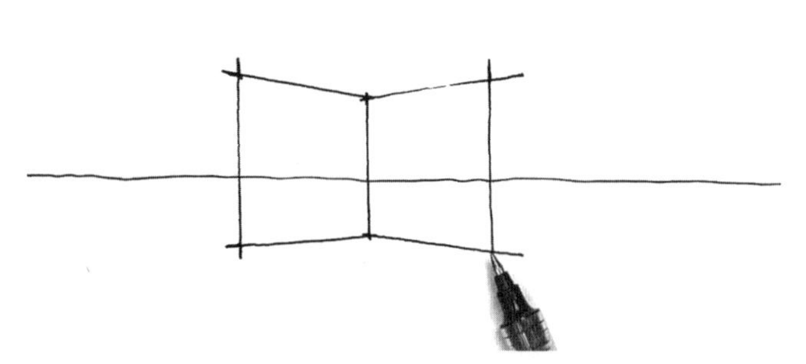

4. 用中性笔，以垂直线截取立方体最内侧转角线的左右两个立面。注意，截取面距消失点越远，面越宽，反之越窄，目测两面进深宽度达到视觉相等后，再截取。

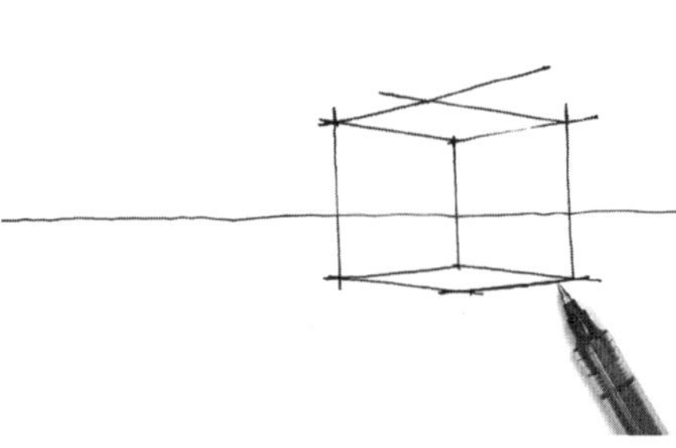

5. 用中性笔，过形体两侧面的角点，分别绘制与消失点0或0′的反向延长线，上下两组反向延长线自然相交成该立方体最外侧的两个角点，完成立方体。注意，本步骤完成的造型旨在表达立方体内部空间结构，酷似于室内空间。

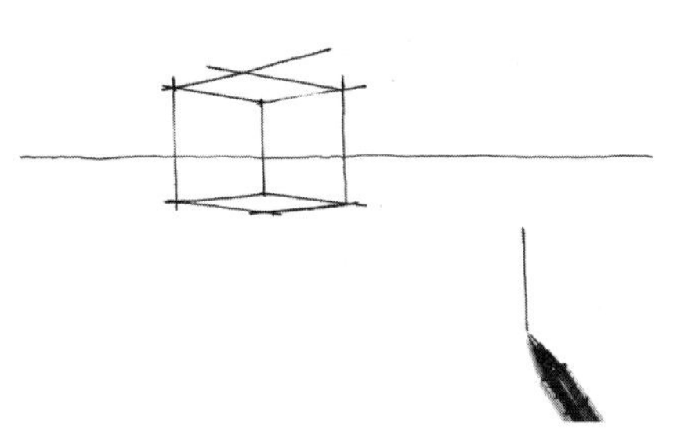

6. 画其他的外凸立方体。用中性笔，画一条垂线，即立方体的最外侧转角线。

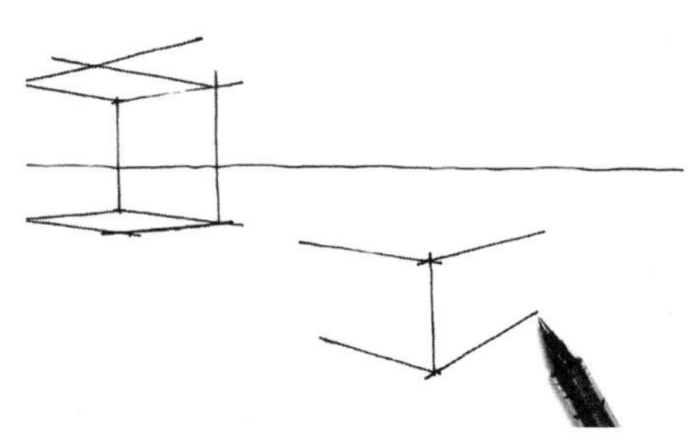

7. 用中性笔，过立方体最外侧转角线的上下端点，分别向消失点0和0′引线，形成两点透视结构。

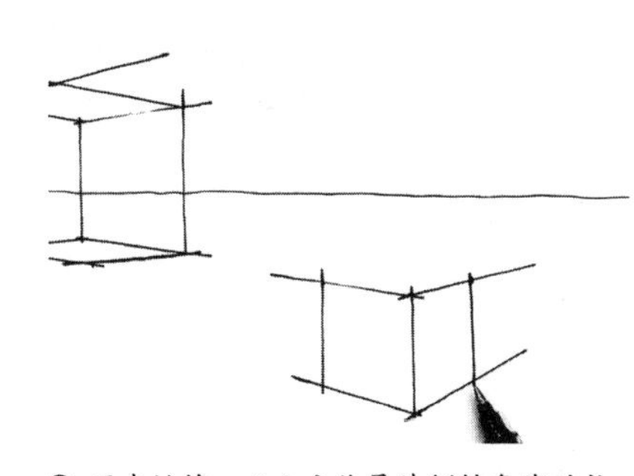

8. 用中性笔，以立方体最外侧转角线的长度为参照，用垂直线截取立方体的左右侧面。

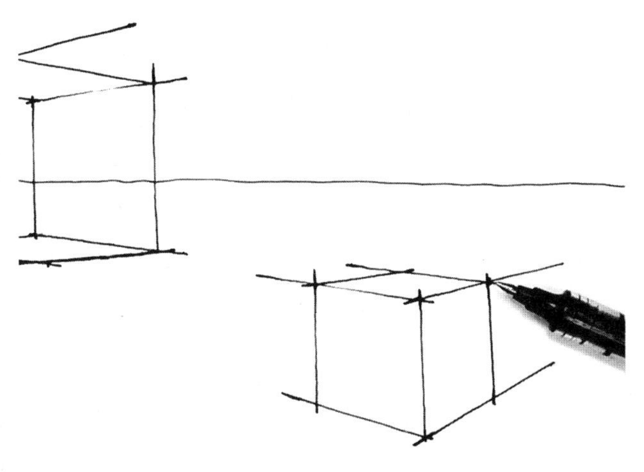

9. 用中性笔，按照两点透视规律，过立方体两侧立面的上角点分别与消失点0和0′连线，相交形成立方体顶面，完成该空间立方体的绘制。

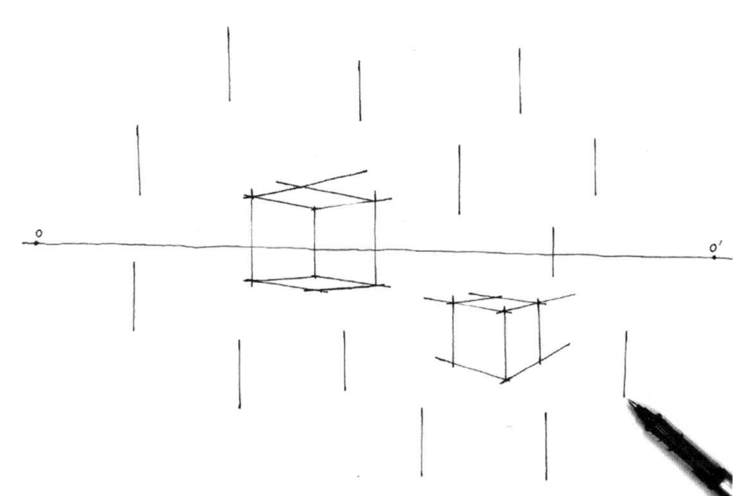

10. 在版面内绘制大量的两点透视空间立方体。先以垂直线在不同的位置画出各立方体最外侧转角线。

11. 按照步骤7¯9的方法，绘制所有的两点透视空间立方体。调整画面关系，完成本图。

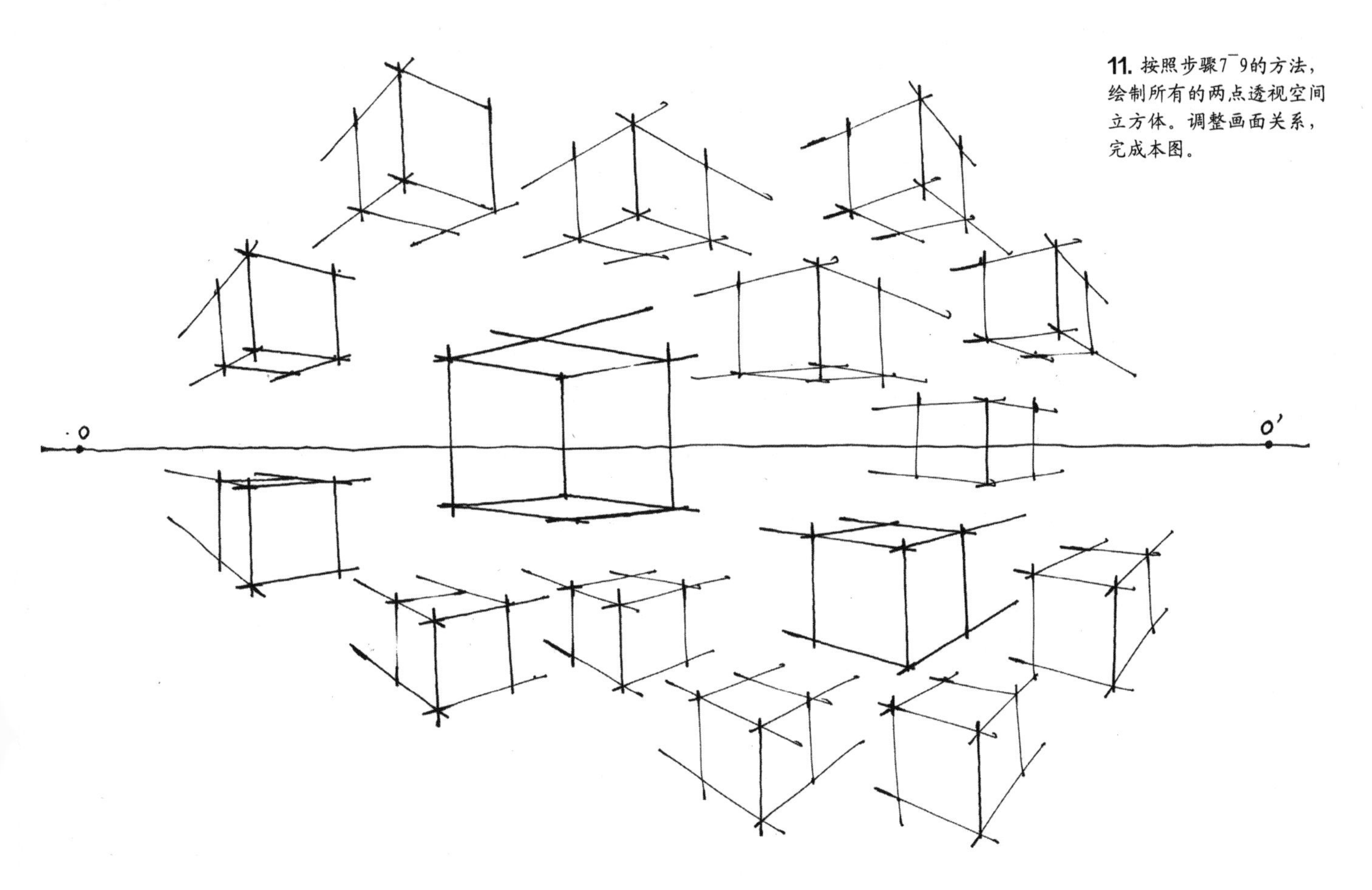

（2）两点透视立体英文字母造型练习

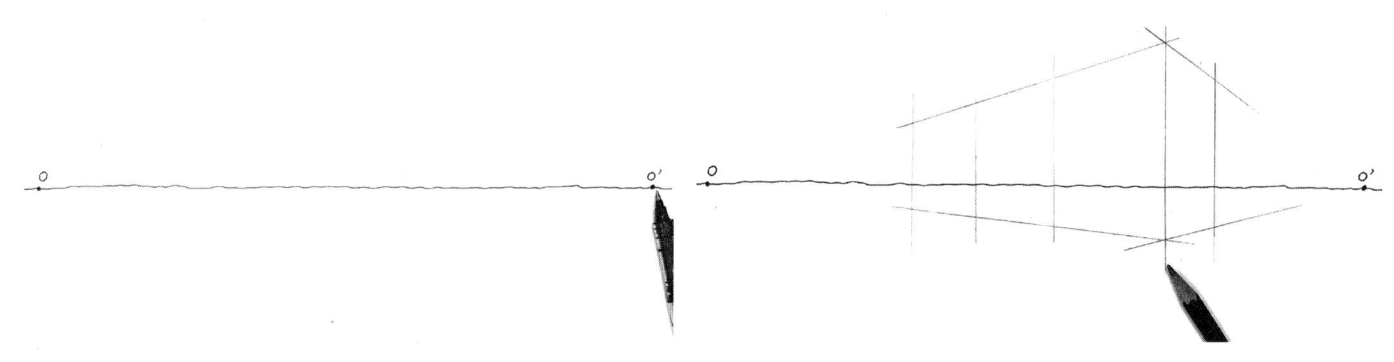

1. 用中性笔，在A4纸垂直方向约1/2的位置画下视平线，之后在视平线靠近纸边两侧的位置标记消失点O和O′。

2. 用铅笔，根据两点透视规律，绘制立体字母的整体长方形外框，并用垂线将其三等分。

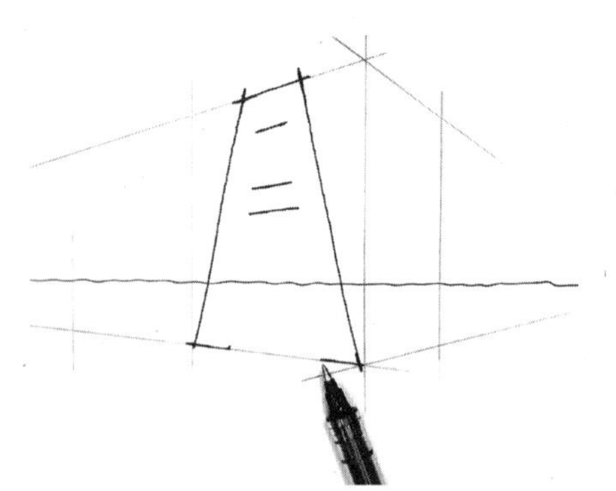

3. 用中性笔，根据两点透视规律，在第一个长方体正立面框架内，绘制字母“A”。注意，尽量充分利用边框线，保证透视准确。

4. 用中性笔，根据两点透视规律，在长方体正立面框架内，画出“ART”三个英文字母。

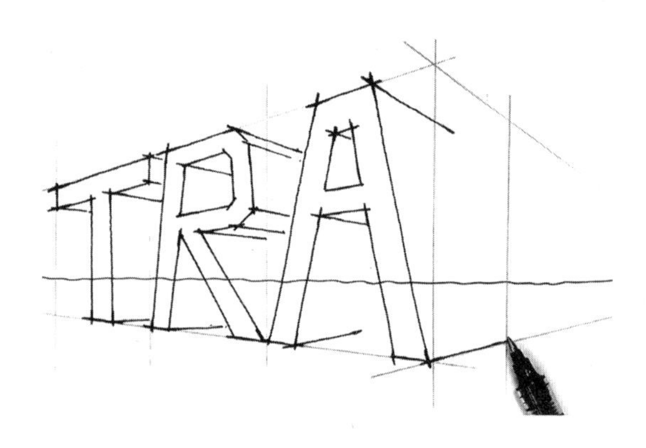

5. 用中性笔，过英文字母角点与右侧消失点连线，形成各字母的进深结构线。

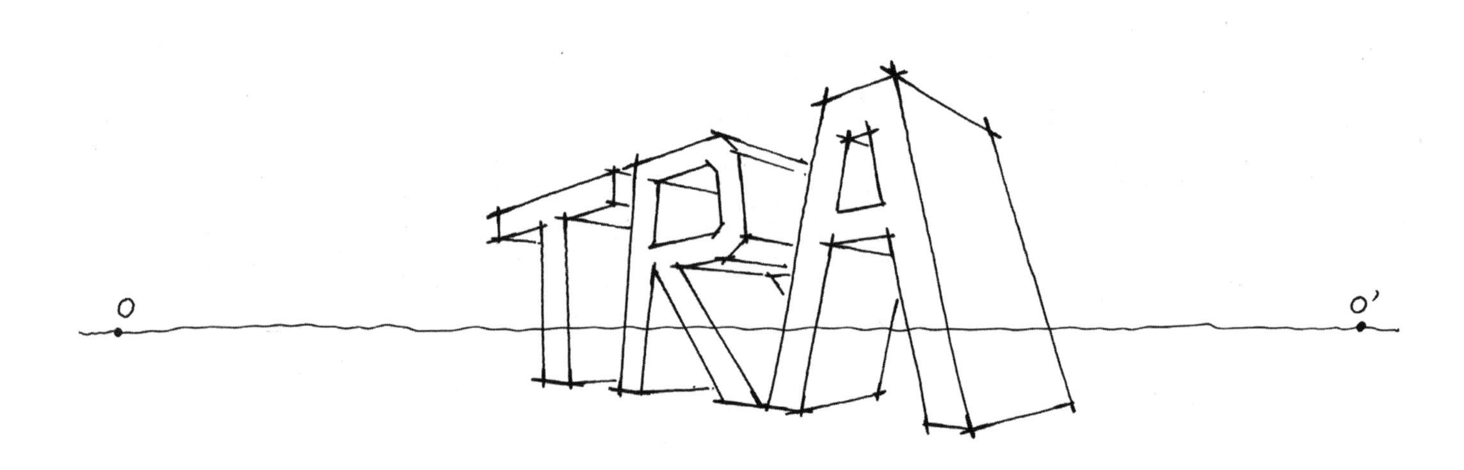

6. 用中性笔，截取字母的进深宽度。调整画面关系，完成本图。

（3）两点透视几何体组合造型练习

1. 用铅笔，在A4纸垂直方向略低于1/2的位置画下视平线，之后在视平线靠近纸边两侧的位置标记消失点O和O′。

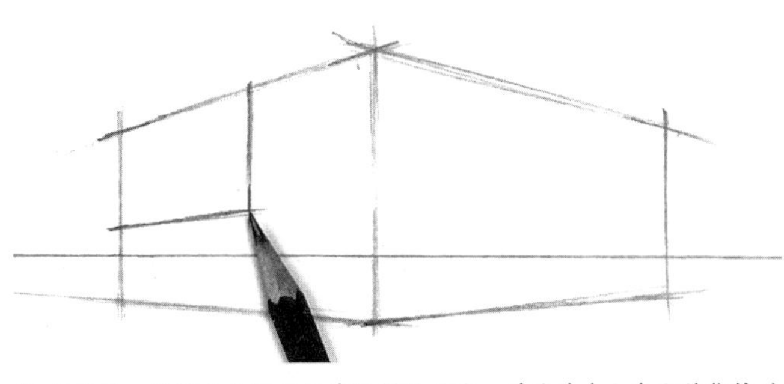

2. 用铅笔，根据两点透视规律绘制长方体，并为其左上角即将衔接的体块画出交接面。

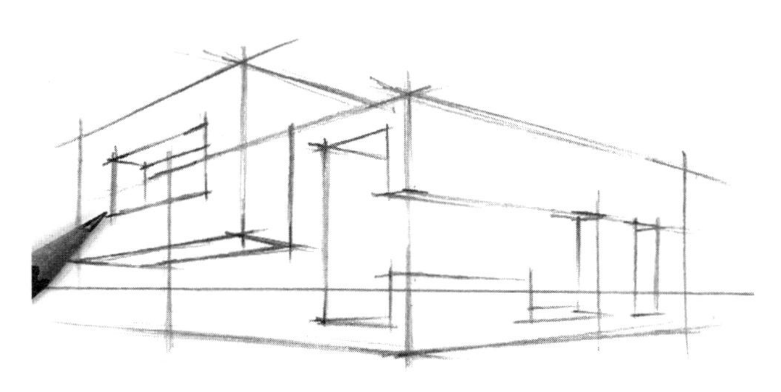

3. 继续用铅笔，根据两点透视规律完成组合体造型的全部结构。

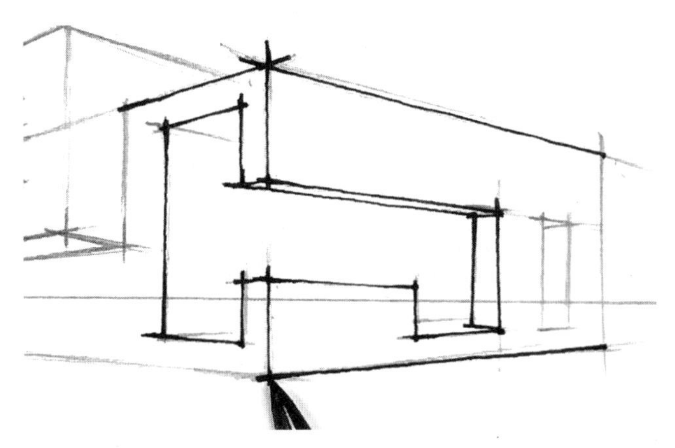

4. 用签字笔，按照由近及远的顺序，绘制组合体造型的右侧结构。

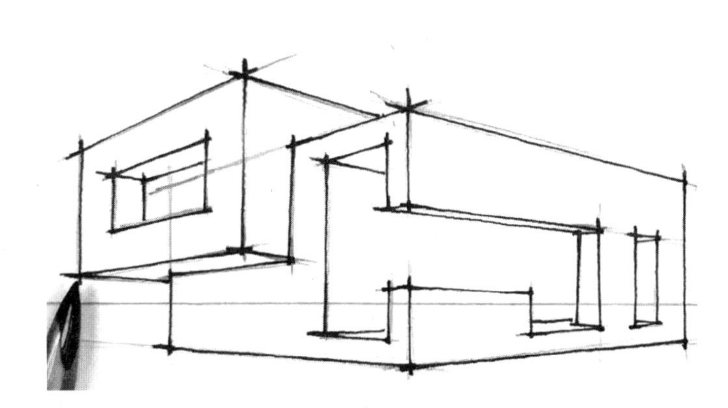

5. 用签字笔，完成组合体造型主体结构的绘制。

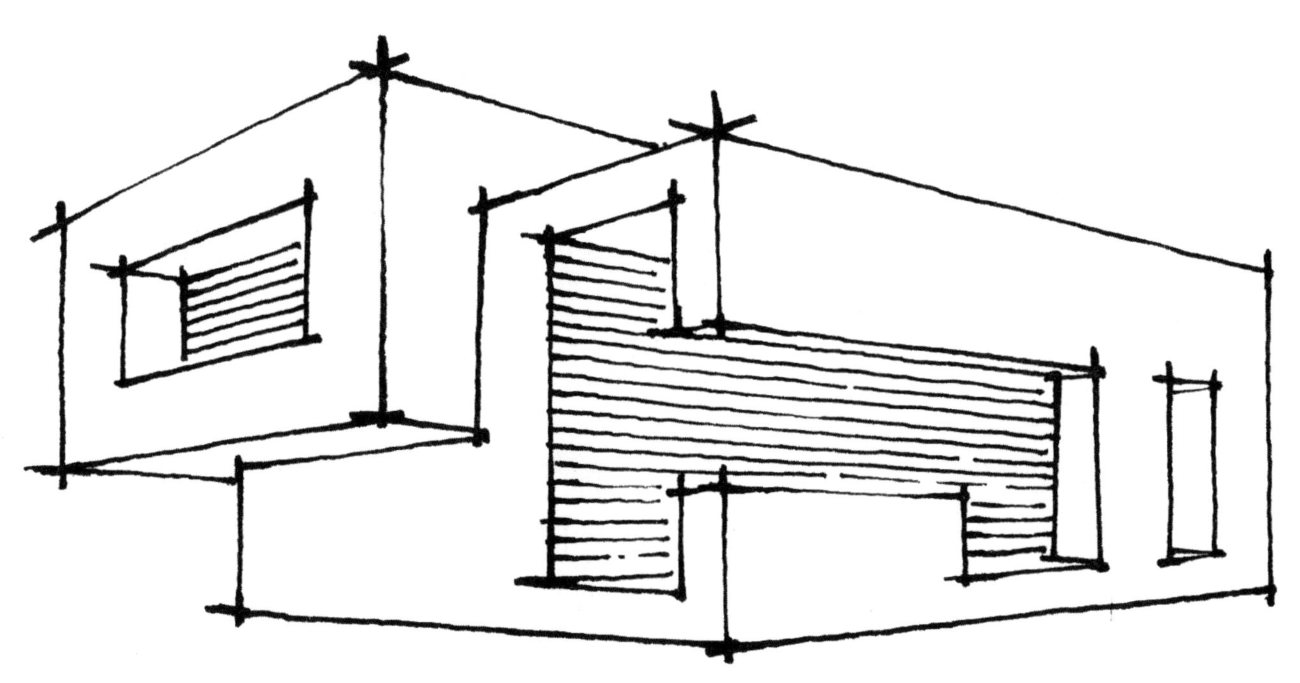

6. 完善组合体造型的细部结构，擦除铅笔痕迹。调整画面关系，完成本图。

●3.3 两点透视几何体组合造型合集

临摹以下两点透视几何体组合造型，可先确定每个造型的视平线和消失点位置，再根据两点透视规律完成绘制。

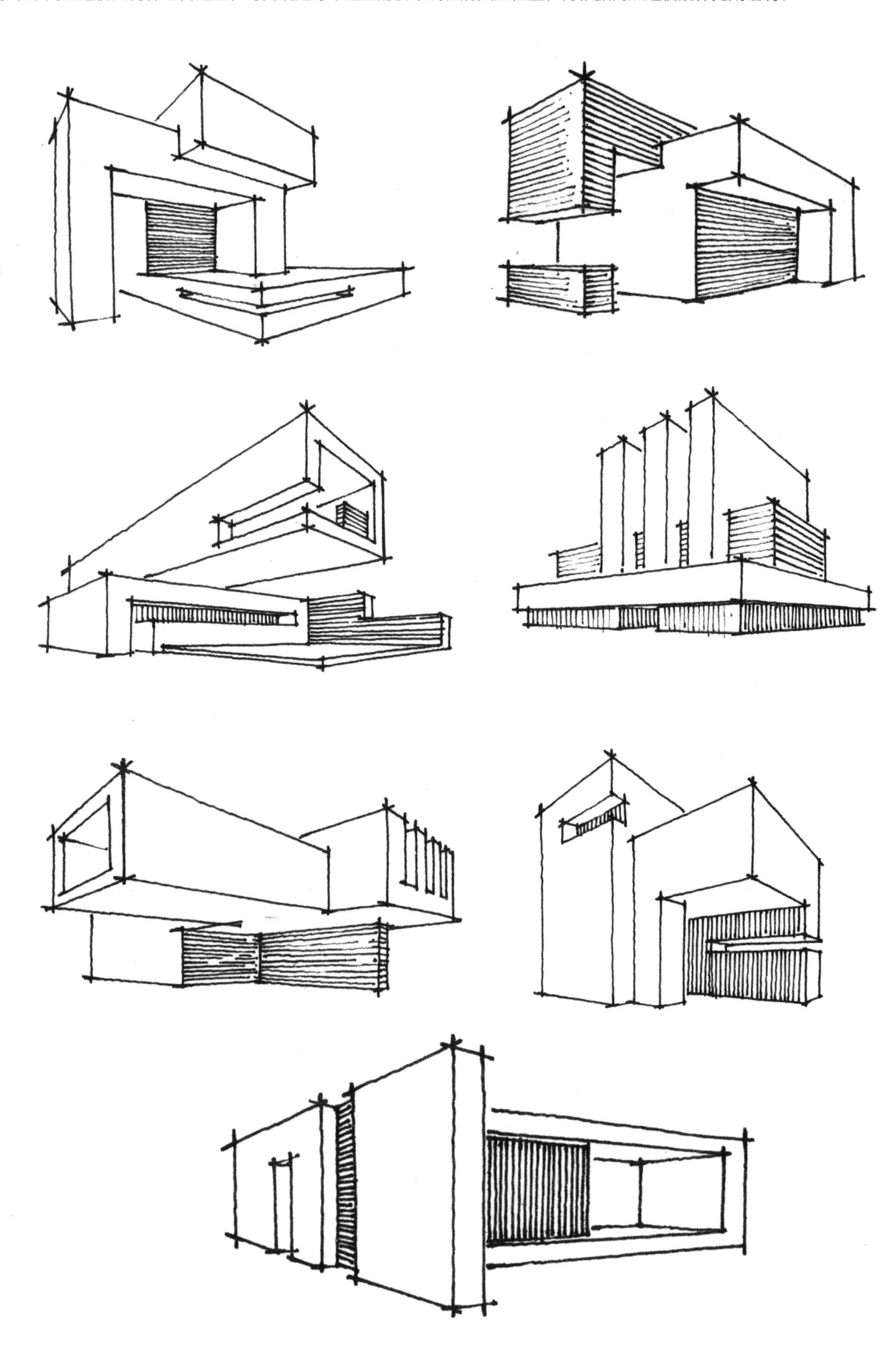

4.三点透视

●4.1 三点透视的概述

从建筑手绘的角度来说，三点透视是在两点透视基础上，俯视或仰视超高层建筑时，会在“地下”或“天上”产生消失点，即三点透视的第三点。

第七讲 三点透视

（1）仰视

透视方法：在较低的位置仰视高层建筑时，会产生“天上的消失点”O_3，立体造型的各边分别连接消失点O_1、O_2、O_3，可形成三点透视仰视图。

（2）俯视

透视方法：在较高的位置俯视高层物体时，会产生“地下的消失点”O_3，立体造型的各边分别连接消失点O_1、O_2、O_3，可形成三点透视俯视图。

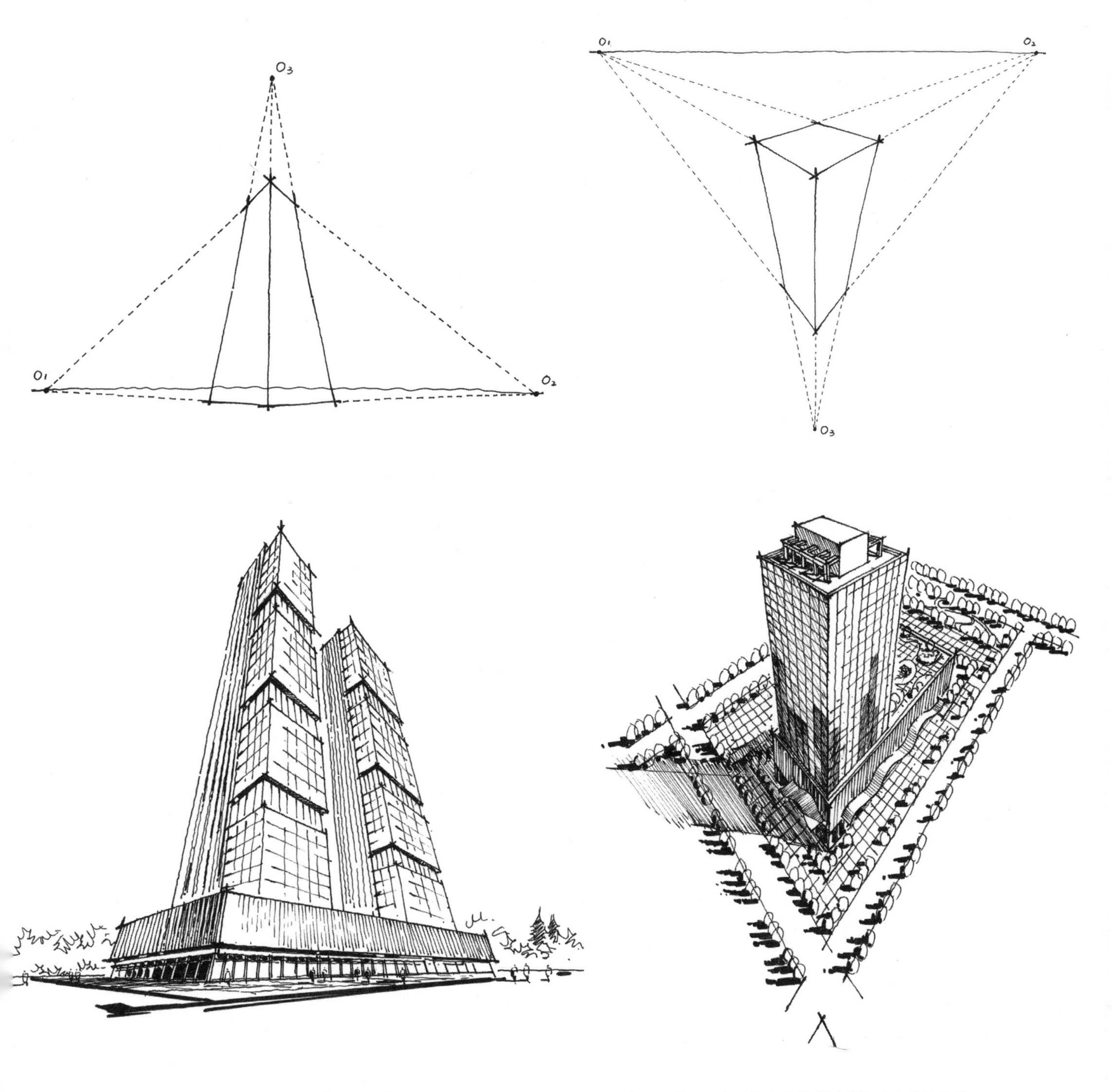

案例：应用三点透视方法绘制的仰视建筑手绘线稿

案例：应用三点透视方法绘制的俯视建筑手绘线稿

●4.2 三点透视练习

（1）三点透视空间立方体练习

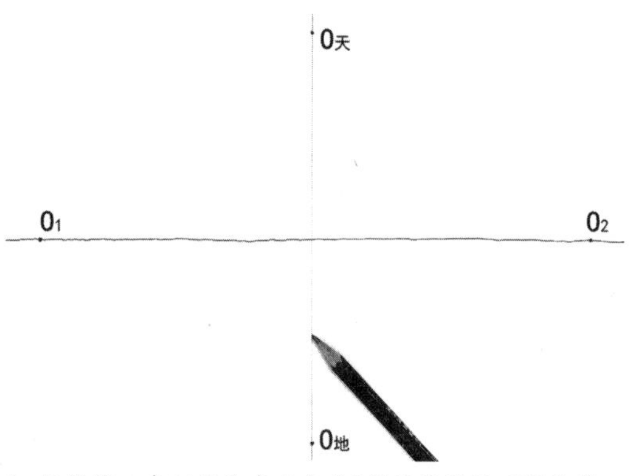

1. 用铅笔，在A4纸垂直方向约1/2的位置画下视平线，之后在视平线靠近纸边的左右两端点下消失点0_1和0_2，接下来过视平线中间位置引垂线作为轴线，最后在轴线靠近纸边的上下两端标记消失点$0_天$和$0_地$。

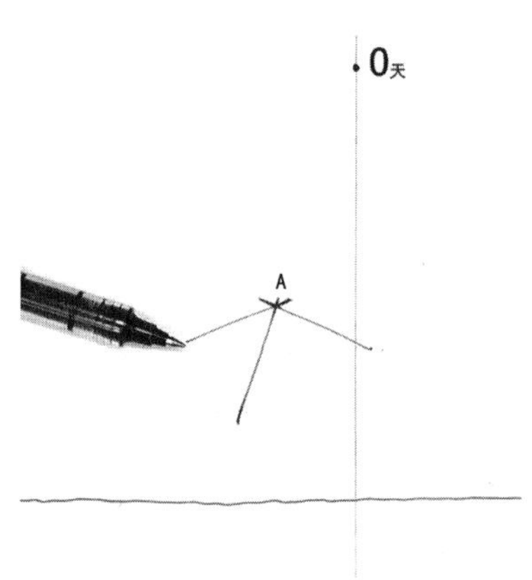

2. 用中性笔，先在画面点出立方体的外角点A，然后过A点分别与0_1、0_2两个消失点引线，再过A点与消失点$0_天$引反向延长线。

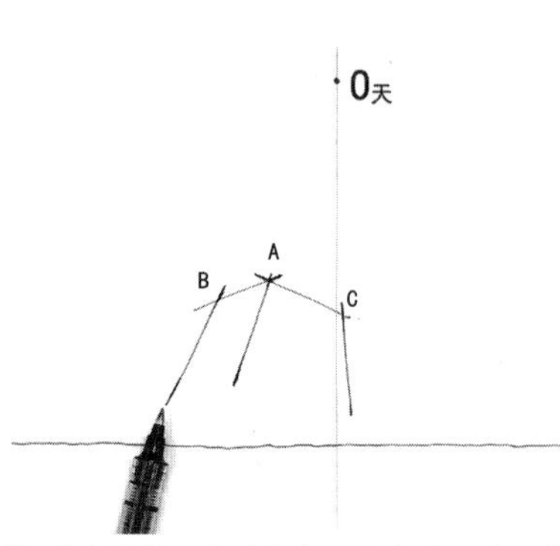

3. 用中性笔，分别在左右两条边上进行等量截取，使截取完的线段AB与AC在视觉上相等（考虑透视因素），然后分别过B、C点与消失点$0_天$引反向延长线。

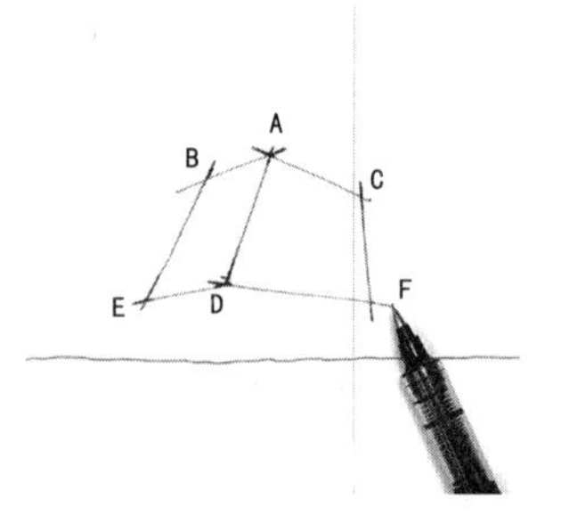

4. 用中性笔，在中间边线上截取立方体边长并标记点D，使线段AD与AB、AC在视觉上相等（考虑透视因素），然后过D点分别与0_1、0_2两个消失点引线，与立方体两侧的边线分别交于E、F两点。

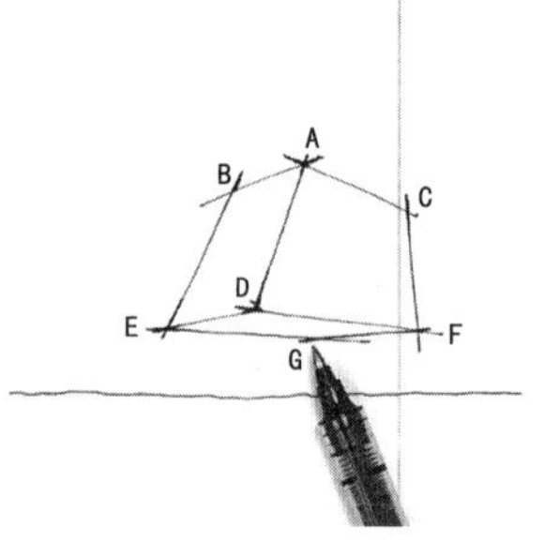

5. 用中性笔，分别过点E、F，与0_2、0_1两个消失点引线，两线相交于G点，完成三点透视空间立方体。

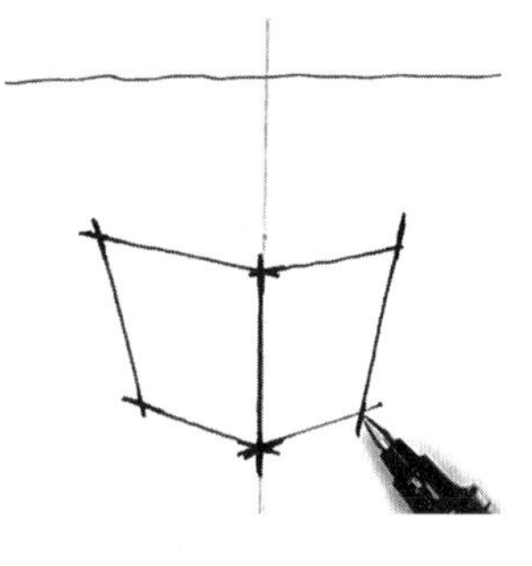

6. 用中性笔，画下一个空间立方体，该立方体的最外侧转角线，位于轴线上，根据三点透视规律，完成立方体的左右立面。

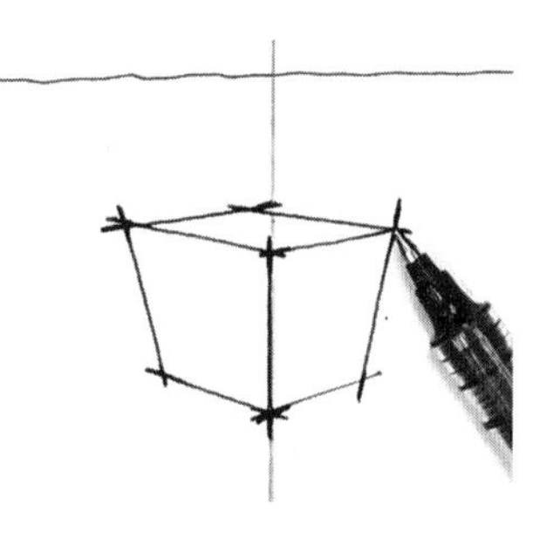

7. 用中性笔，根据三点透视规律，分别过立方体的左右立面上角点与消失点0_1和0_2连线，交汇成立方体的顶面，完成该空间立方体。

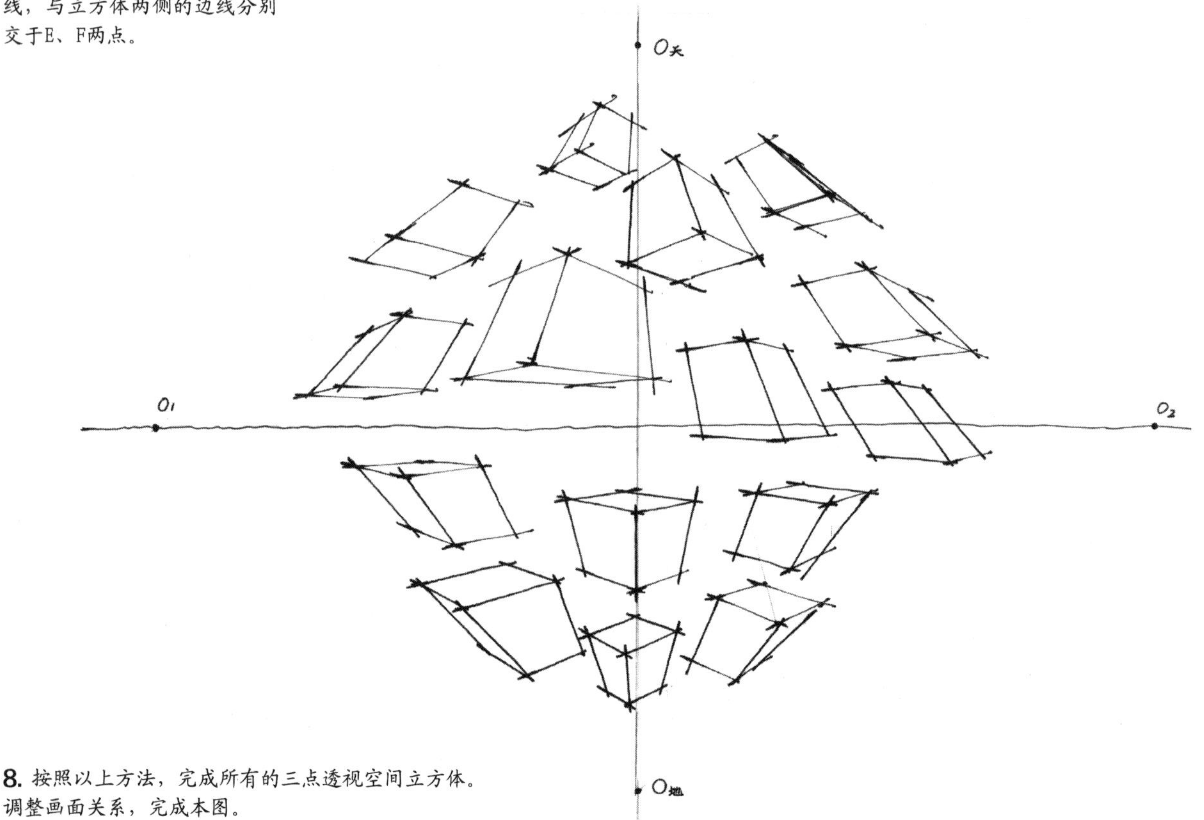

8. 按照以上方法，完成所有的三点透视空间立方体。调整画面关系，完成本图。

（2）三点透视立体英文字母造型练习

① 仰视

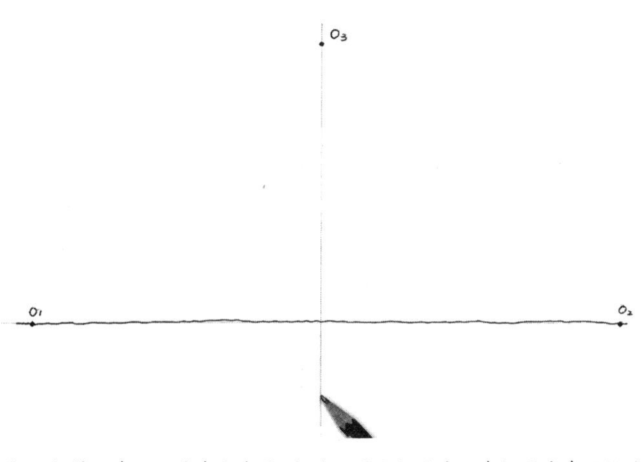

1. 用铅笔，在A4纸垂直方向约1/3的位置画视平线，在视平线靠近纸边两侧的位置标记消失点O_1和O_2，然后过视平线中点位置引垂线作为轴线，并在靠近上纸边的轴线上标记消失点O_3。

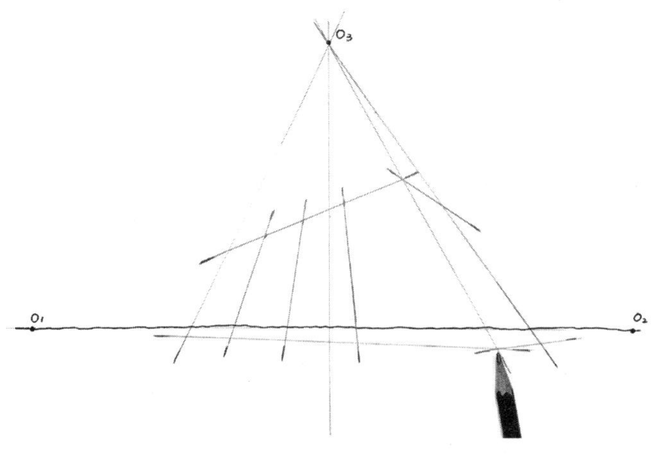

2. 用铅笔，根据三点透视规律，画出所要绘制立体字母的仰视长方体外框，并将其四等分。

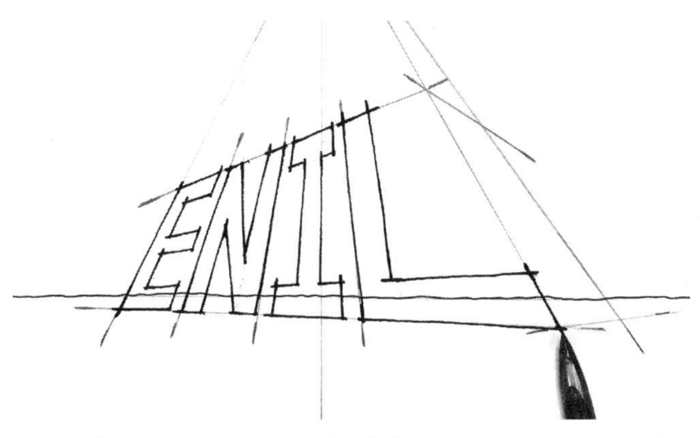

3. 用签字笔，根据三点透视规律，在步骤2绘制的长方体正立面范围内，参照边框线画出“LINE”四个英文字母。

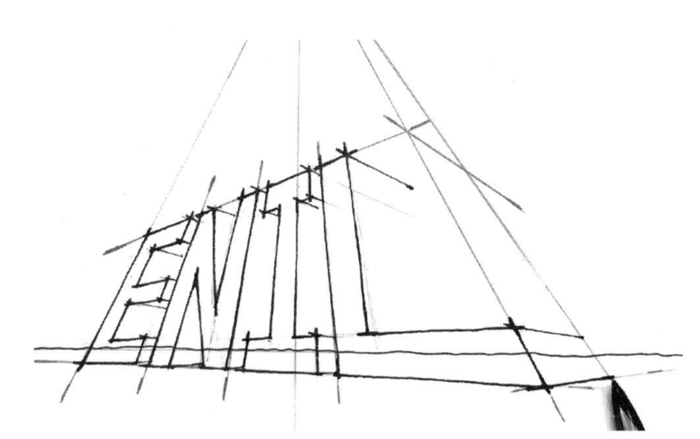

4. 用签字笔，过英文字母角点与消失点O_2连线，形成各字母的进深结构线。

5. 用签字笔，继续完成“LINE”四个字母的进深宽度截取。调整画面关系，完成本图。

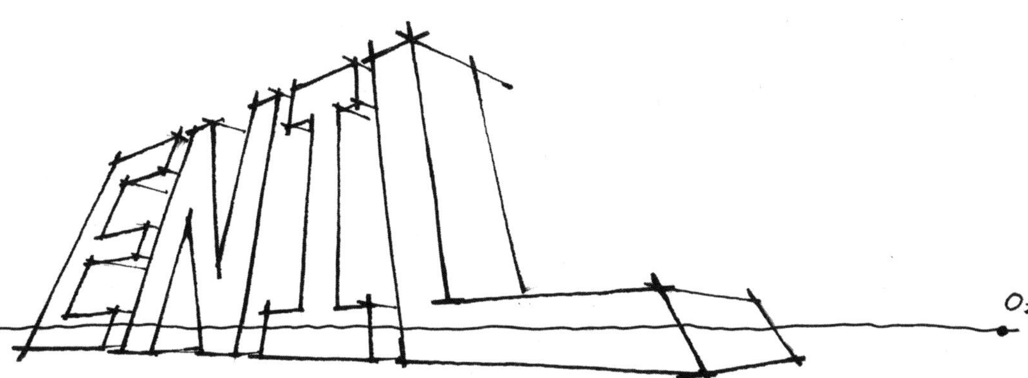

② 俯视

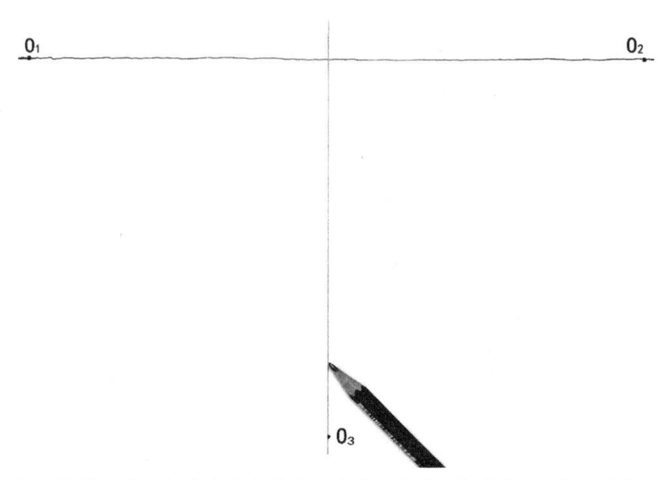

1. 用铅笔，在A4纸垂直方向靠近顶端的位置画下视平线，于视平线靠近纸边两侧的位置标记消失点O_1和O_2，然后过视平线中点位置引垂线作为轴线，并靠近下纸边的轴线上标记消失点O_3。

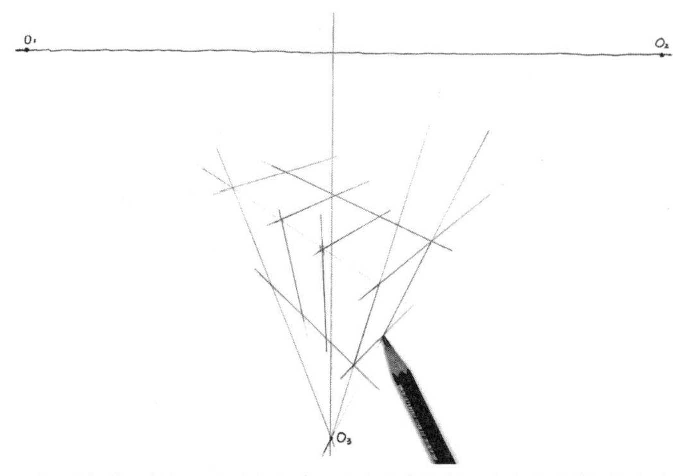

2. 用铅笔，根据三点透视规律，画出所要绘制立体字母的俯视长方体外框，并将其三等分。

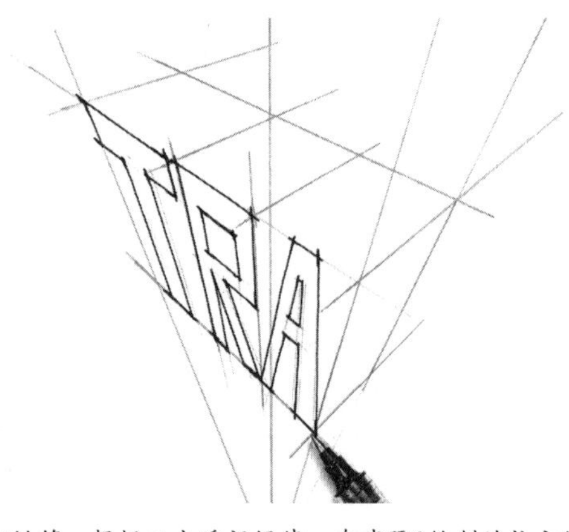

3. 用中性笔，根据三点透视规律，在步骤2绘制的长方体正立面范围内，参照边框线画出“ART”三个英文字母。

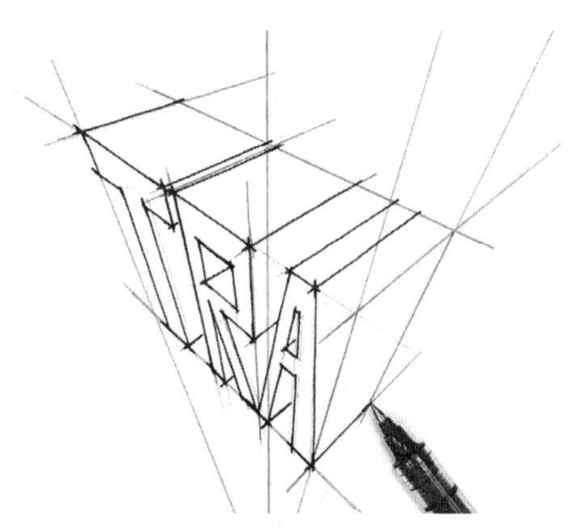

4. 用中性笔，过英文字母角点与消失点O_2连线，形成各字母的进深结构线。

O1 O2

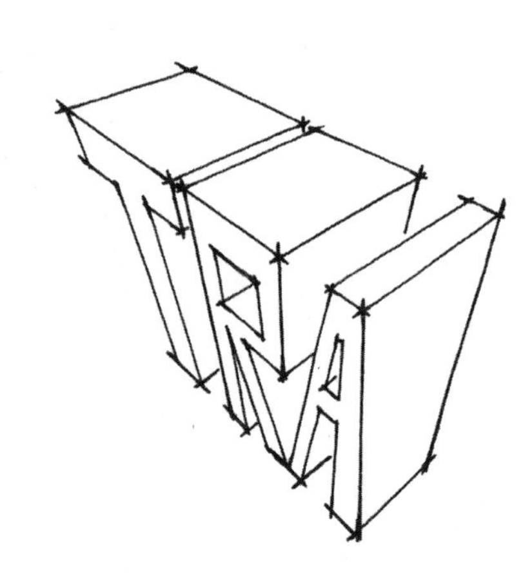

O3

5. 用中性笔，继续完成“ART”三个字母的进深宽度截取。调整画面关系，完成本图。

（3）三点透视几何体组合造型练习

① 仰视

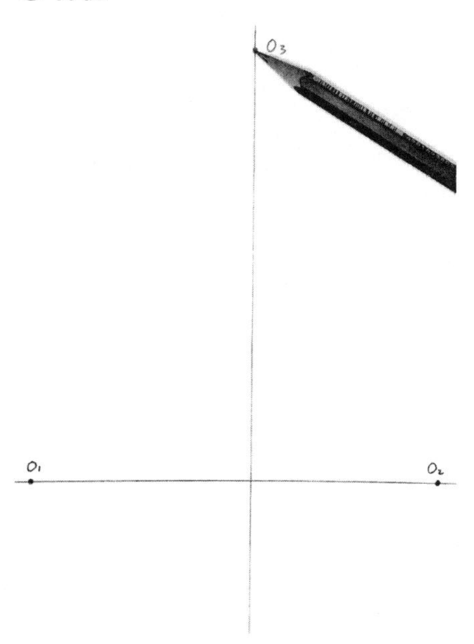

1. 本图建议用A4纸竖版绘图，用铅笔在纸面垂直方向约1/4的位置画视平线，在视平线靠近纸边两侧的位置标记消失点O_1和O_2，然后过视平线中点位置引垂线作为轴线，最后在靠近上纸边的轴线上标记消失点O_3。

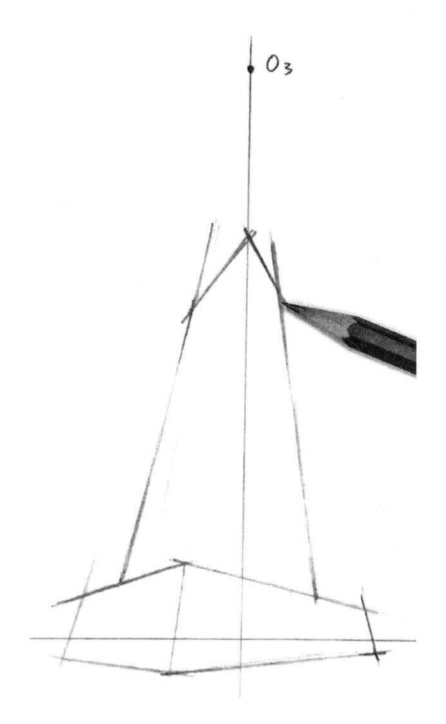

2. 用铅笔，根据三点透视规律，以长方体组合画出几何体组合造型的仰视轮廓。

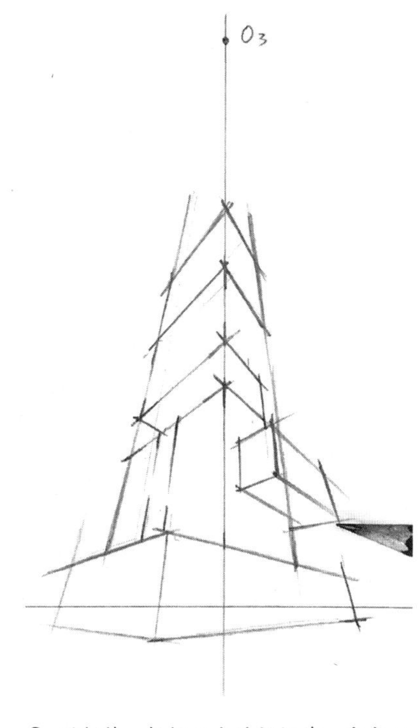

3. 用铅笔，根据三点透视规律，完成几何体组合造型的结构绘制。

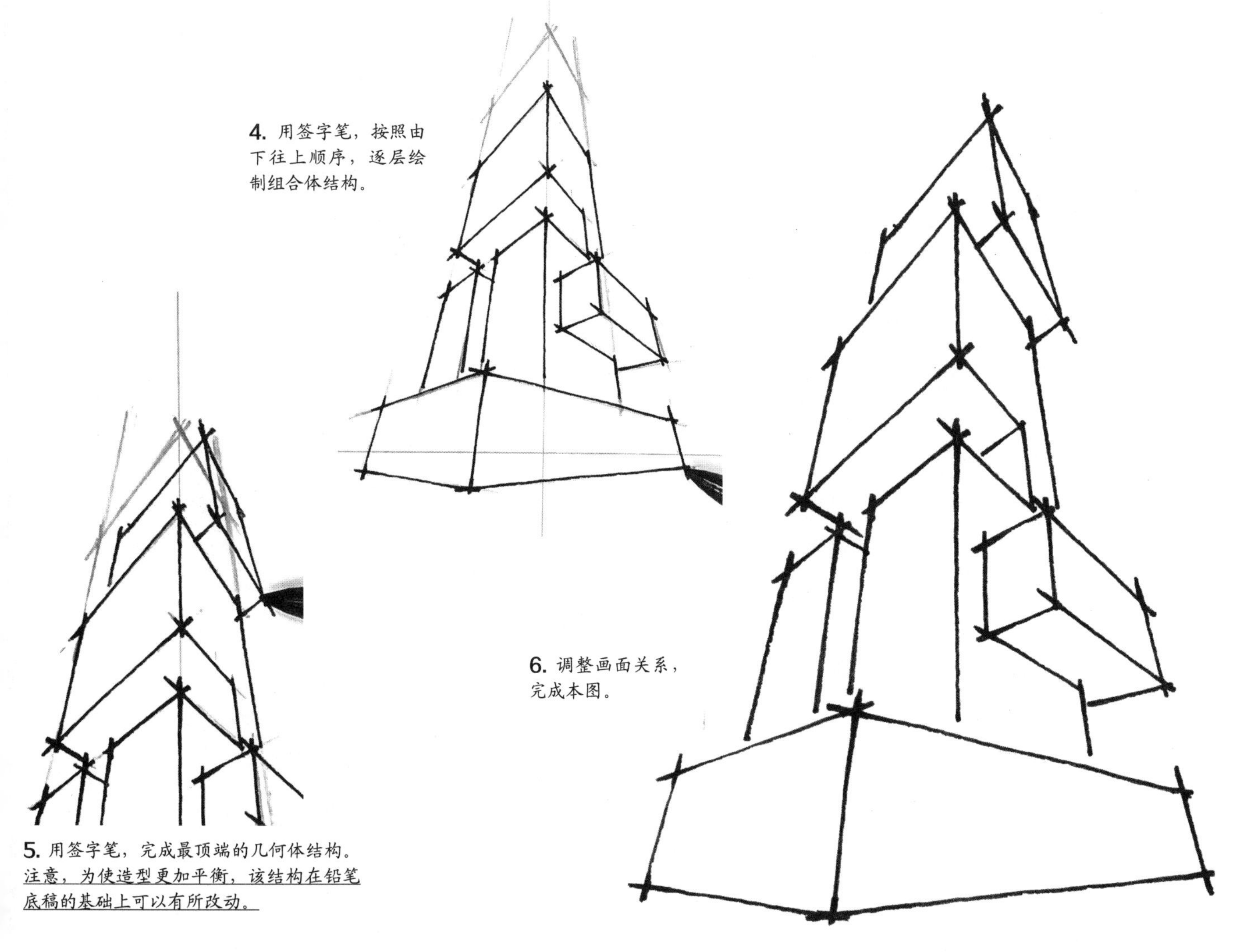

4. 用签字笔，按照由下往上顺序，逐层绘制组合体结构。

5. 用签字笔，完成最顶端的几何体结构。<u>注意，为使造型更加平衡，该结构在铅笔底稿的基础上可以有所改动。</u>

6. 调整画面关系，完成本图。

② 俯视

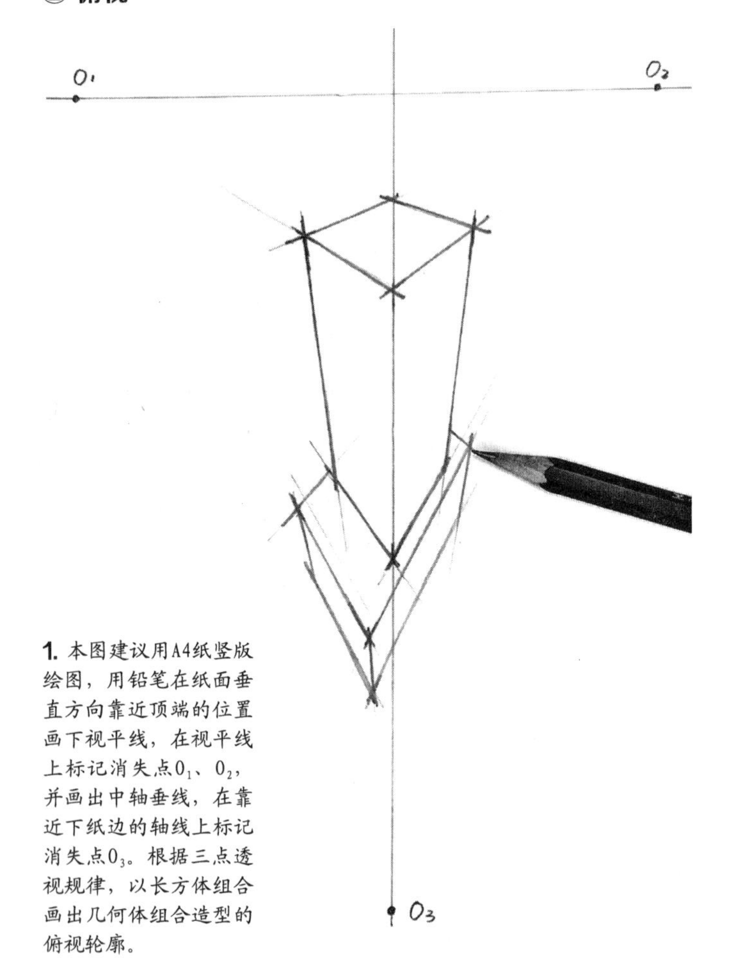

1. 本图建议用A4纸竖版绘图，用铅笔在纸面垂直方向靠近顶端的位置画下视平线，在视平线上标记消失点O_1、O_2，并画出中轴垂线，在靠近下纸边的轴线上标记消失点O_3。根据三点透视规律，以长方体组合画出几何体组合造型的俯视轮廓。

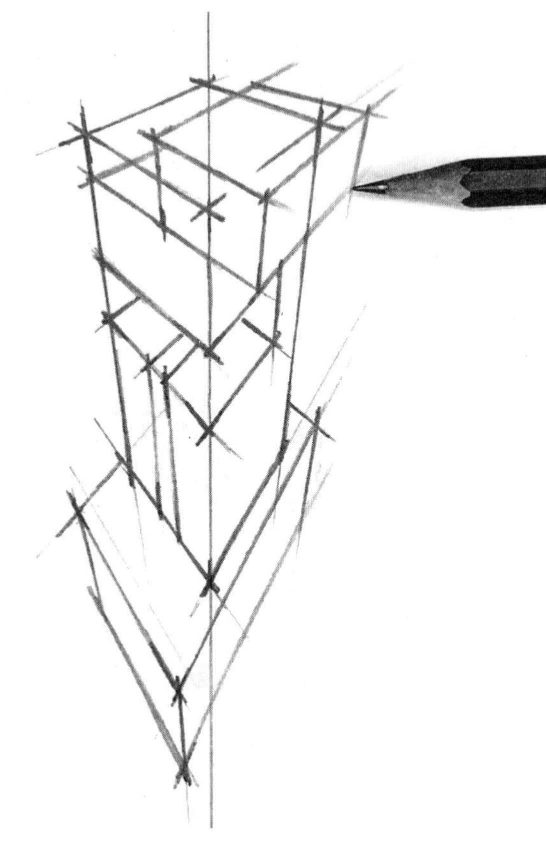

2. 用铅笔，根据三点透视规律，完成几何体组合造型的结构绘制。

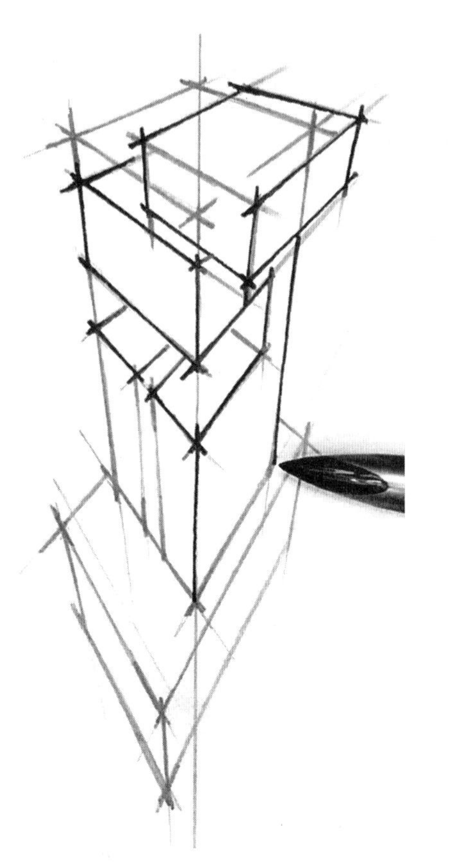

3. 用签字笔，按照由上往下的顺序，逐层绘制组合体结构。

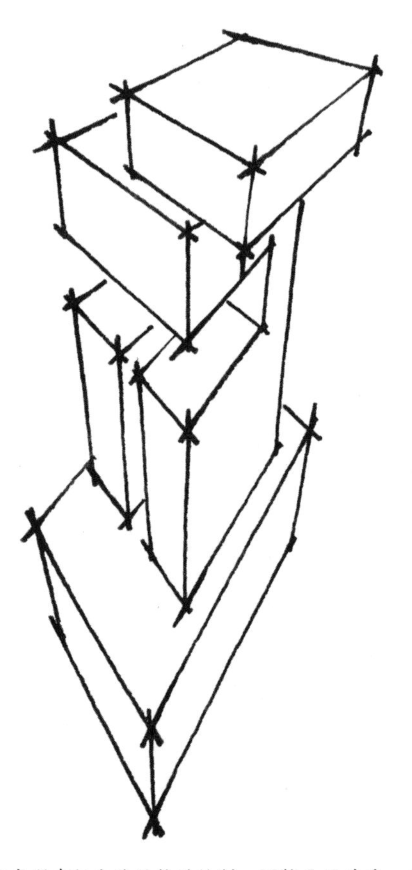

4. 用签字笔，完成所有组合体结构的绘制。调整画面关系，完成本图。

●4.3 三点透视几何体组合造型合集

临摹以下三点透视几何体组合造型，可先确定每个造型的视平线、垂直轴线和消失点位置，再根据三点透视规律完成绘制。

第三节 光影

光影是建筑手绘中塑造立体感、渲染真实感的关键性要素，格外值得重视。对于建筑手绘初学者来说，应该充分掌握并可独立分析、绘制单一光源下建筑形体的光影变化关系。基于建筑手绘快捷性和随意性的特点，我们在表达投影关系时，不必过分严格，应在保持投影与造型总体轮廓对应的前提下，适当进行概括。接下来，笔者将从以下几方面概述手绘中常见的光影关系。

第八讲 光影训练

1.几何单体平视、俯视光影关系

●1.1 平视状态下几何单体光影关系

平视，在建筑手绘中指视平线低于建筑物高度的观察（构图）状态，最常见的平视状态为视平线高度与正常人的身高基本相等，这一状态比较符合观察者的常规视觉感受。

以下三组造型为平视状态下简单几何体造型最常规的投影形态，分别代表着单一光源下几何体在地面上的投影（图a），单一光源下几何体在墙面上的投影（图b），单一光源下几何体在墙面和地面上的投影（图c）。绘制光影时，应先根据光照方向，定位几何体明暗交接线的顶点A、B，投射在投影界面（地面或墙面）的点A'、B'；然后，分别过点A'、B'与相邻的几何体造型顶点进行连线，如无法在投影区域内与顶点直接连线，可在投影区域绘制相应结构的平行线，使平行线与造型结构线形成交点C，再将C点与相应的造型顶点连线，直至投影形成完整的闭合区域。

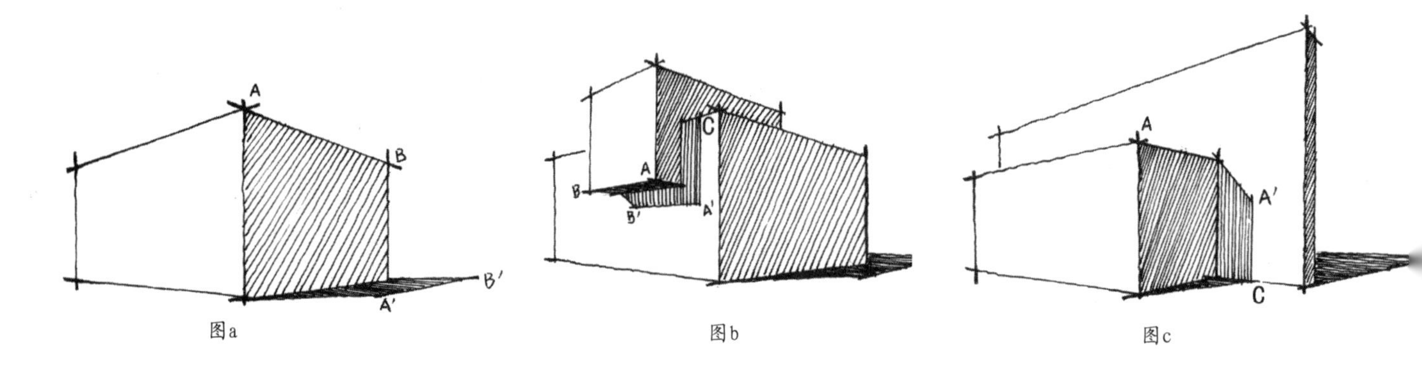

图a　图b　图c

●1.2 俯视状态下几何单体光影关系

俯视，在建筑手绘中指视平线高于建筑物高度的观察（构图）状态，通常称之为鸟瞰。

以下三组造型为俯视状态下简单几何体造型最常见的投影形态，其分析方法和投影绘制方法，与之前我们所讲的平视状态下几何单体投影关系相同，只是由于俯视原因，所绘制的投影区域要比平视状态大一些。注意，图b中将A点的投影点A'设置在长方体结构的转角线上，这是一种偶然现象，但便于理解形体结构的相应投影形态，且方便绘制，推荐使用。

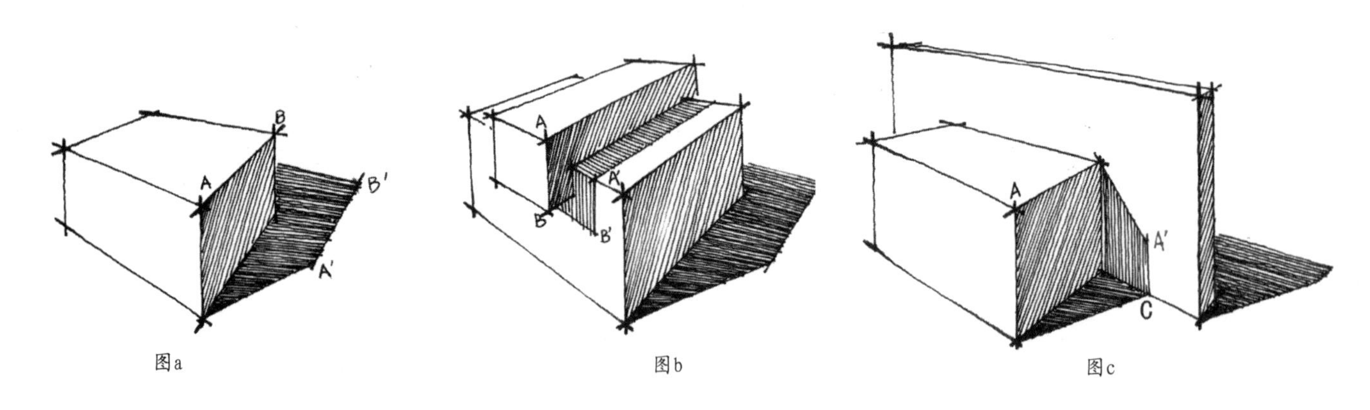

图a　图b　图c

提示 尝试根据受光规律临摹上图，即可了解本环节所讲投影关系的变化。

2.方形洞口光影关系

在建筑手绘中，门窗洞口是最常见的建筑外立面造型元素。这些元素的刻画，起到强调建筑视觉中心、丰富细节的重要作用。为了加强门窗洞口这类内凹空间的立体感，手绘者必须掌握其在单一光源照射下投影变化的规律与特征。笔者将从以下两方面进行讲解。

●2.1 光源从正面照射洞口的光影现象

参照下图，图a为光照方向（箭头所示）与洞口的位置关系；图b为该光照角度下正面观察洞口的光影效果；图c为该光照角度下侧面观察洞口的光影效果。注意，光源从正面照射洞口时，洞口的左右两个侧立面上方都会形成三角形投影区域，在建筑手绘中，三角形投影区是洞口光影表现的重要特征之一。

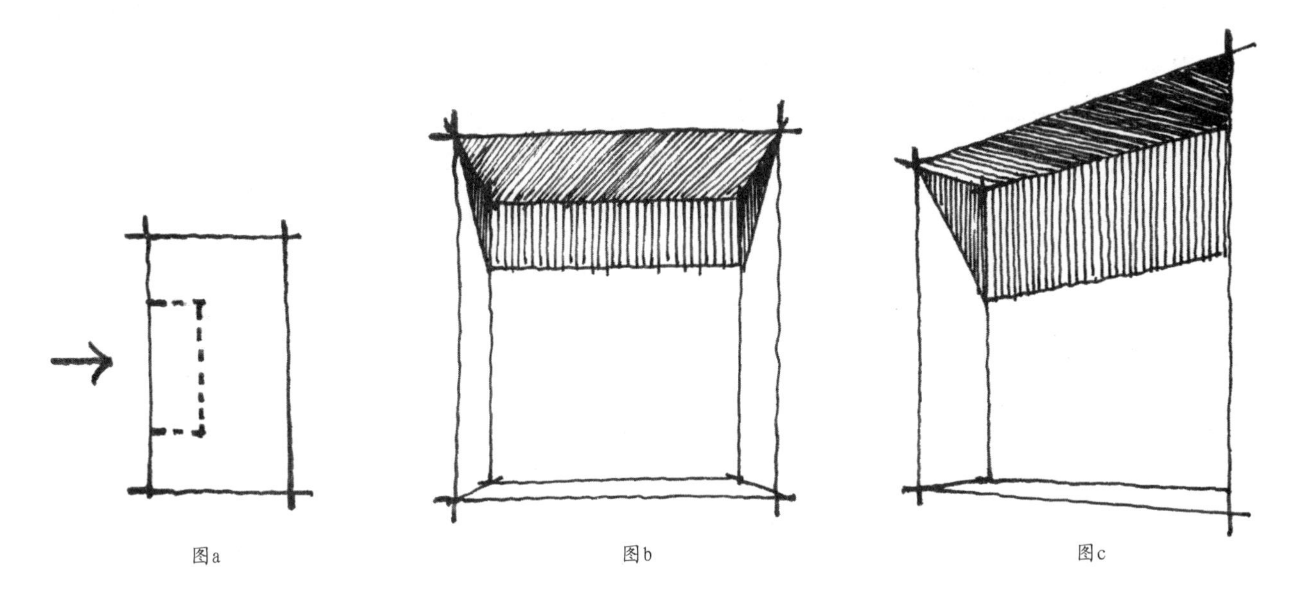

图a　　图b　　图c

提示 尝试根据受光规律临摹上图，即可了解本环节所讲投影关系的变化。

●2.2 光源从左上方照射洞口的光影现象

参照下图，图a为光照方向（箭头所示）与洞口的位置关系；图b为该光照角度下正面观察洞口的光影效果，可见洞口左立面处于暗部区域，右侧立面处于亮部区域，其上方有一处斜角投影；图c为该光照角度下从右侧观察洞口的光影效果。大家亦可以尝试分析并绘制一下从左侧观察洞口的光影效果。

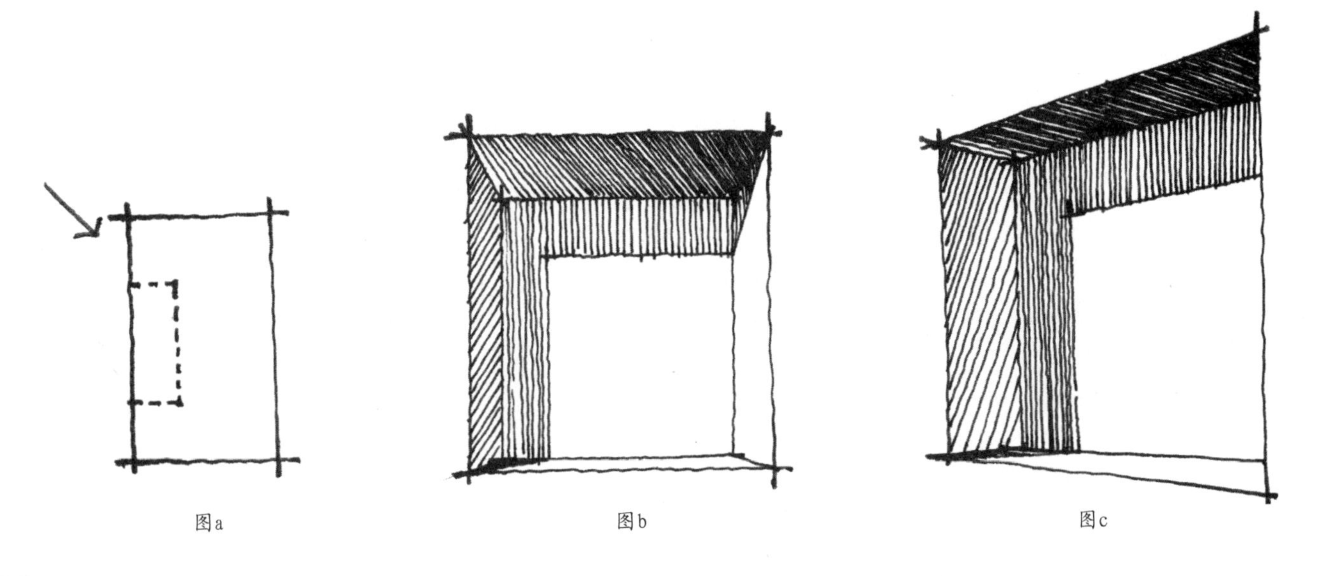

图a　　图b　　图c

提示 如感觉本环节所讲述的光影关系不够清晰，可利用手电筒和长方形的空盒子设计实验验证该投影规律。

3.几何体组合造型光影训练

1. 用铅笔，在A4纸垂直方向略低于1/2的位置画下视平线，该图为两点透视，消失点0′定位在左侧画面外，具体位置不用强行寻找。绘制与其连接的线条时，需参照视平线控制线条的倾斜角度，消失点0定位在画面右侧，两消失点必须都设置在视平线上。

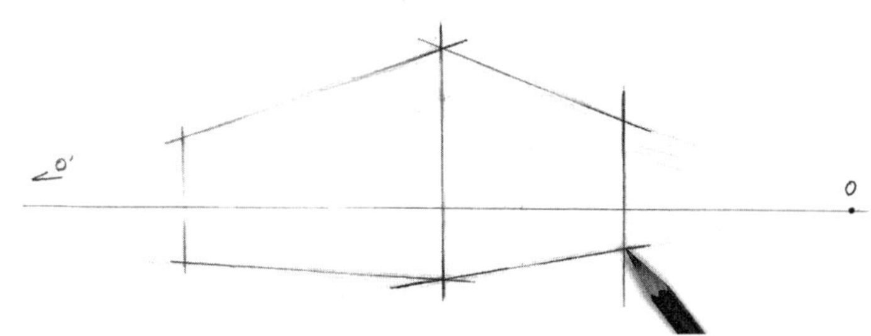

2. 用铅笔，根据两点透视规律，将组合体块化零为整，绘制长方体外轮廓。注意，由于左侧消失点0′不在画面内，因此绘制长方体连接消失点0′的边线时，上边线倾斜度可自行确定，只要其延长线与视平线延长线的交点在左侧画面外即可；而下边线倾斜度需参照视平线尽量保持水平，靠近消失点0′的一侧略微向上倾斜即可，保持立体造型的稳定感。就经验而论，消失点在画面外时，画面内的立体造型绘制只要视觉上满足透视准确和形体稳定即可，连接画面外同一消失点的各边线，不一定要与视平线交于同一个点上。

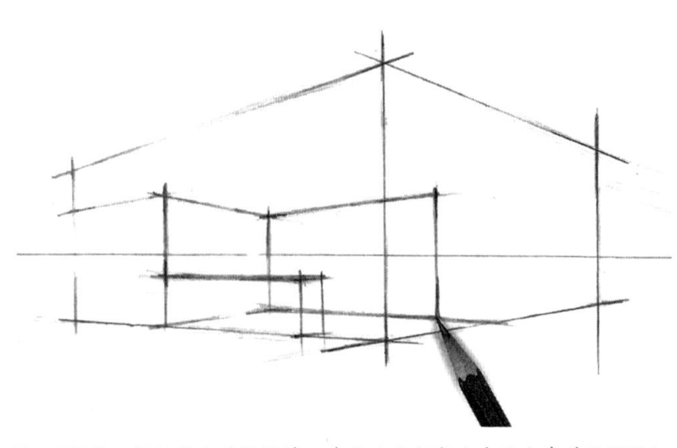

3. 用铅笔，根据两点透视规律，在长方体框架内先画出靠前位置的组合体结构。

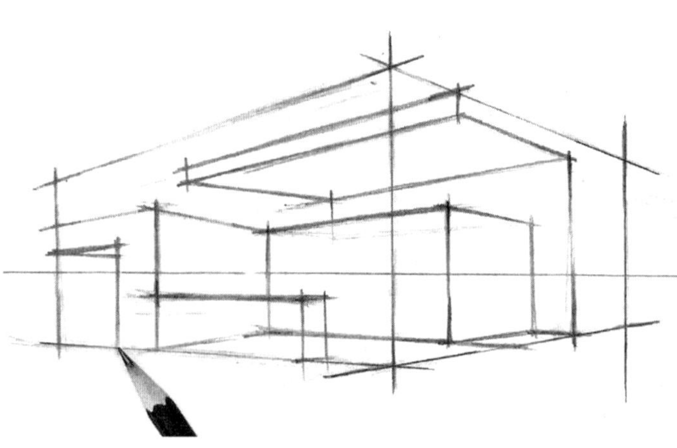

4. 用铅笔，根据两点透视规律，完成组合体造型全部结构的绘制。

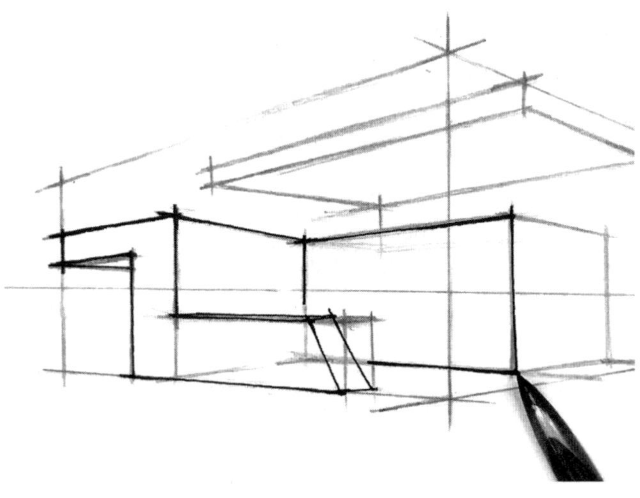

5. 用签字笔，按照由近及远的顺序，先完成靠前位置的组合体结构。

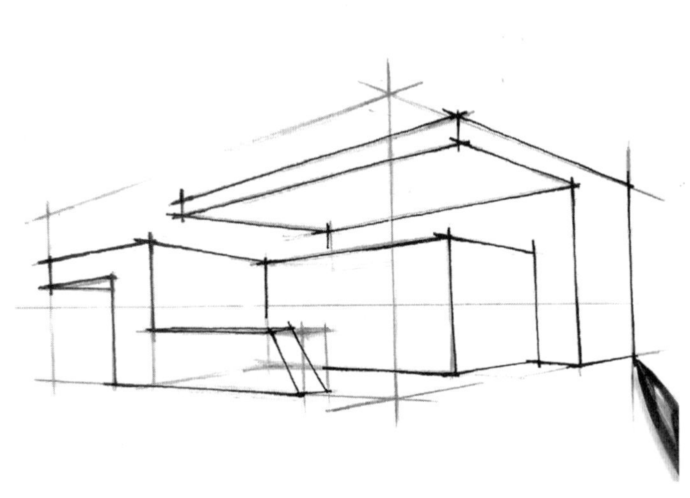

6. 用签字笔，根据两点透视规律，完成组合体造型全部结构的绘制。

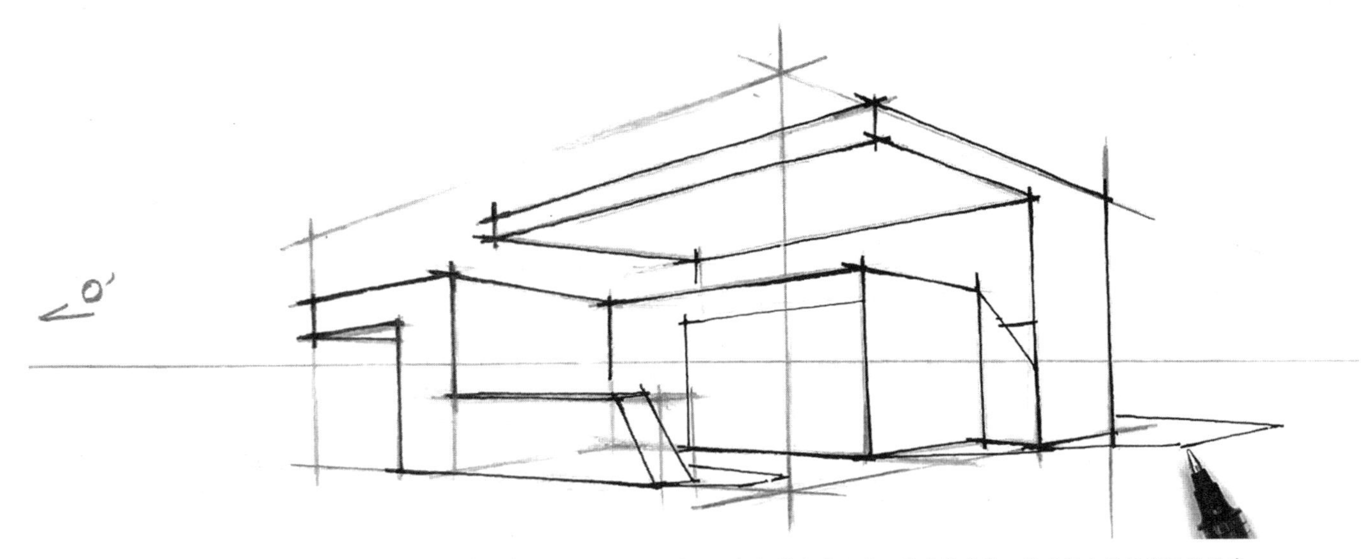

7. 设置左上方为光照方向，用中性笔，根据受光规律，先标记出几何体和地面上各投影点的位置，再连接成线，构成闭合的投影区域轮廓。

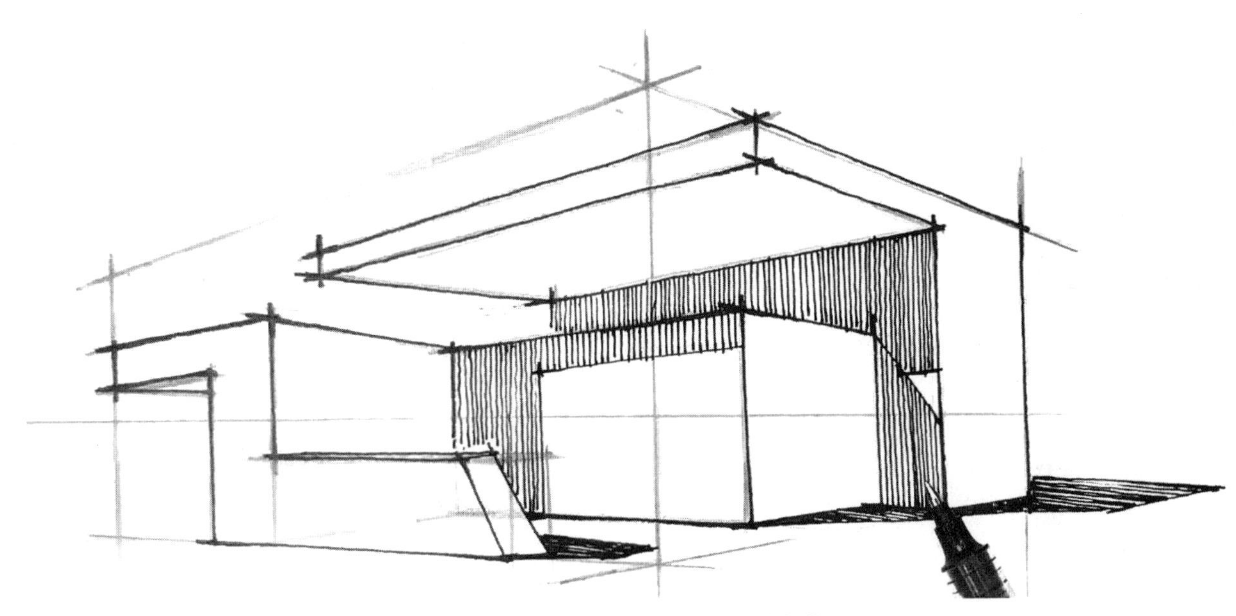

8. 用中性笔，以排线绘制投影区域。注意，利用线条的方向变化和疏密变化，区分不同界面上的投影。

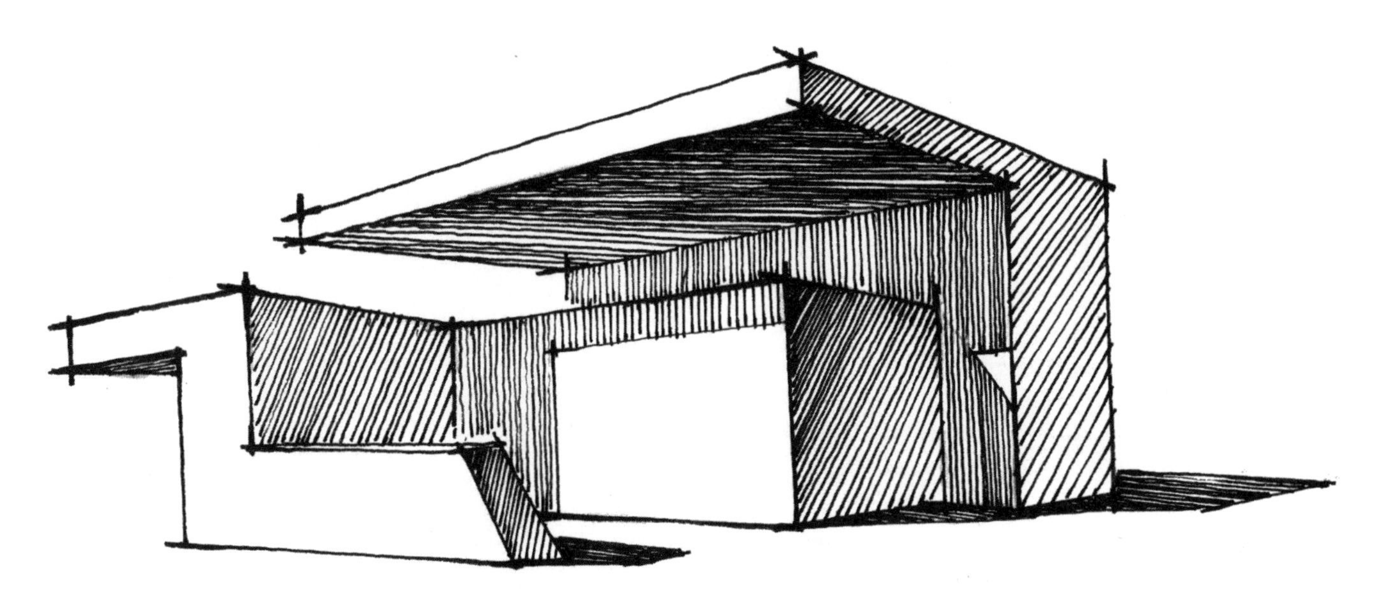

9. 用中性笔，以排线绘制组合体暗部。注意，利用线条的疏密关系，表现明暗交界线到反光之间的微妙变化，推荐使用斜向排线法。调整画面关系，完成本图。

4.几何体组合造型光影训练合集

以下为单一光源下几何体组合造型的光影训练合集，供读者临摹参考。

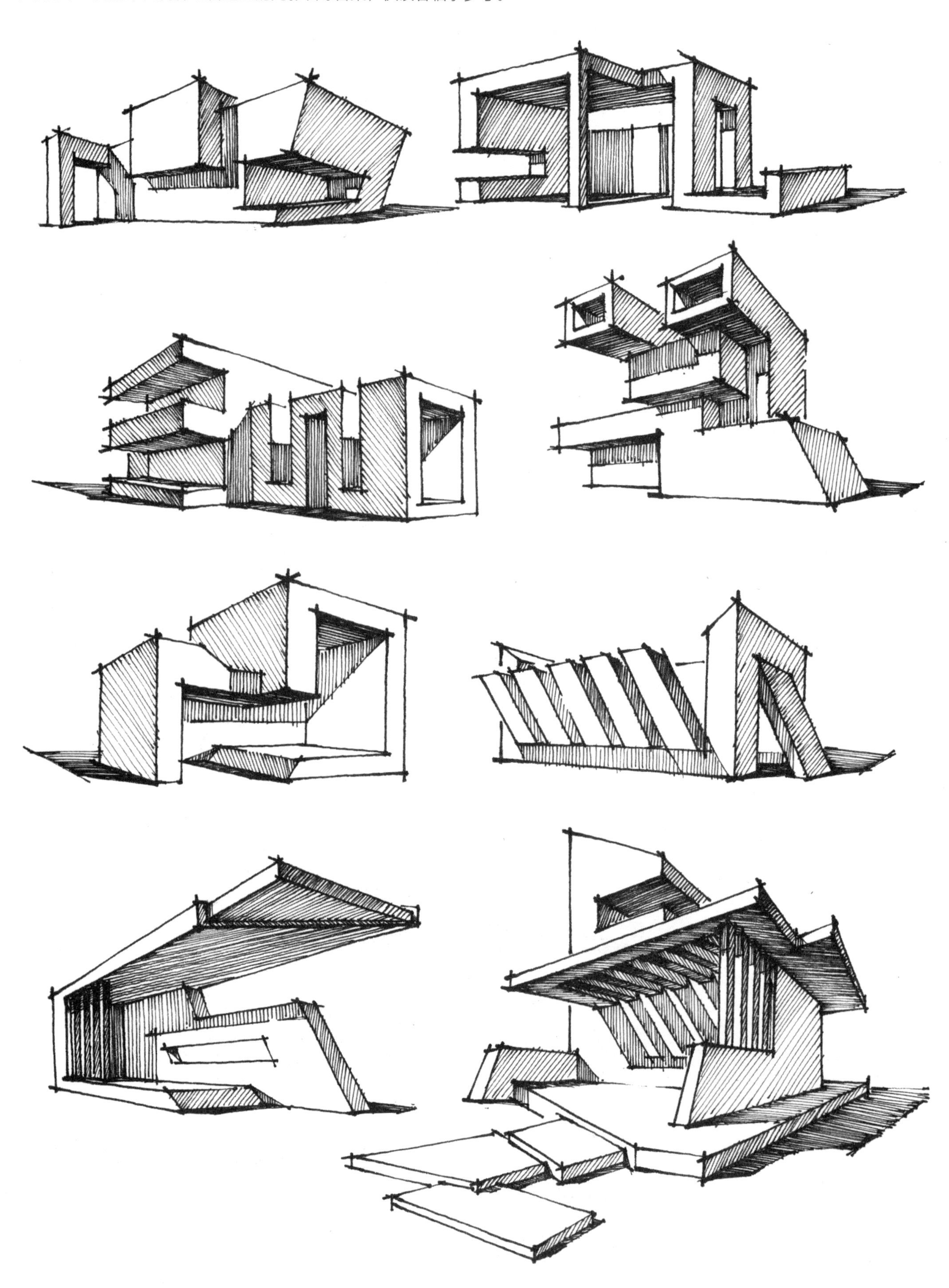

第四节 配景

建筑与环境是密不可分的。一幅完整、生动的建筑手绘图，除了精彩的建筑以外，必须要有合理的配景与之搭配，才能产生理想的效果。配景表现训练非常重要，对于建筑手绘来说，常用的建筑配景主要包括植物、人物、交通工具等。

第九讲 配景训练

1.植物

通常来说，植物是建筑手绘中占构图面积最大的配景，或遮挡，或衬托，与主体建筑的关系非常密切。正是因为有植物的存在，建筑才能与环境充分地融合。植物结构丰富、形态多变，我们要想在建筑场景手绘中将其表现得和谐、生动，必须以掌握植物的结构为基础。

●1.1 树的结构关系

树通常包括树冠、树干、树枝、树根、枝叶穿插处等几处主要结构。树冠，要求形体饱满，线条灵活；树干，要求直中见曲，线条流畅；树枝，要求曲中见直，前后穿插；树根，要求与地面自然衔接，简洁沉稳；枝叶穿插处，要求层次分明，过渡自然。

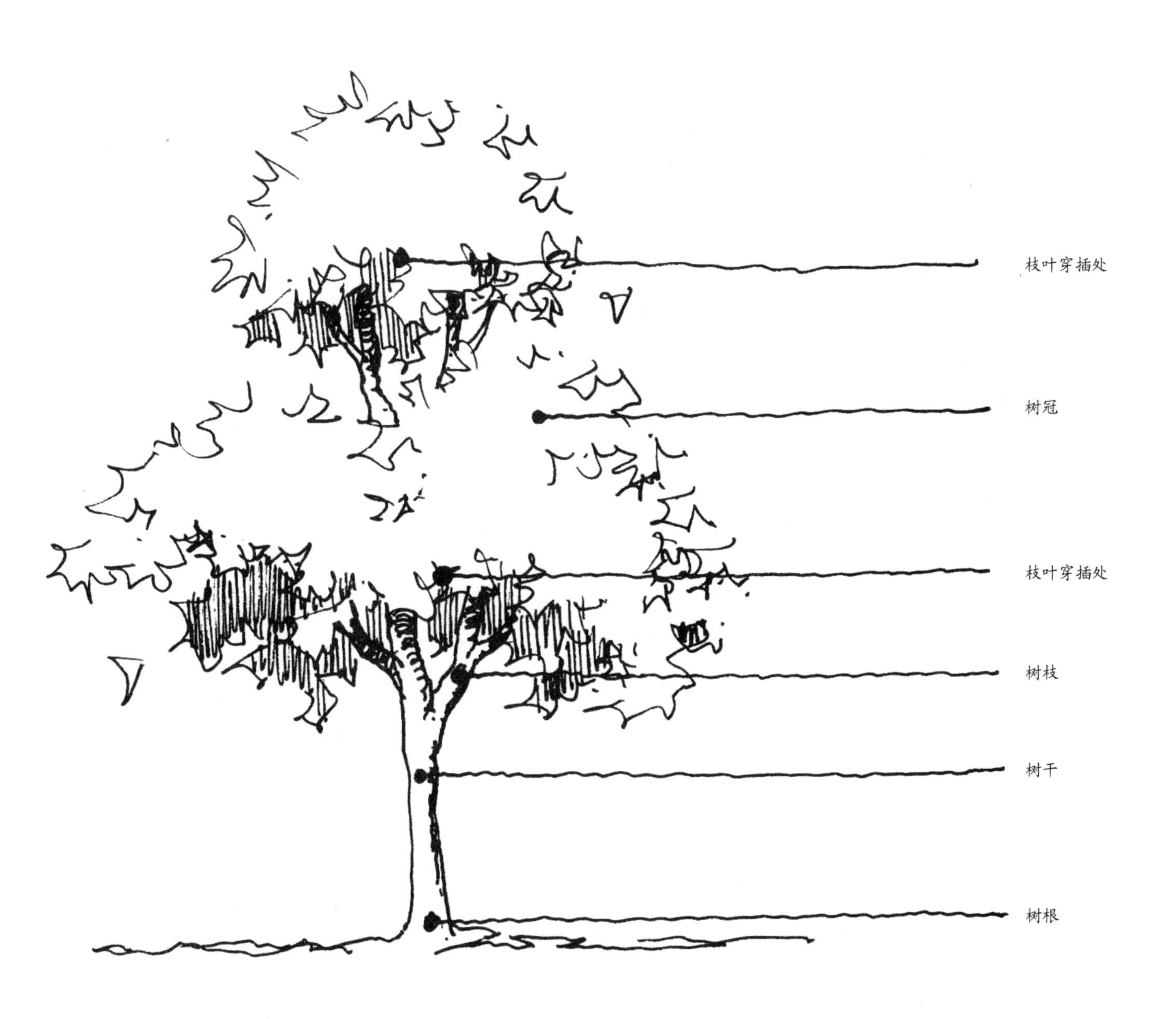

●1.2 乔木的线稿画法

乔木是由根部长出独立的主干，树干和树冠有明显区别，树身高大。其绘制步骤如下：

1. 用铅笔，以垂线画出乔木的中轴线。

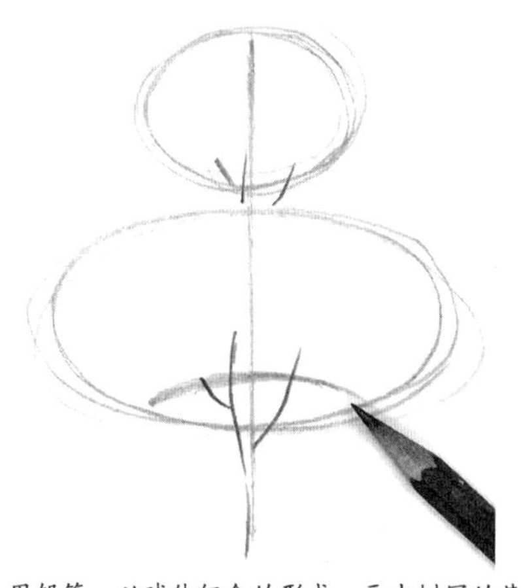

2. 用铅笔，以球体组合的形式，画出树冠的基本轮廓。注意，要在树冠底部预留出“凹槽”，再绘制树干、树枝穿入该处，形成乔木的基本结构。

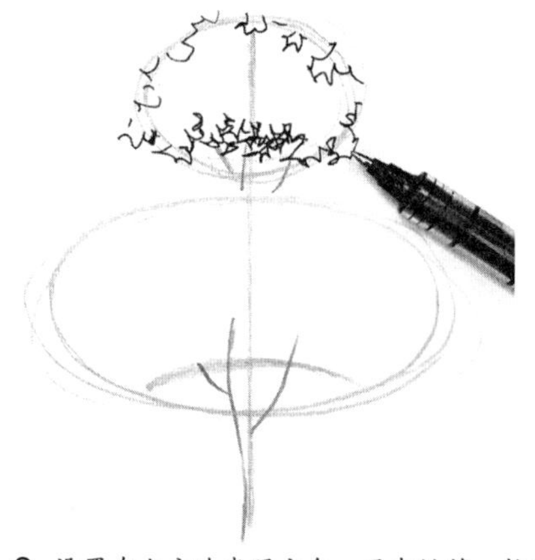

3. 设置左上方为光照方向，用中性笔，按照由上至下的顺序，以自由线画出树冠的轮廓。注意，受光部线条多断开些，背光部线条尽量连贯，树冠底部可多堆积些自由线，加重树冠厚度，增强立体感。

4. 用中性笔，以自由线完成所有树冠结构的绘制，再画出树根、树干和主要树枝。注意，处理树根时，要将树根与地面衔接的部分断开，并绘制水平方向的慢线示意土壤，表现植物破土而出的生长感。

5. 用中性笔，根据受光规律，以自由线堆积的方法，加强树冠枝叶穿插处的厚度感和层次感。注意，可在构图较空且距树冠较近的位置，画出几片飘落的叶子，活跃画面。

6. 用草图笔，将枝叶穿插处的树枝顶部适当加重，以示树冠底部在其上的投影。调整画面关系，完成本图。

●1.3 灌木的线稿画法

灌木没有明显的主干，呈丛生状态，比较矮小。其绘制步骤如下：

1. 由于灌木比较矮小，建议本图选用A4手绘纸的1/2版幅作画。用铅笔，以球体组合的形式，画出树冠的基本轮廓。注意，先要在树冠底部留出“凹槽”，再画树枝穿入该处。

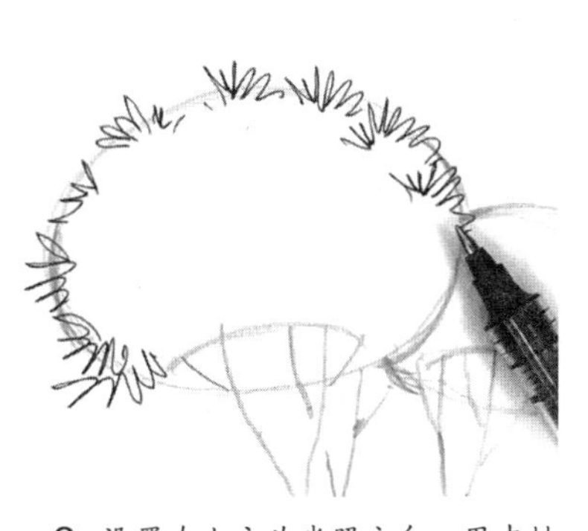

2. 设置左上方为光照方向，用中性笔，按照由上至下的顺序，以M线画出树冠的轮廓。注意，受光部线条多断开些，背光部线条尽量连贯。

3. 用中性笔，以M线完成树冠绘制。注意，树冠暗部和底部可多堆积M线，增强立体感。

4. 用中性笔，按照由上至下、先主后次、从前到后的顺序，绘制灌木的树枝，最后绘制水平方向的慢线示意地面。注意，绘制树枝要注意前后穿插的层次感。

5. 用黑色马克笔细尖，根据受光规律，加重树冠转折处、枝叶穿插处、树枝的暗部，增强植物的立体感。注意，绘制树枝的暗部时，不要将整根树枝涂满黑色，亮部要尽量留白。

6. 调整画面关系，完成本图。

●1.4 植物组合景观的线稿画法

本环节将演示以多种植物组合的绿化小品，练习植物与置石搭配的协调性，提高植物绘制的灵活性和应用性。其绘制步骤如下：

1. 用铅笔，以快线勾勒出植物组合景观的主要轮廓。

2. 用铅笔，完成各部分主要结构的绘制。

3. 设置右上方为光照方向，用中性笔，按照由近至远的顺序，以快线画出前方置石的主要结构。

4. 用中性笔，深入绘制置石后方的低矮植物。注意，不同植物的表达，选用不同的笔法。

5. 用中性笔，绘制后方较高植物的轮廓与结构。

6. 用中性笔，完成所有植物和置石轮廓与结构的绘制。

7. 用中性笔，根据受光规律，以斜向排线画出置石的暗部和投影。

8. 用中性笔，根据受光规律，以自由线叠加法，加重后方较高植物的暗部和枝叶穿插处。

9. 用黑色马克笔细尖，根据受光关系，以点笔加重后方较高植物枝叶穿插处的最深区域，再以粗实线加重树枝暗部，留白亮部，增强植物的立体感。

10. 用黑色马克笔细尖，根据受光关系，加重低矮植物的暗部，强化对比效果。

11. 调整画面关系，完成本图。

●1.5 植物线稿合集

以下为不同笔法绘制的植物，供读者临摹参考。

2.人物

在建筑手绘中，由于主体建筑的体量非常庞大，所以人物的体量相对渺小。但人物在画面中的作用却不可忽视，除了以点状元素活跃构图以外，还起到注释环境使用功能、烘托场景氛围的作用。为了突出人物在建筑场景中的“点状”特性和实现个性化表达，往往把结构复杂的人物进行概括与夸张，形成适应于建筑场景的人物。本书将推荐以下两种人物画法。

●2.1 简笔人物线稿画法

（1）简笔人物正面

1. 本环节将示范一名手持头盔的女赛车手简笔画法，建议选用A4手绘纸的1/2版幅作画。用铅笔，先以快线勾勒出女赛车手的轮廓。注意，各部分比例力争准确，头部应先设置动态轴线再起造型。

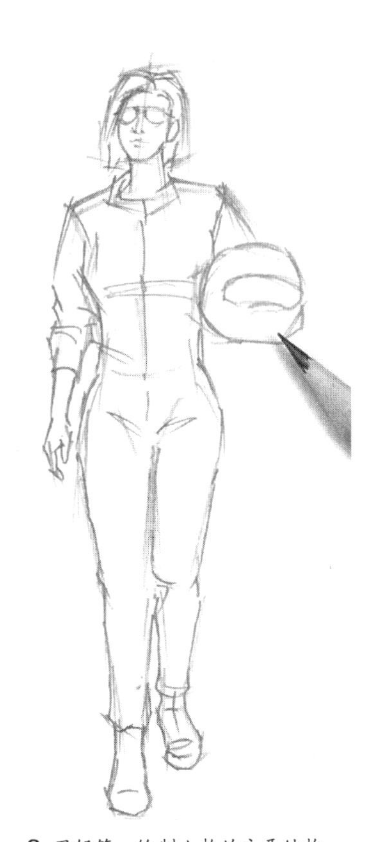

2. 用铅笔，绘制人物的主要结构。

3. 为了刻画细节，建议使用较细的0.1型针管笔来绘制人物头部。

4. 用中性笔，绘制女赛车手的身体结构，由于手部结构比较细腻，本步骤先不绘制。

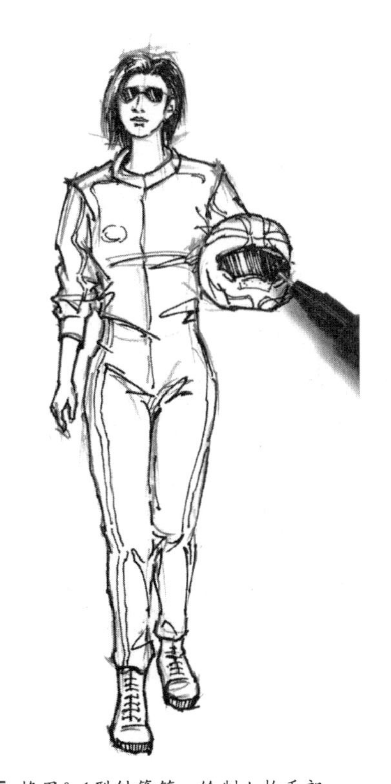

5. 换用0.1型针管笔，绘制人物手部结构、衣服上的纹理、鞋带、墨镜和头盔的护目镜等。

6. 调整画面关系，完成本图。

（2）简笔人物背面

1. 人物背面较易绘制，可直接用中性笔，绘制人物头部的主要结构。

2. 用中性笔，绘制人物的上半身和背包。

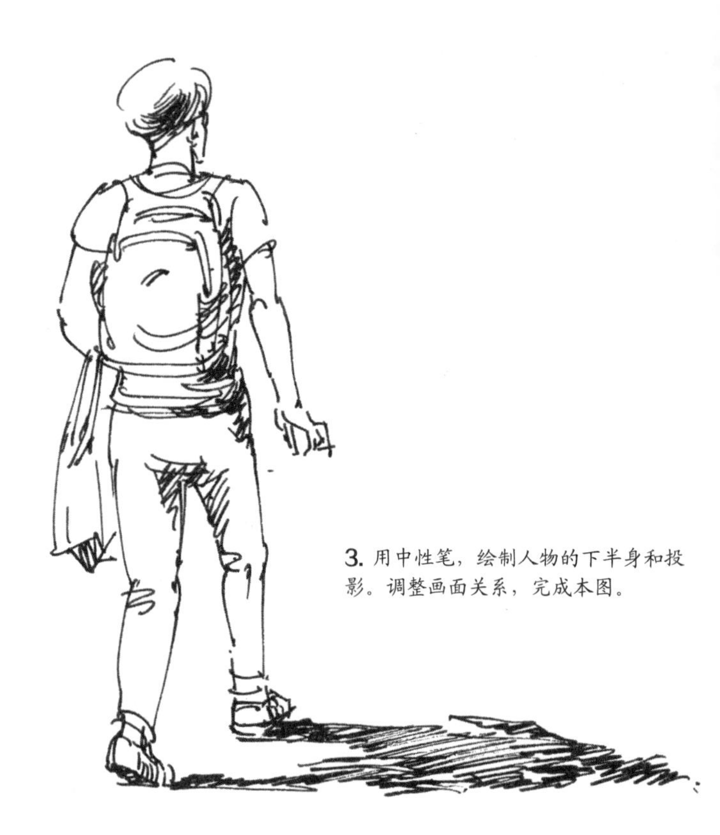

3. 用中性笔，绘制人物的下半身和投影。调整画面关系，完成本图。

（3）加入简笔人物的建筑场景图

秦皇岛北戴河草场路街景

●2.2 抽象人物线稿画法

当所画的场景尺度越大，人物在画面中的比例将变得越小，有时小到连四肢都模糊不清。这种情况下，已经没有足够的空间实现简笔人物的刻画，因此还需要再次对人物进行提炼与夸张，形成造型简洁、易于大量绘制、有一定风格的抽象人物。

（1）抽象人物绘制步骤

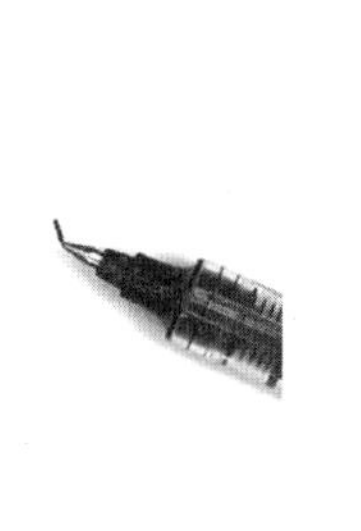

1. 用中性笔，绘制一条斜向短线代表抽象人物的头部。注意，短线的倾斜方向代表着人物头部的动态。

2. 继续用中性笔，绘制抽象人物的身体轮廓。注意，绘制要领为上身较方，下身收缩，轮廓尽量流畅，忽略胳膊和双腿。

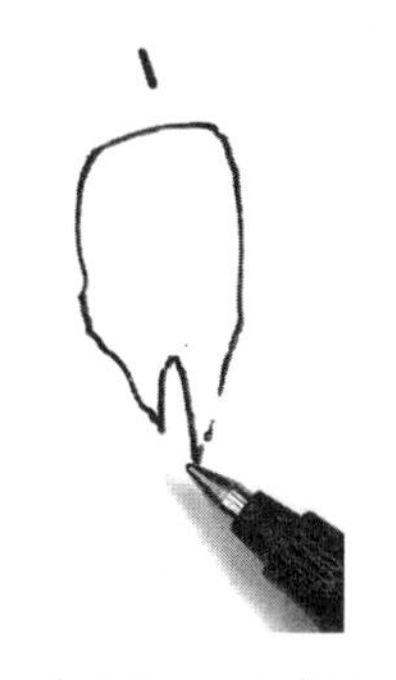

3. 用中性笔，以内弯曲线，绘制抽象人物的双腿轮廓。注意，人物双腿可绘制成一长一短，以示行走动态。

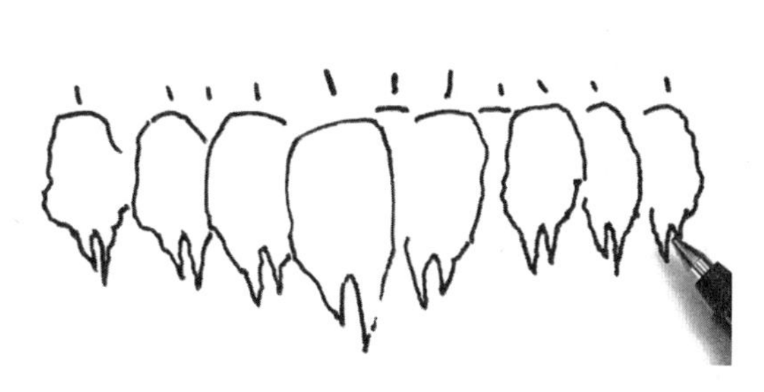

4. 用中性笔，用步骤1~3的方法，绘制大量抽象人物。注意，人物要有前后遮挡，形态不要绘制成一个样子，高矮胖瘦、行为动作方面都应加以区别。

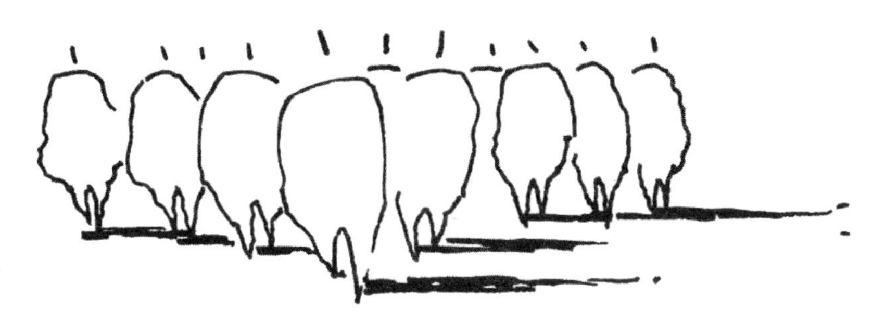

5. 用中性笔，绘制人物投影。调整画面关系，完成本图。

提示 面对完成的抽象人物，我们可以将其联想成穿着长款大衣双手插兜向前行走的男士。由于受到大衣的遮挡，在视觉上，人物的两臂与上半身融为一体，显得较宽而方；长款大衣遮挡了人物的大腿位置，使人物的上半身显得较长；人物露出的双腿，是膝关节以下的部分，因而显得双腿较短。以上是笔者绘制该组抽象人物的依据，希望此分析有助于加强手绘者对该类抽象人物形象与动态的理解。

（2）加入抽象人物的建筑场景图

美国阿灵顿弗吉尼亚“梯田”中学

●2.3 人物线稿合集

建筑手绘中的人物，存在多种画法，手绘者只需熟练掌握几种容易上手的人物形态，即可应用于图纸绘制。

（1）简笔人物合集

（2）抽象人物合集

3. 交通工具

建筑手绘所涉及的交通工具，以车辆较为常见。本环节重点讲述汽车线稿的表现方法。

●3.1 汽车线稿画法

在建筑手绘中，作为配景的车辆与人物所起到的作用基本相同。二者之间的区别主要在于：一、体量大小的差异；二、对建筑使用功能的衬托。在画面中，根据建筑体量的大小，对车的刻画可简可繁。其绘制步骤如下：

1. 用铅笔，在A4纸垂直方向略高于1/2的位置画视平线，该图为两点透视，消失点0和0′分别定位在画面外两侧。

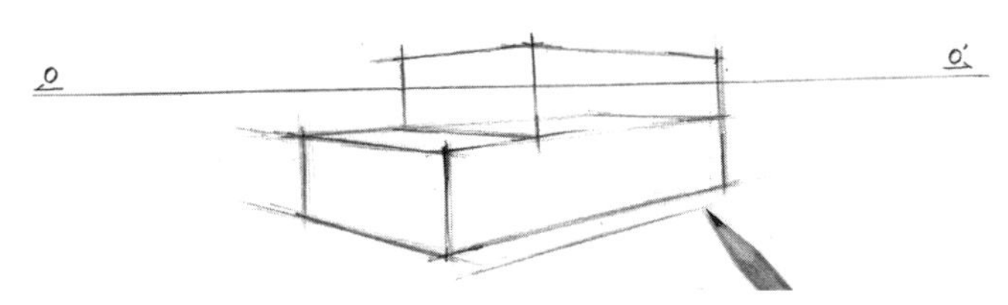

2. 本图计划绘制一辆越野车，先将该车整体看作是由两个等宽长方体上下叠加组合而成的体块。用铅笔，根据两点透视规律，以快线画出上下两长方体的组合造型，并用直线标出轮胎接地的位置。

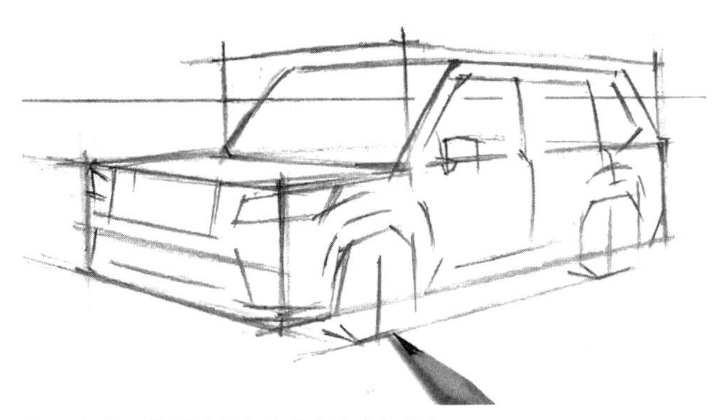

3. 用铅笔，绘制越野车的主要轮廓与结构。

4. 用中性笔，按照由前至后的顺序，深入绘制车身前半部结构。

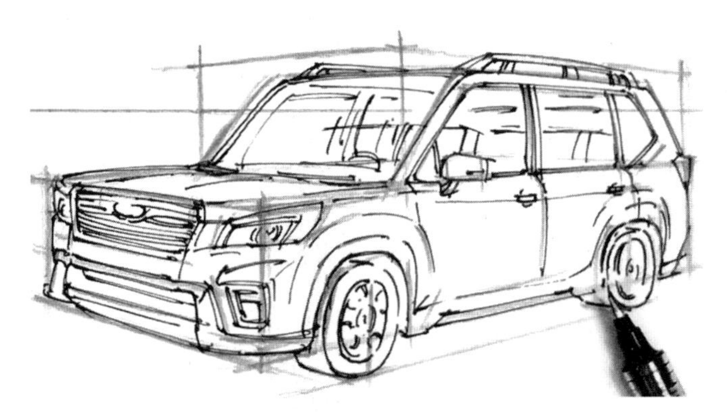

5. 用中性笔，完成汽车全部结构的绘制。

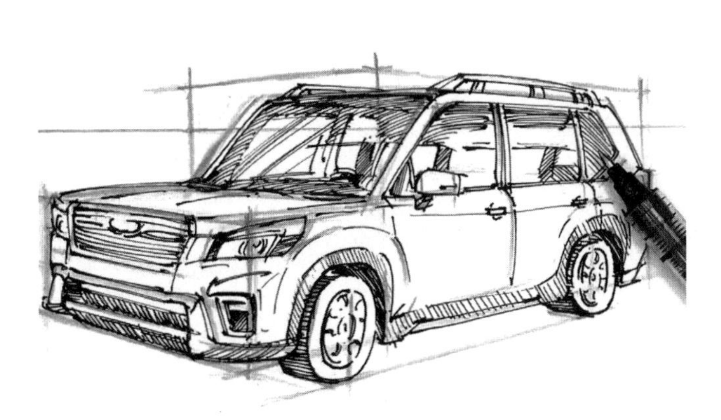

6. 设置左上方为光照方向，用中性笔，以排线绘制汽车的内部空间，并加强汽车结构转折处的暗部。注意，为了使画面通透，不必用排线满铺汽车车身暗部。

7. 用签字笔，加强汽车结构转折处，使结构更加结实，增强画面对比效果。

8. 调整画面关系，完成本图。

●3.2 交通工具线稿合集

以下为不同类型交通工具的手绘线稿，供读者临摹参考。

第三章

建筑设计线稿解构式训练精讲

如何做好从基础训练到建筑场景手绘的过渡与衔接，如何使手绘初学者将基础技法顺利应用到综合性较强的建筑场景手绘中，历来是手绘教学领域的空白区。

针对这一问题，本章提出“建筑设计线稿解构式训练方法”，训练初学者在绘制完整的建筑场景手绘图之前，先通过构图分析、草图训练、透视与光影训练、配景训练、局部训练等对原图进行全方位的解构练习，完成多幅生成于该场景环境中的小型手绘图。在此基础上，初学者一气呵成地完成整幅建筑场景线稿手绘，必能做到驾轻就熟、游刃有余，达成最佳效果。

本章将引领初学者按照解构式手绘训练方法，由浅入深地完成七组不同特征的建筑线稿手绘图。通过构图分析，推敲画面布局；通过草图分析，推敲整体关系；通过透视及光影训练，推敲建筑结构；通过配景训练，推敲主次关系；通过局部训练，推敲细节刻画；通过全景绘制，整合全部要素。把大量在整体场景手绘中容易忽视的问题，单独提炼出来进行针对性训练，结合简单而具体的环境磨合技法，突破重点难点，帮助初学者从本质上实现手绘应用能力的提高。

第一节 一点透视单体建筑线稿

本图为秦皇岛阿那亚度假区的孤独图书馆，该场景涉及建筑、沙滩、海水等多种表现题材，建筑结构的虚实变化，沙滩、海水的质感，是本组线稿手绘的要点。

1.画面剖析

从建筑设计解构式手绘训练来说，画面剖析主要包括构图分析、透视及光影训练、配景训练、局部训练等四个环节。

第十讲 一点透视单体建筑线稿解构式手绘——构图分析

●1.1 构图分析

（1）场景要素分析

右图为一点透视的现代建筑，图中白色水平虚线为该场景的视平线，浅灰色圆点0为消失点。为了便于表现建筑结构，现有的逆光效果需进行改变，本组手绘将设置左上方为光照方向；另外，场景中沙滩的凹凸结构变化丰富，为了使其更好地衬托主体建筑，可适当概括。

（2）草图绘制步骤

在绘制正式图前，我们需要构思画面的整体关系，以便为下一步绘图奠定基础，因此，徒手快速绘制草图是非常重要的。

1. 用中性笔，在A4纸垂直方向略低于1/2的位置画视平线，该图为一点透视，在视平线上画出消失点0的位置。之后，在画面左右两侧留出一定的边框空白，并以短垂线标记。注意，两垂线的内侧为画面构图区，外侧为留白区，该做法对于帮助手绘初学者解决构图过大的问题颇有益处。

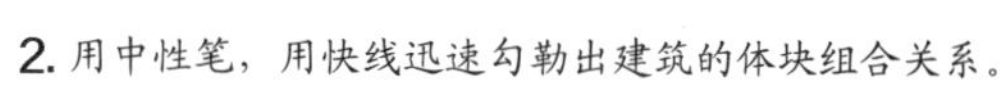

2. 用中性笔，用快线迅速勾勒出建筑的体块组合关系。

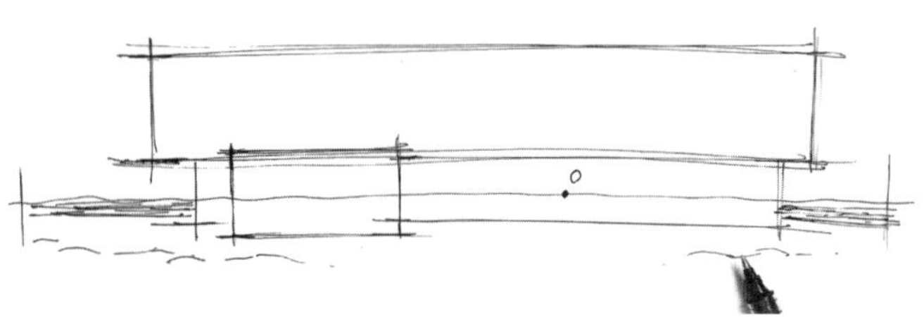

3. 用中性笔，以慢线画出沙滩、海水等建筑周边配景的轮廓。

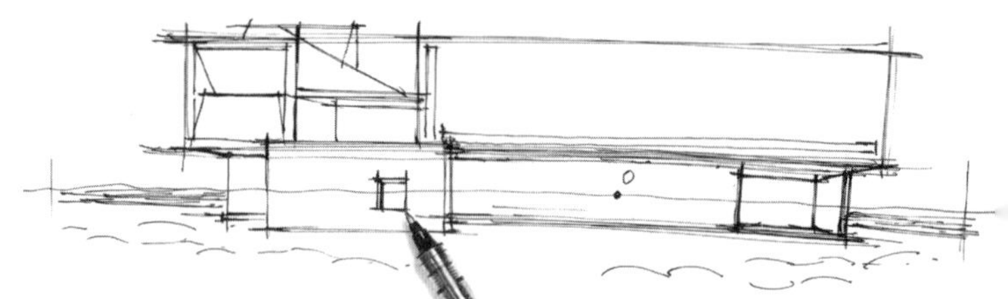

4. 用中性笔，根据一点透视规律，深入绘制主体建筑的结构。

5. 用中性笔，快速绘制建筑立面上的椭圆窗。

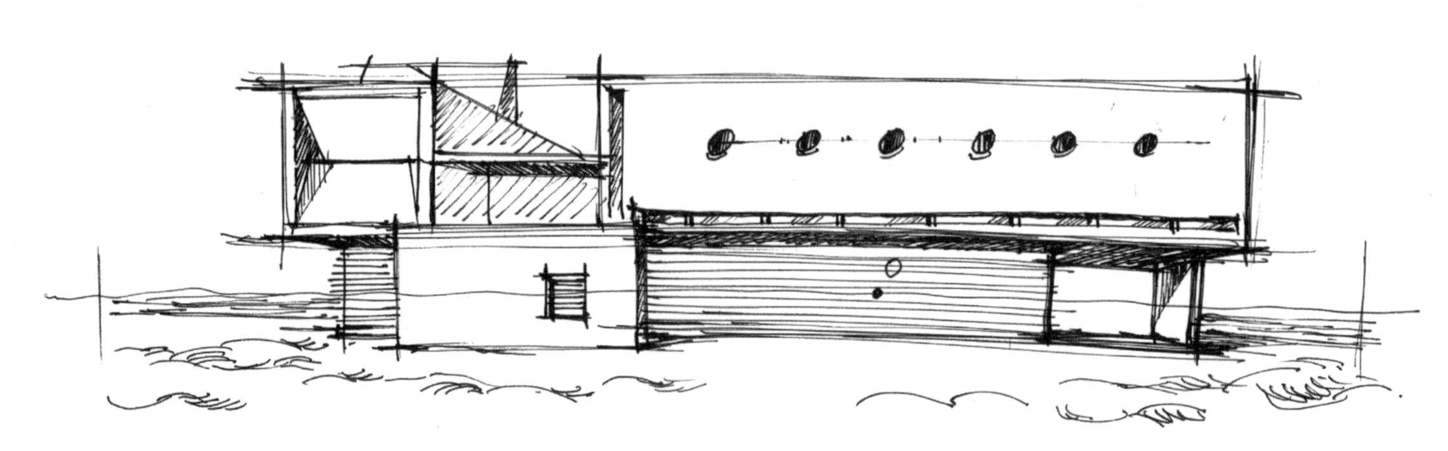

6. 用中性笔，以直线排线快速绘制建筑的肌理、明暗、光影，再以短弧线排线画出沙滩、海水的肌理。调整画面关系，完成草图。

●1.2 透视及光影训练

在草图训练的基础上，为了更清晰地掌握建筑主体结构画法，突出画面视觉中心，我们将剔除建筑周边的配景，重点针对建筑主体结构的透视和光影关系进行训练。

第十一讲 一点透视单体建筑线稿
解构式手绘——透视及光影训练

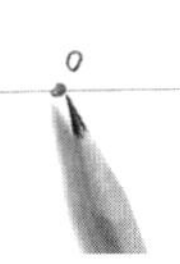

1. 用铅笔，在A4纸垂直方向略低于1/2的位置画视平线，该图为一点透视，在视平线上点出消失点O的位置。

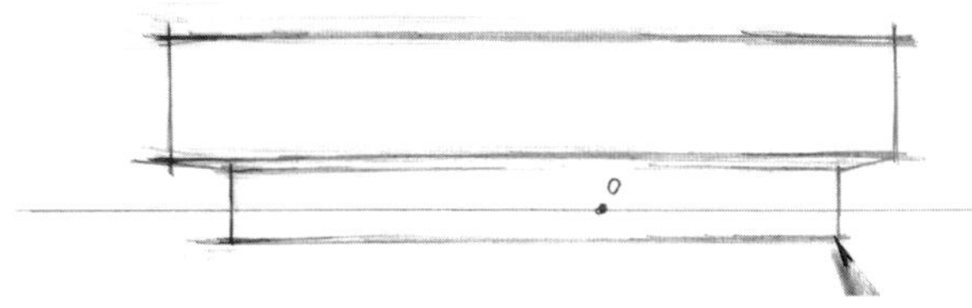

2. 用铅笔，按一点透视规律用快线勾勒出建筑主体的轮廓。注意，比例应准确。

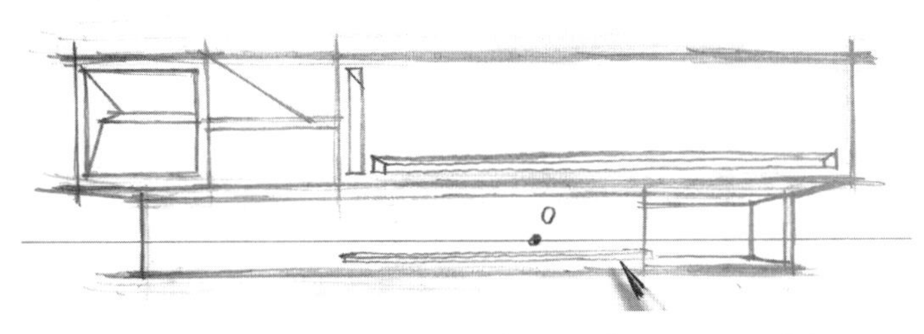

3. 用铅笔，按一点透视规律深入绘制建筑主体各体块的组合关系。注意，透视需严谨，结构应紧凑。

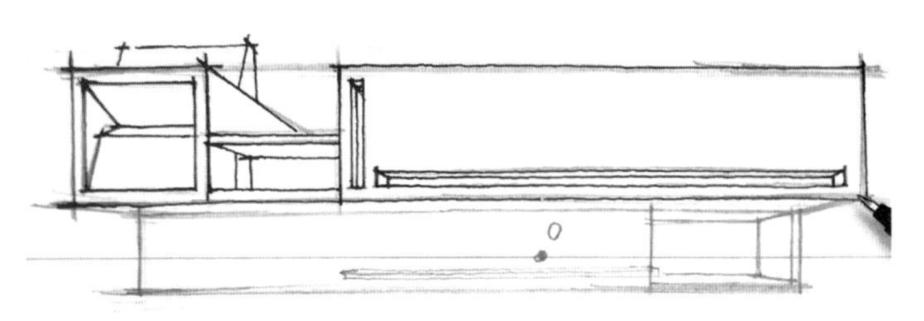

4. 用中性笔，先绘制建筑主体上半部各组合体块的结构。

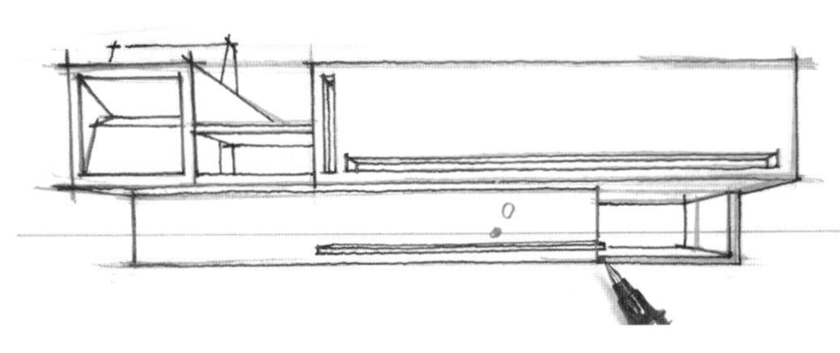

5. 用中性笔，绘制建筑主体下半部各组合体块的结构。注意，尽量用慢线的平拉线绘制，结构力求准确。

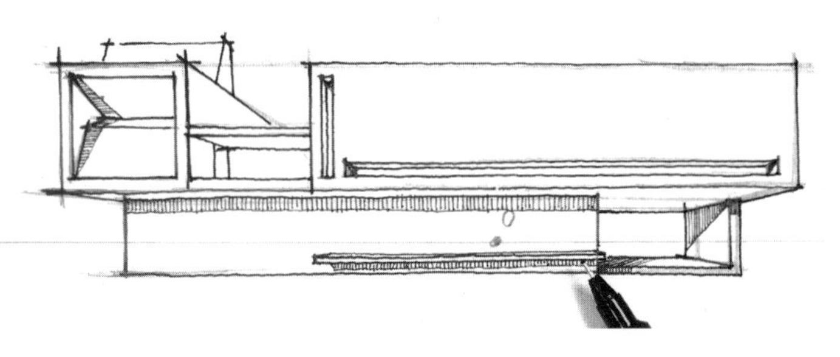

6. 设置左上方为光照方向，为了将光影与结构的线条加以区分，建议用0.1型针管笔，以排线绘制建筑主体各结构的投影。

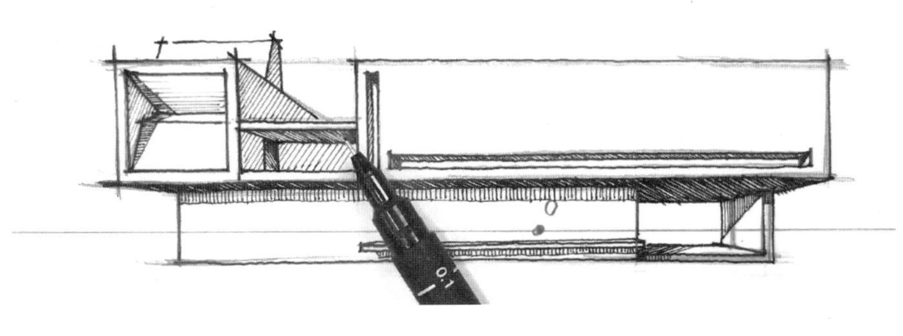

7. 用0.1型针管笔，根据受光规律，以排线法绘制建筑主体各结构的暗部。

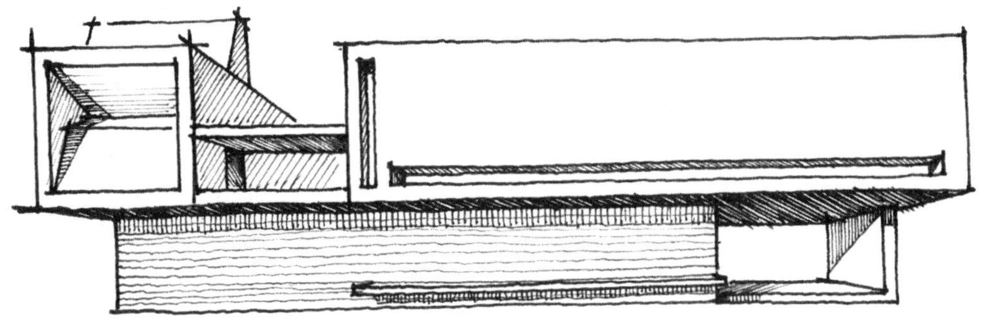

8. 调整画面关系，完成本图。

●1.3 配景训练

配景是建筑手绘图中烘托主体，构建画面主次关系的重要内容，而结合具体环境练习配景，更能提高配景的应用能力和画面的协调性。就本图来说，作为主要配景的海水和沙滩，在表现技法上存在一定的特殊性。

第十二讲 一点透视单体建筑线稿解构式手绘——配景训练

1. 用铅笔，以慢线勾勒出远处海洋的水平线、海水与沙滩的衔接线；设置左上方为光照方向，进一步用曲线画出海滩上各沙坑的明暗交界线，以示其结构。注意，本图表现内容比较感性，可以不受透视要素的严格限制，因此无需在画面上设置视平线和消失点。

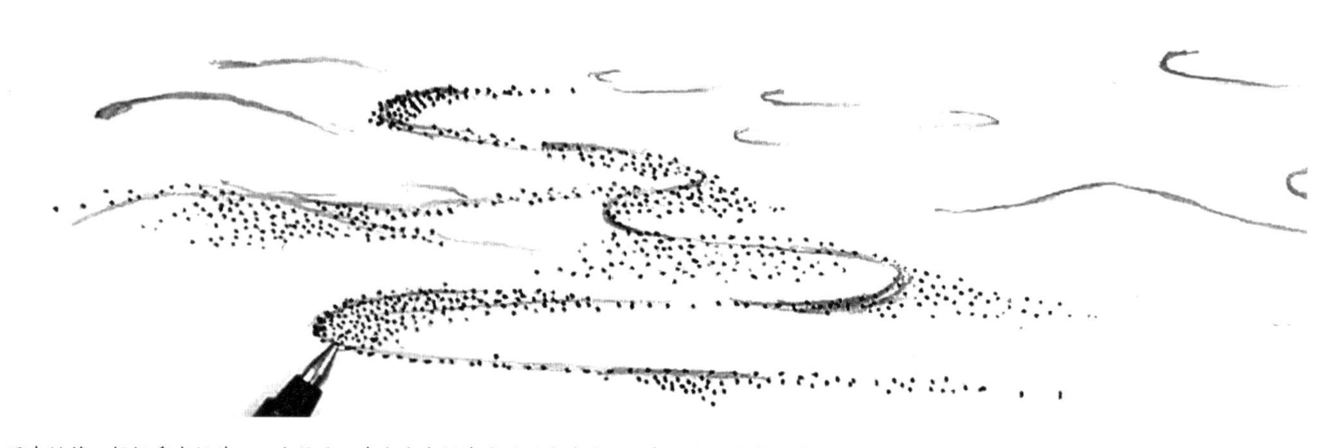

2. 用中性笔，根据受光规律，以点绘法，先点出左侧沙坑的明暗关系。注意，点的疏密过渡要和谐。

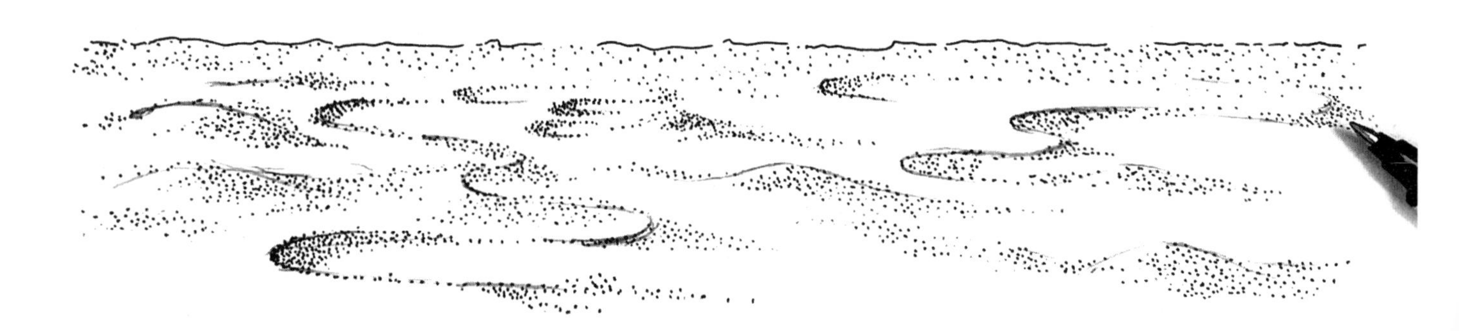

3. 用中性笔，继续以点绘法，完成所有沙坑明暗关系的初步绘制。

4. 在上一步骤的基础上，用中性笔，以点绘法调整各沙坑的对比关系，达到近实远虚的效果。

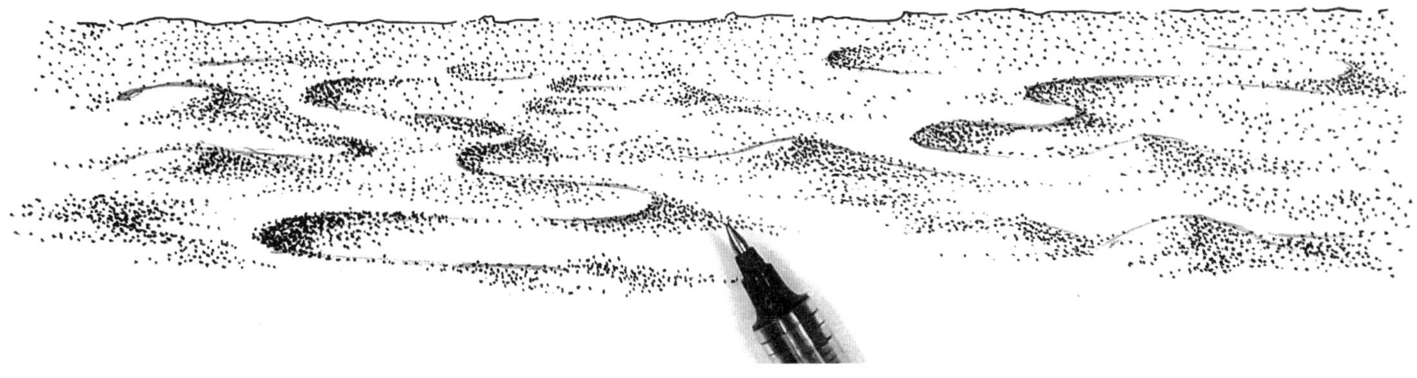

5. 用中性笔，根据光照方向，以短弧线排线法，按照从左往右，由近及远的顺序绘制海水的波浪效果。

6. 用中性笔，以短弧线排线法，完成全部海水肌理效果的绘制。

7. 增加远处轮船，调整画面关系，完成本图。

●1.4 局部训练

之前进行的各种单项训练，使我们了解了该建筑场景各主要手绘要素的绘制方法。为了更好地提高单项训练能力，深入细节刻画，接下来我们将提取建筑场景中的局部图像，进行深入表达。

第十三讲 一点透视单体建筑线稿解构式手绘——局部训练

该图为场景中建筑主体左半部的局部截取，白色水平虚线为视平线，消失点0在画面右侧以外的位置。为了更清晰地表现建筑结构，本图需改变现有的逆光效果，设置左上方为光照方向。

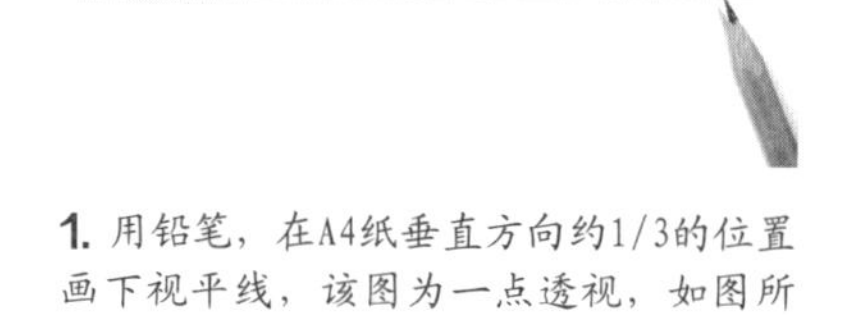

1. 用铅笔，在A4纸垂直方向约1/3的位置画下视平线，该图为一点透视，如图所示，在视平线上点出消失点0的位置。

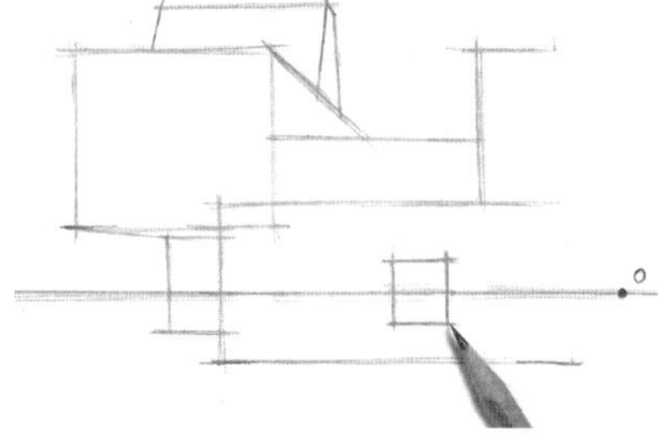

2. 用铅笔，按一点透视规律，以快线画出建筑各体块的组合关系。

3. 用中性笔，先绘制建筑主体前方景观墙的结构。

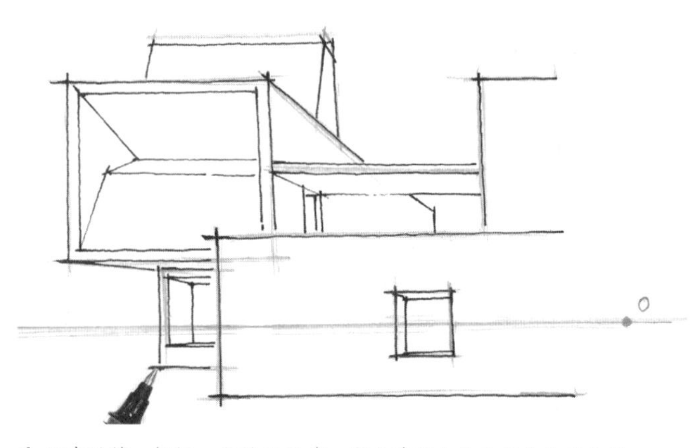

4. 用中性笔，根据一点透视规律，完成建筑主体全部结构的绘制。

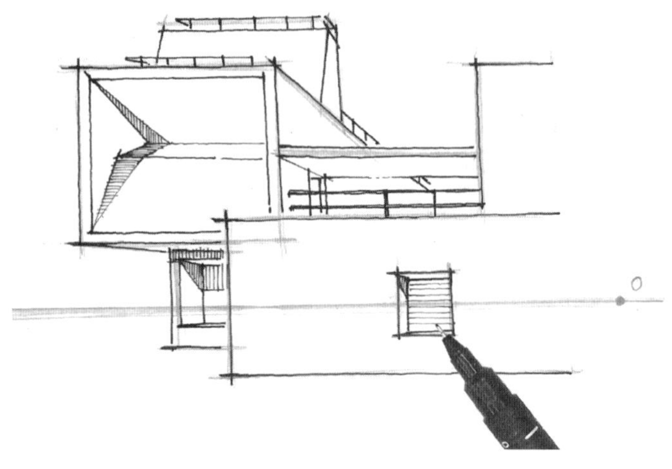

5. 设置左上方为光照方向，用0.1型针管笔，先绘制建筑上的栏杆结构，再以排线绘制建筑主体各结构的投影。

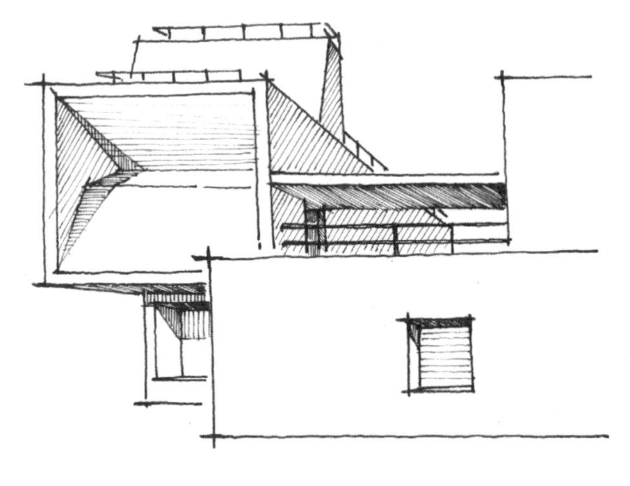

6. 用0.1型针管笔，根据受光规律，以排线绘制建筑主体各结构的暗部。调整画面关系，完成本图。

2.全景绘制步骤

之前进行的草图、透视、光影、配景、局部等单项训练，使我们充分体验了手绘基础能力在场景表现中的应用，进而对该建筑场景从宏观到细节方面有了比较全面和深入的认识。在此基础上，我们将整合这些内容，进行综合性、系统性的建筑场景手绘，以求厚积薄发、游刃有余、一气呵成。

第十四讲 一点透视单体建筑线稿解构式手绘——全景绘制（一）

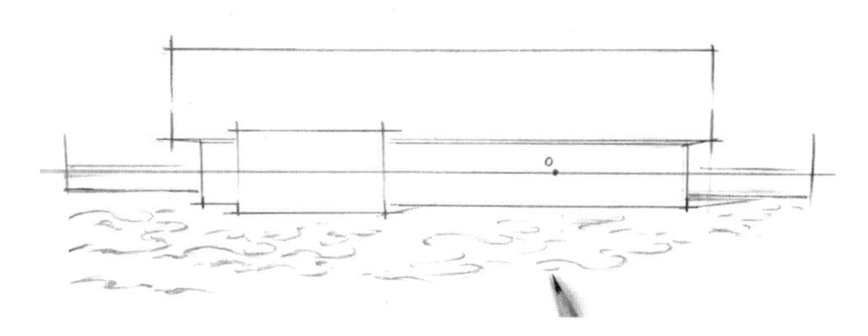

1. 用铅笔，在A4纸垂直方向略低于1/2的位置画下视平线，在视平线上点出消失点0的位置，并在画面左右两侧留出边框空白。然后，根据一点透视规律，画出建筑的轮廓，以及配景沙滩、海水的主要轮廓与结构。

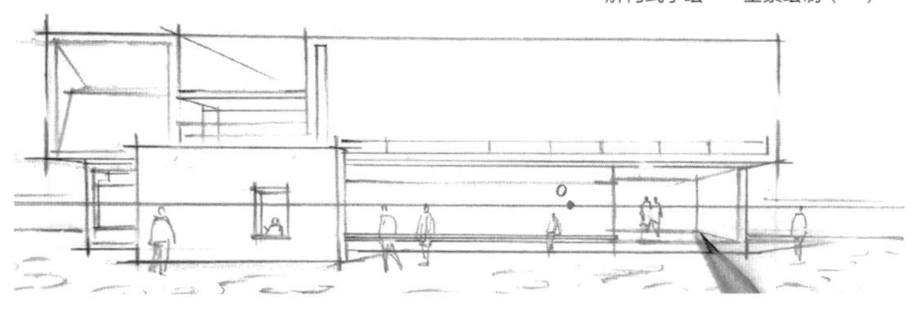

2. 用铅笔，根据一点透视规律，绘制建筑各部分的结构，并增加场景中简单的人物轮廓。注意，人物的头顶应贴近视平线，以确保场景中所有人物都具备正常身高。

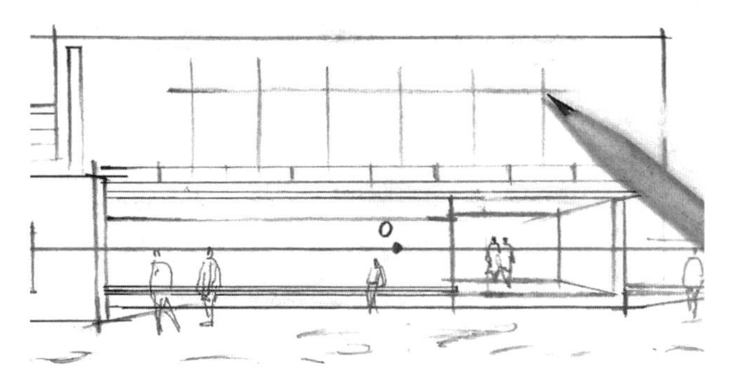

3. 准备绘制建筑主体右侧立面的椭圆窗。用铅笔，先用水平线定位各窗横向中轴线，再用等分的垂直线定位各窗的纵向中轴线。

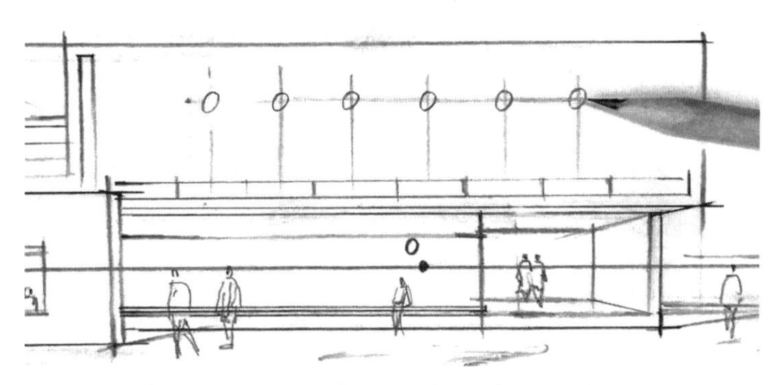

4. 用铅笔，参照横纵轴线，绘制各椭圆形窗的轮廓。

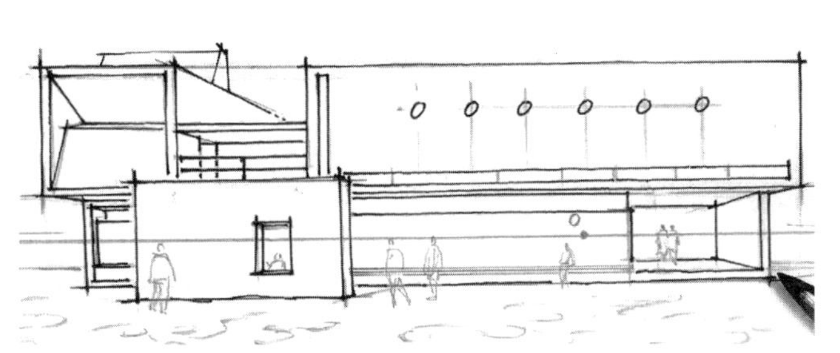

5. 用签字笔，绘制建筑主体的结构。

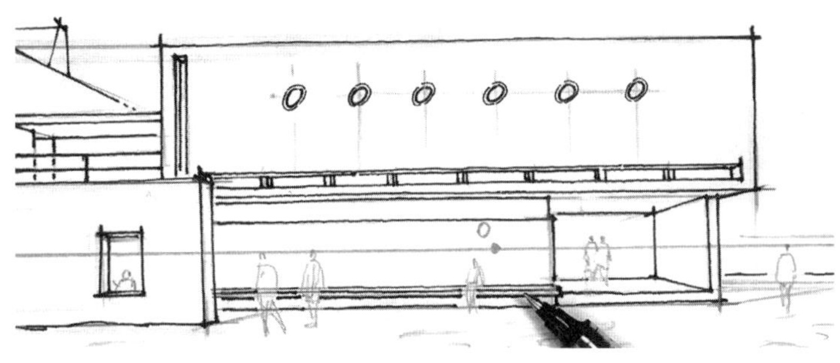

6. 为了便于线条的区分，改用中性笔，绘制建筑主体右下方的长凳结构。

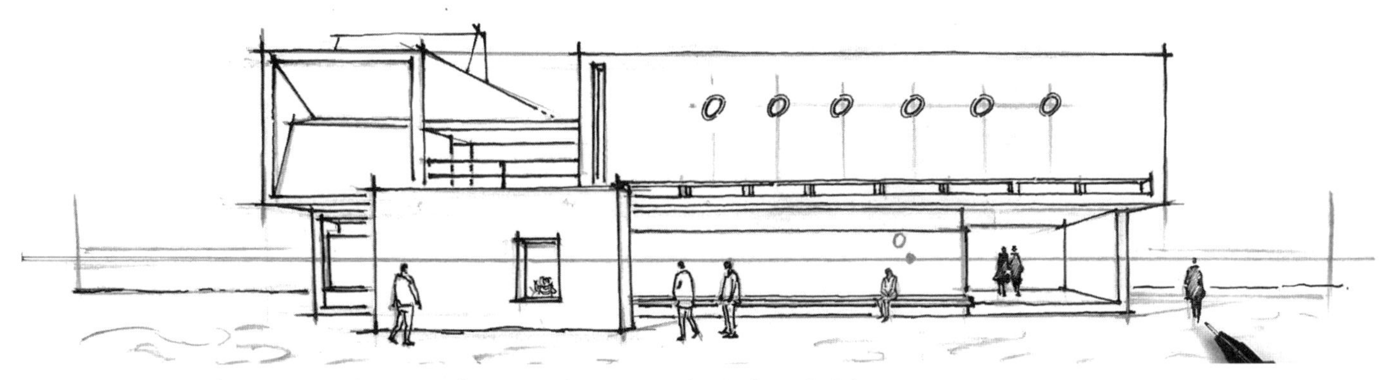

7. 为了绘制更细的线条，用0.1型针管笔，绘制建筑周边的简笔人物以及海水与沙滩的衔接线。

第十五讲 一点透视单体建筑线稿解构式手绘——全景绘制（二）

8. 用0.1型针管笔，绘制建筑立面装饰材料（素水泥板和防腐木板）的肌理。

9. 设置左上方为光照方向，用0.1型针管笔，以排线法绘制建筑的明暗与投影。

10. 用0.1型针管笔，绘制背景部分的海水与船只。注意，因为绘制的是背景，所以不要画得太实，应减弱对比，使空间有纵深感。

11. 用0.1型针管笔，根据受光规律，绘制简笔人物的投影。

12. 用中性笔，根据受光规律，以点绘法初步绘制各沙坑结构的明暗关系。

13. 换用0.1型针管笔，根据受光规律，以点绘法深入调整各沙坑的对比关系，达到近实远虚的效果。

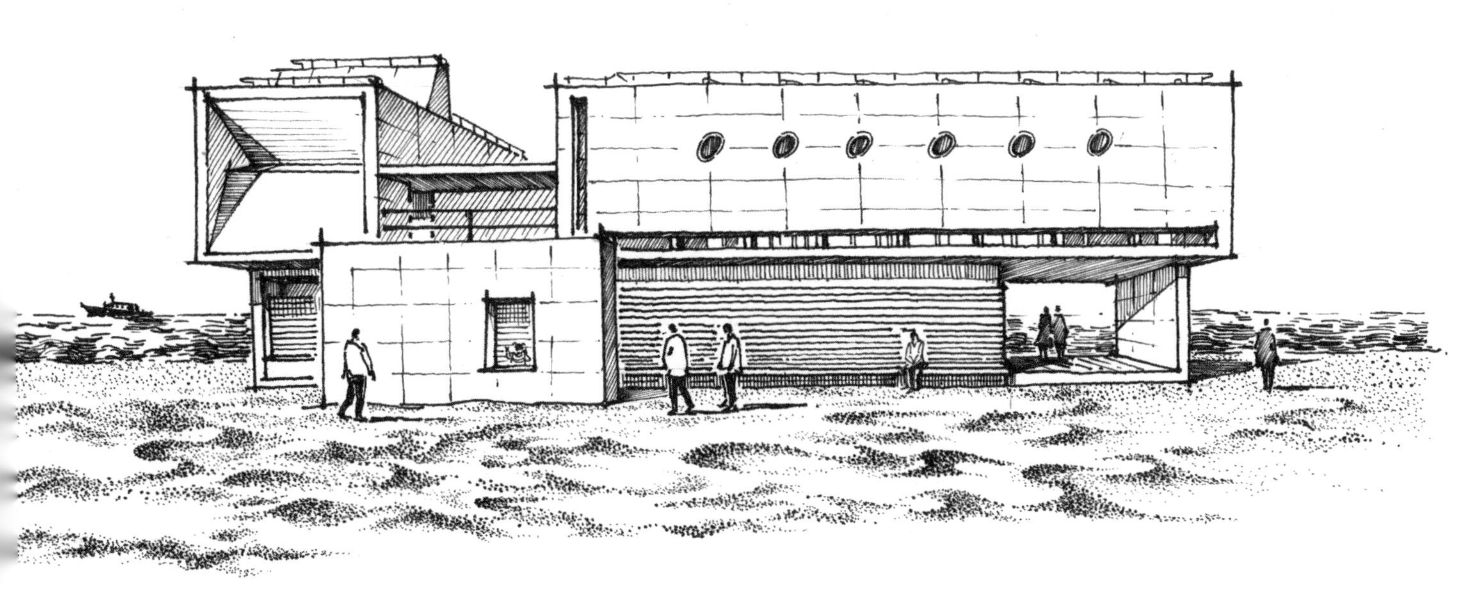

14. 调整画面关系，完成本图。

3.训练参考图

为了巩固本环节讲授的内容，特绘制以下两幅一点透视单体建筑手绘线稿，供读者临摹参考。

苏州东原千浔社区中心

某建筑

第二节 两点透视单体建筑线稿

本图为北京世园会顺鑫控股展园建筑，该场景涉及建筑、植物、雕塑等多种表现题材，建筑结构的虚实变化，植物、雕塑等配景的点缀，是本组线稿手绘的要点。

1.画面剖析

从建筑设计解构式手绘训练来说，画面剖析主要包括构图分析、透视及光影训练、配景训练、局部训练等四个环节。

第十六讲 两点透视单体建筑线稿

解构式手绘——构图分析

●1.1 构图分析

（1）场景要素分析

右图为两点透视的现代建筑，图中白色水平虚线为该场景的视平线，消失点0和0'分别定位在画面外两侧。为了便于表现建筑结构，现有的受光方向需进行改变，本组手绘将设置左上方为光照方向；另外，建筑前面白色弧线圈定范围的场地较空旷，在表现时计划增加喷水池景观，丰富构图。

（2）草图绘制步骤

在绘制正式图前，我们需要构思画面的整体关系，以便为下一步绘图奠定基础，因此，徒手快速绘制草图是非常重要的。

1. 直接用中性笔，在A4纸垂直方向略低于1/2的位置画视平线，该图为两点透视，消失点0和0′分别定位在画面外两侧。

2. 用中性笔，按照由近及远的顺序，根据两点透视规律，用快线迅速勾勒出建筑右半部分的体块组合关系。

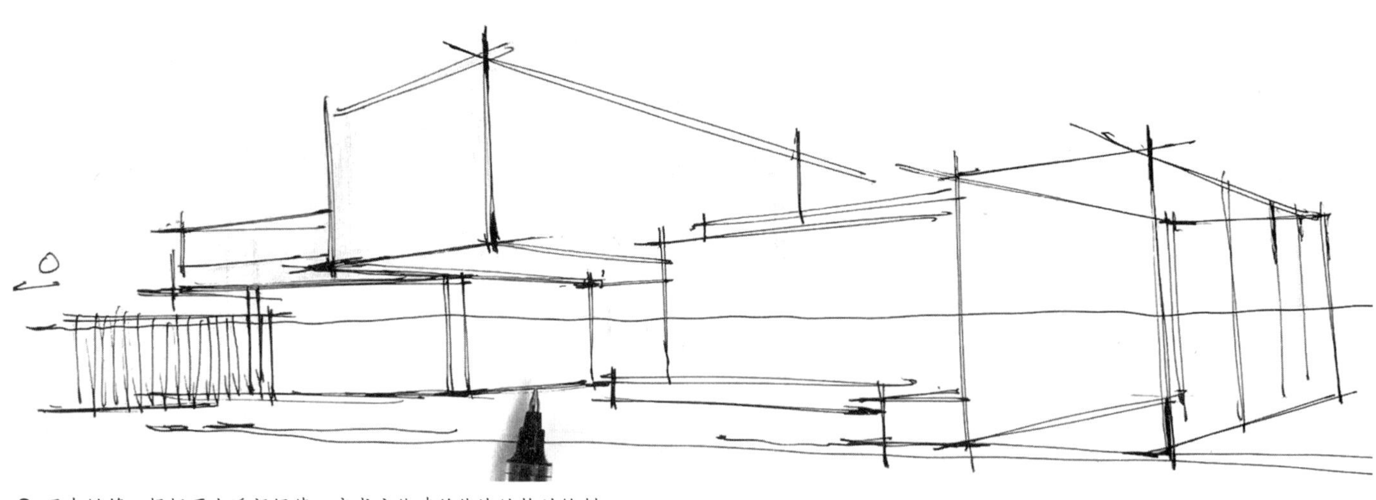

3. 用中性笔，根据两点透视规律，完成主体建筑体块结构的绘制。

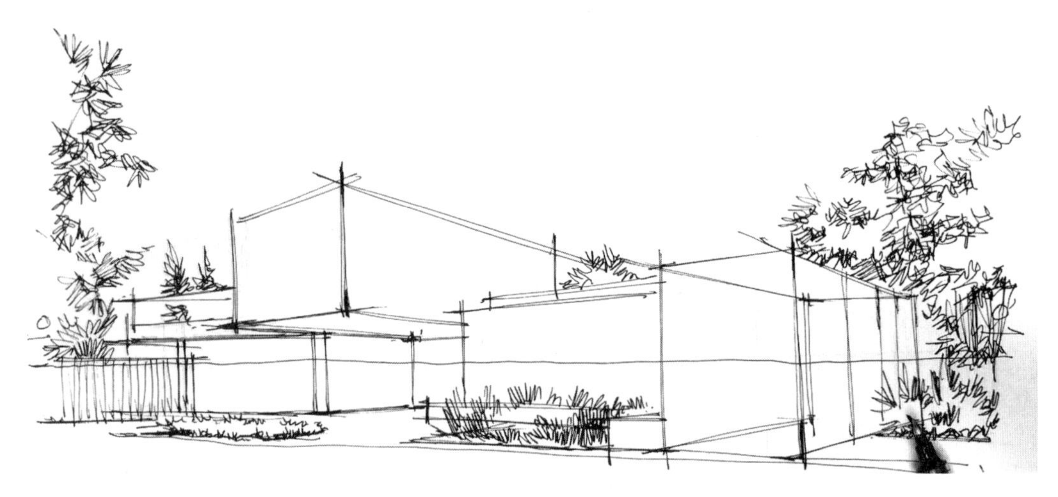

4. 用中性笔，以自由线和M线画出建筑周边植物配景的轮廓与基本结构。注意，植物的轮廓可适当对建筑的边线有所遮挡，如此更具空间层次感。

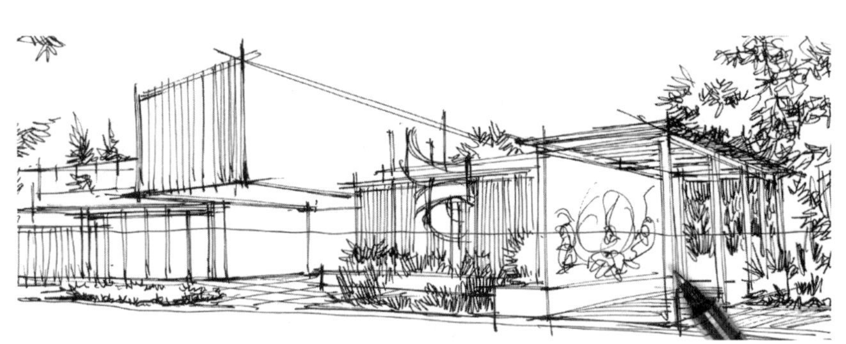

5. 用中性笔，绘制主体建筑细部的木格栅构件，以及浮雕墙上的图案。

6. 设置该图左上方为光照方向，用中性笔，绘制画面左下角位置的花瓣状喷泉水池及地面铺装。

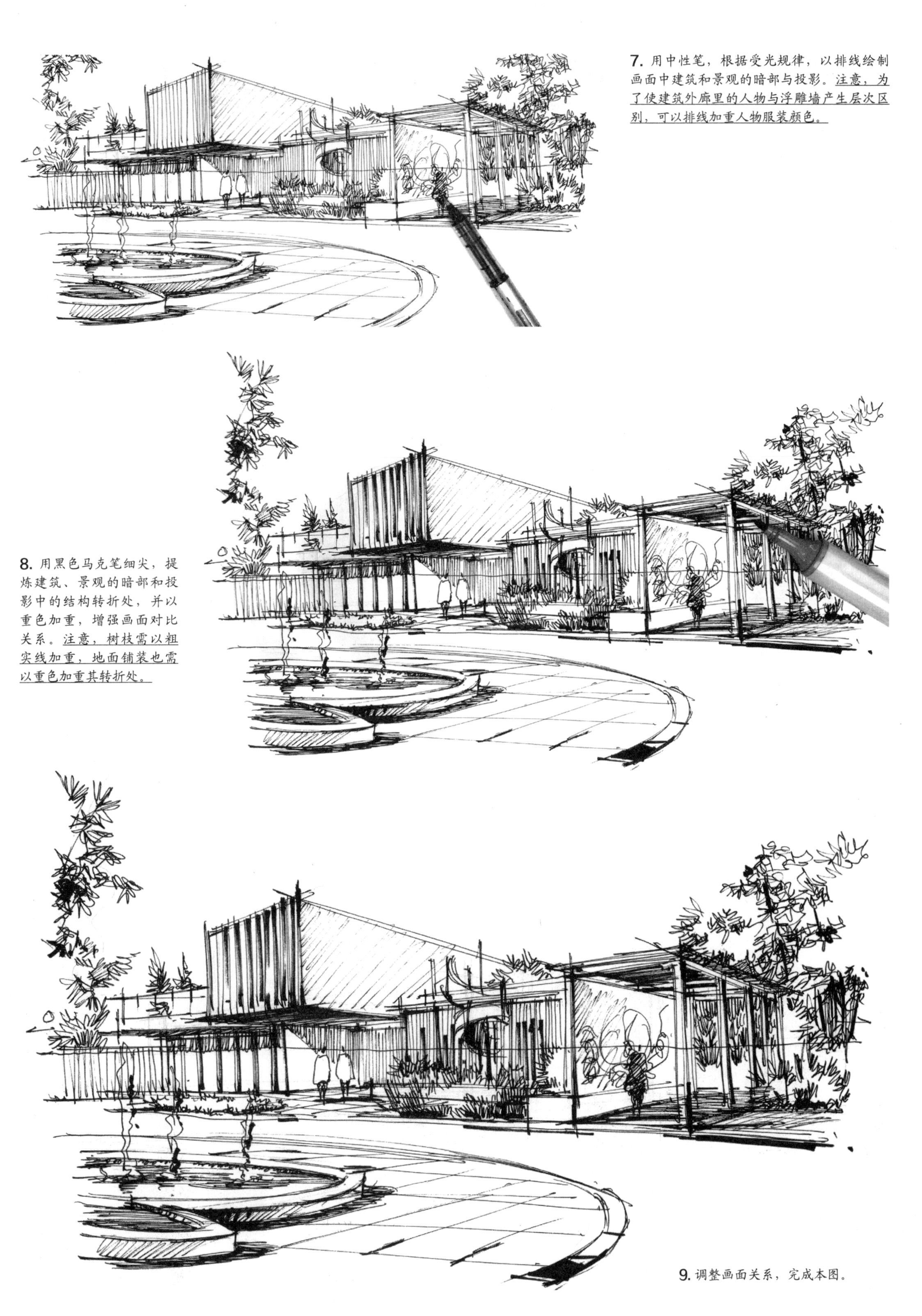

7. 用中性笔，根据受光规律，以排线绘制画面中建筑和景观的暗部与投影。注意，为了使建筑外廊里的人物与浮雕墙产生层次区别，可以排线加重人物服装颜色。

8. 用黑色马克笔细尖，提炼建筑、景观的暗部和投影中的结构转折处，并以重色加重，增强画面对比关系。注意，树枝需以粗实线加重，地面铺装也需以重色加重其转折处。

9. 调整画面关系，完成本图。

●1.2 透视及光影训练

在草图训练的基础上，为了更清晰地掌握建筑主体结构画法，突出画面视觉中心，我们将剔除建筑周边的配景，重点针对建筑主体结构的透视和光影关系进行训练。

第十七讲 两点透视单体建筑线稿

解构式手绘——透视及光影训练

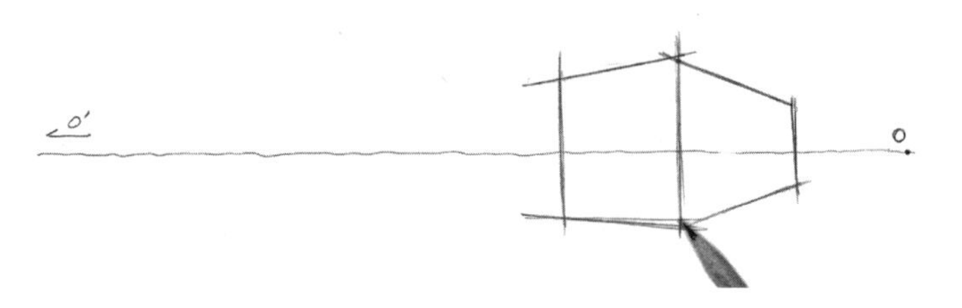

1. 用铅笔，在A4纸垂直方向略低于1/2的位置画视平线，该图为两点透视，消失点0′定位在左侧画面外，具体位置不用强行寻找，绘制与其连接的线条时，需参照视平线控制线条的倾斜角度，消失点0定位在视平线上画面右侧的位置，两消失点必须都设置在视平线上；根据两点透视规律，先画出右侧长方体的轮廓。注意，由于左侧消失点0′不在画面内，因此绘制长方体连接消失点0′的边线时，上边线倾斜度可自行确定，只要其延长线与视平线延长线的交点在左侧画面外即可；而下边线倾斜度需参照视平线尽量保持水平，靠近消失点0′的一侧略微向上倾斜即可，保持立体造型的稳定感。就经验而论，消失点在画面外时，画面内的立体造型绘制，只要视觉上满足透视准确和形体稳定即可，连接画面外同一消失点的各边线，不一定要与视平线交于同一个点上。

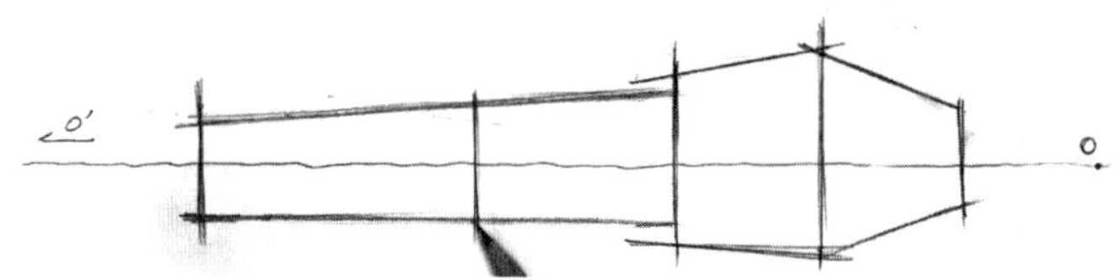

2. 用铅笔，根据两点透视规律，以长方体画出主体建筑一层的轮廓，并以垂线标记灰空间的位置。注意，连接消失点0′的长方体下边线倾斜度，需参照视平线在尽量保持水平的基础上略微向上倾斜，保持立体造型的稳定感。

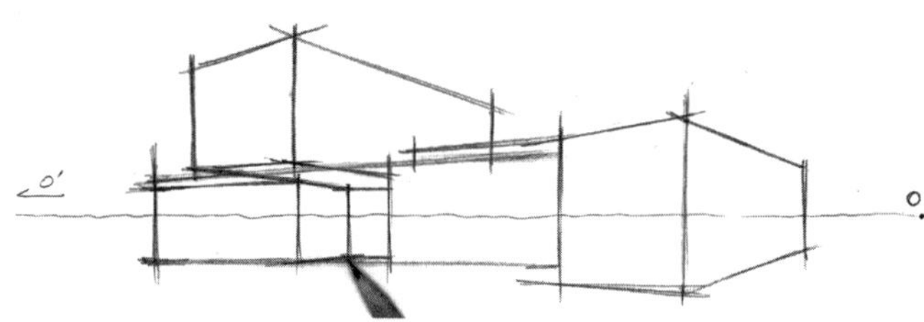

3. 用铅笔，根据两点透视规律，先画出主体建筑二层的长方体轮廓，再画出建筑一层的内凹灰空间。

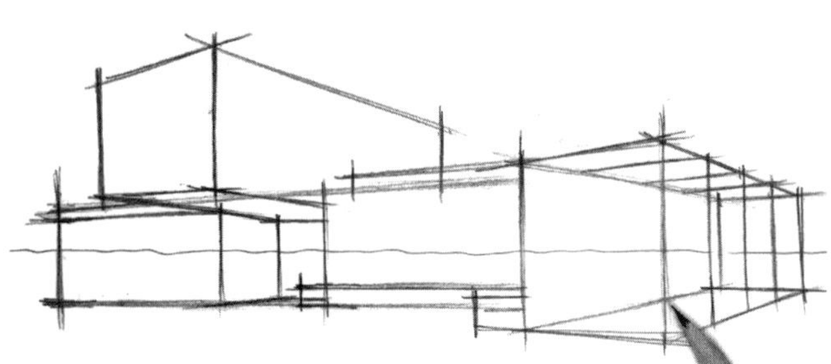

4. 用铅笔，根据两点透视规律，以长方体绘制主体建筑下部的附属结构，再以直线等分标记外廊的梁柱位置。

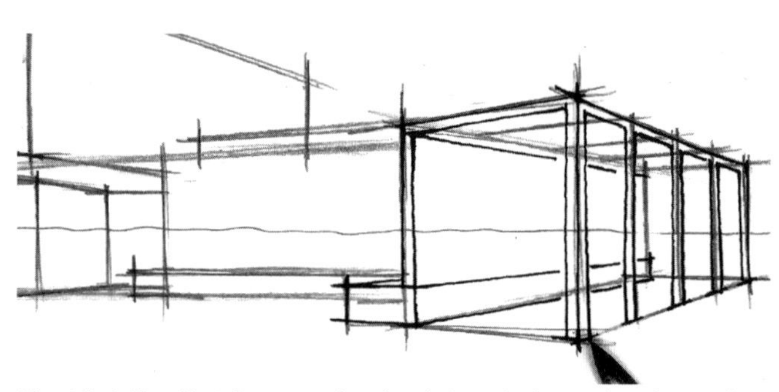

5. 用签字笔，按照由近及远的顺序，根据两点透视规律，先绘制建筑主体右半部外廊的框架结构。

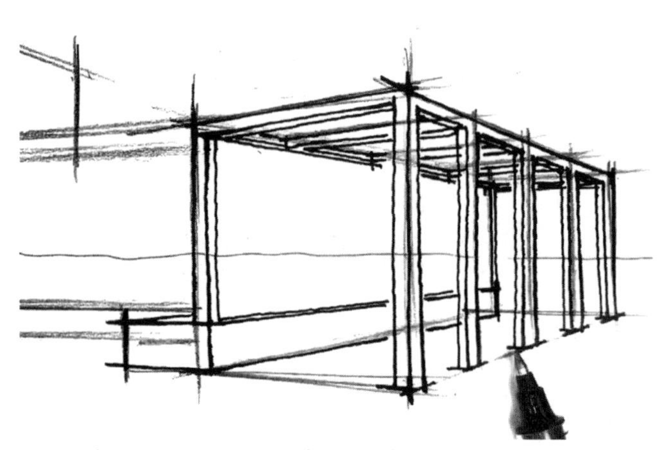

6. 用签字笔，根据两点透视规律，绘制外廊的梁柱结构。注意，梁柱结构的各面，要结合透视规律绘制准确。

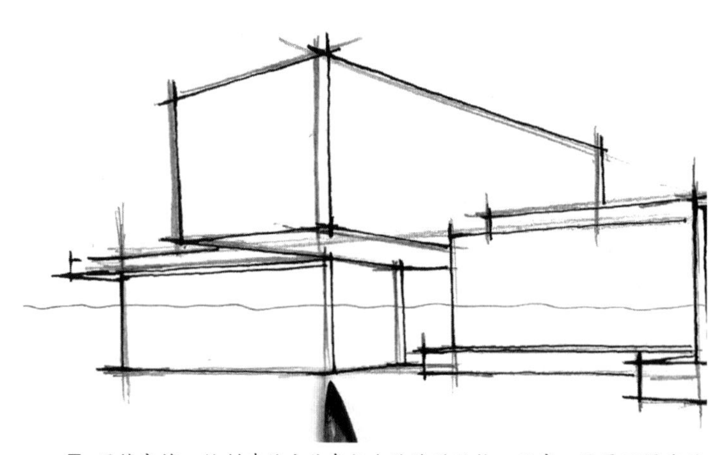

7. 用签字笔，绘制建筑主体各组合体块的结构。注意，尽量用慢线的平拉线绘制，加墨线时可在原有铅笔底稿的基础上适当调整结构线，力求更准确。

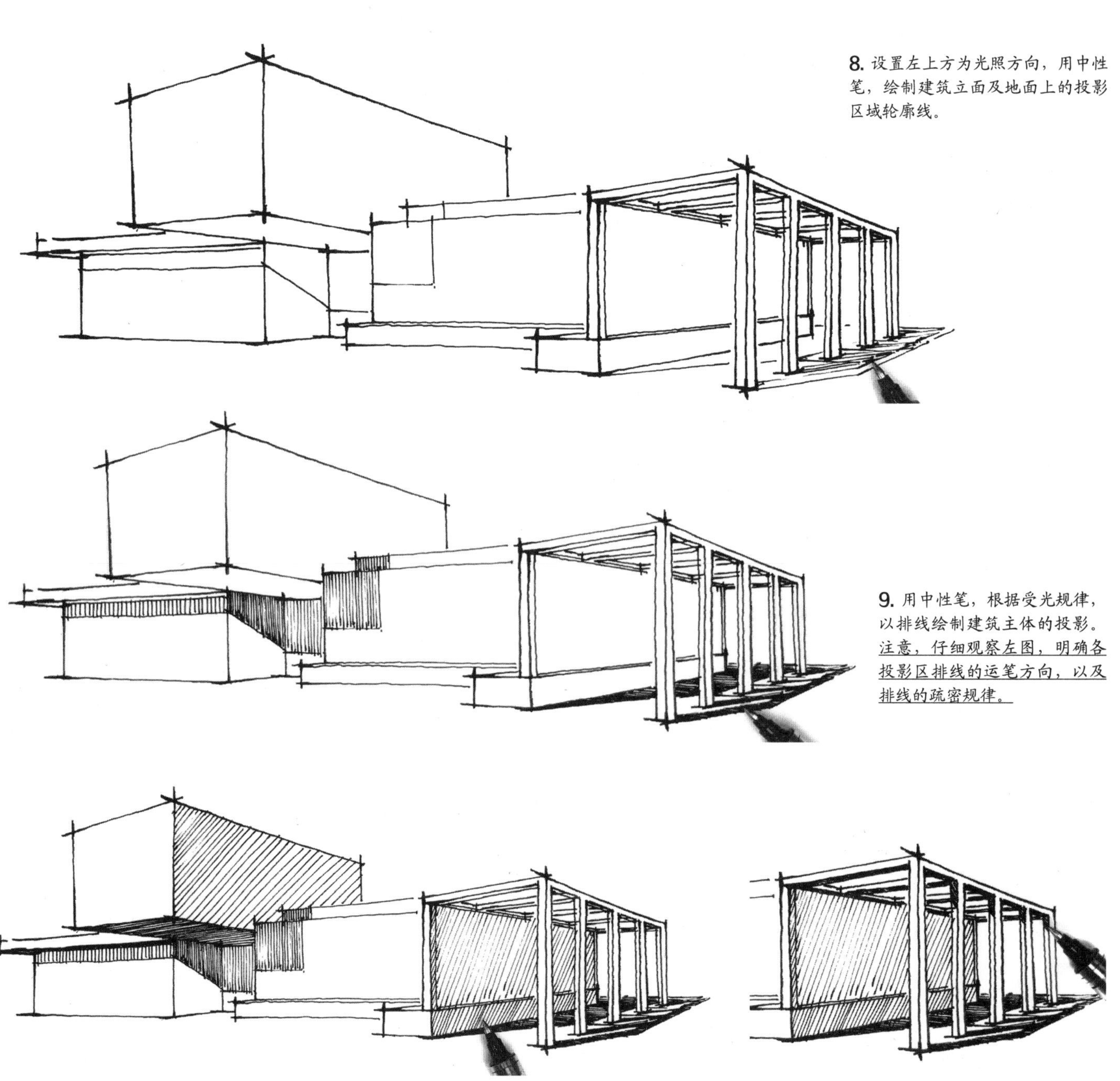

8. 设置左上方为光照方向，用中性笔，绘制建筑立面及地面上的投影区域轮廓线。

9. 用中性笔，根据受光规律，以排线绘制建筑主体的投影。注意，仔细观察左图，明确各投影区排线的运笔方向，以及排线的疏密规律。

10. 用中性笔，根据受光规律，以斜向排线绘制建筑主体的暗部。

11. 用中性笔，根据受光规律，以排线深入绘制建筑主体右侧外廊框架的暗部及投影。

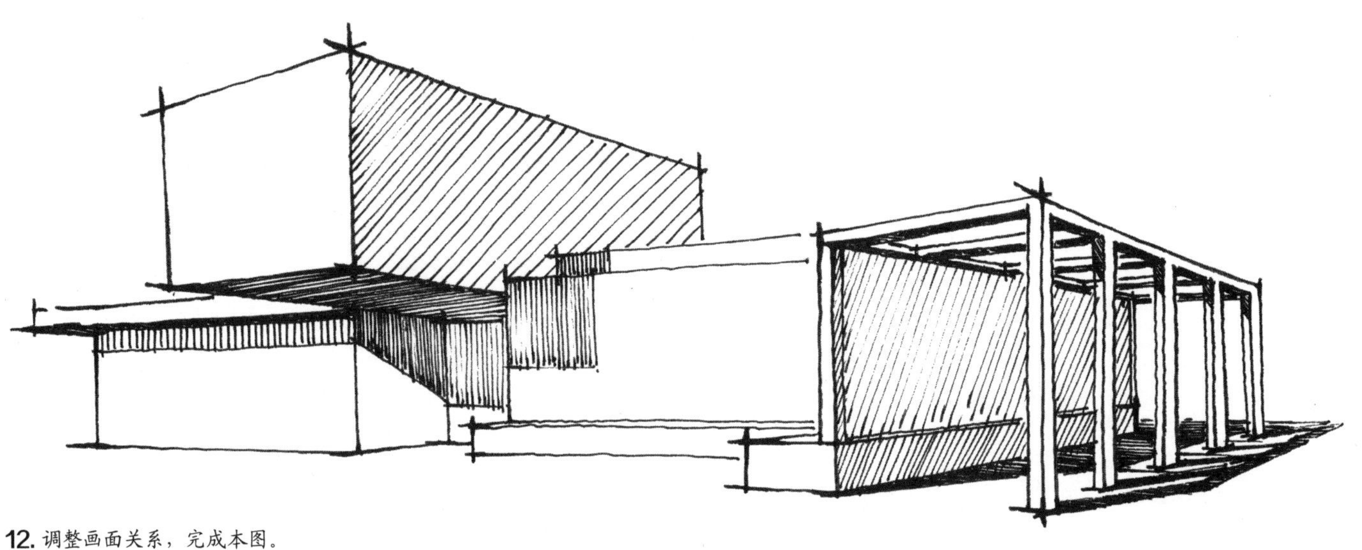

12. 调整画面关系，完成本图。

●1.3 配景训练

本图涉及的配景较丰富，包括植物、雕塑，以及新增的水池。结合环境对这些配景进行专题训练，有利于后期的综合场景表达。其绘制步骤如下：

第十八讲 两点透视单体建筑线稿
解构式手绘——配景训练

（1）草坪手绘训练

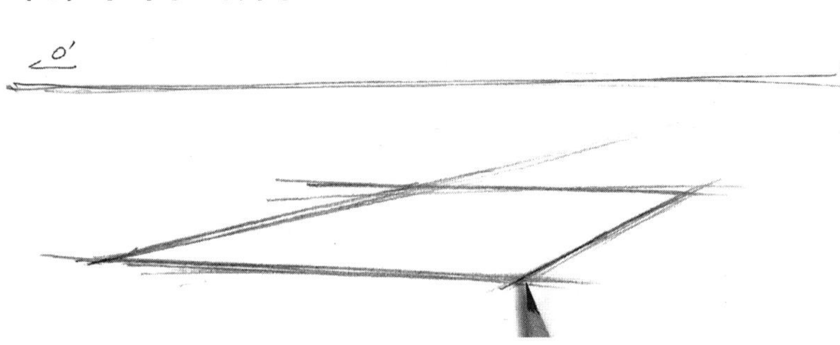

1. 用铅笔，在A4纸垂直方向约1/3的位置画视平线，该图为两点透视，消失点0′定位在左侧画面外，消失点0定位在画面右侧；根据两点透视规律，画出草坪在地面上的长方形轮廓。

2. 用中性笔，按照由近及远的顺序，以自由线画出正前方和右侧草坪边缘的轮廓线。注意，绘制的自由线要比长方形轮廓线高一些，预留草坪厚度。

3. 用中性笔，以自由线完成草坪所有边缘的轮廓，再以短弧线组合绘制右后方较高草丛的结构。注意，草坪顶面上，可适当施加圈线，以示草坪局部的枝叶穿插处，丰富线条的疏密关系。

4. 设置左上方为光照方向，用中性笔，以短线排线绘制草坪正前方和右侧方的厚度。注意，根据受光规律，草坪正前方的厚度排线较疏，右侧方的厚度排线较密。

5. 用中性笔，根据受光规律，绘制草坪在地面上的投影。调整画面关系，完成本图。

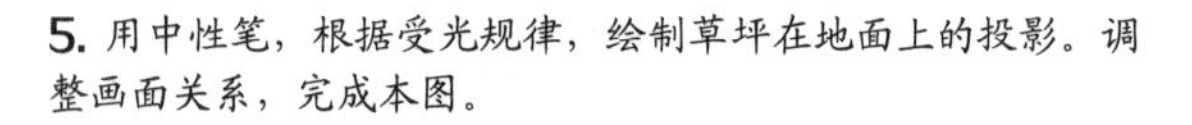

（2）雕塑手绘训练

1. 用铅笔，用快线勾勒出雕塑的轮廓以及下部的植物轮廓。注意，本图主体为自由曲面造型，为了训练手绘者的观察力和徒手表现能力，画面中不设定视平线和消失点的位置。

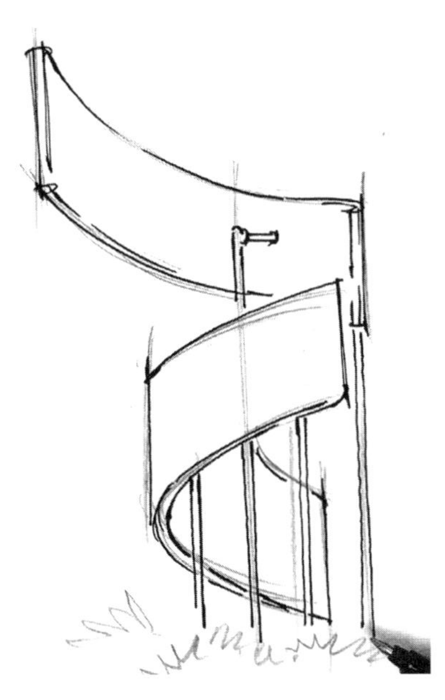

2. 用中性笔，按照由上及下的顺序，先绘制雕塑的主体结构。注意，雕塑的曲面板和支撑柱有一定厚度，需结合自身对空间的理解将其结构绘制完整。

3. 用中性笔，以M线绘制雕塑下部的植物。注意，植物底部应排线密集，增强其立体感。

4. 设置左上方为光照方向，用中性笔，以垂直排线绘制雕塑的暗部与光影。

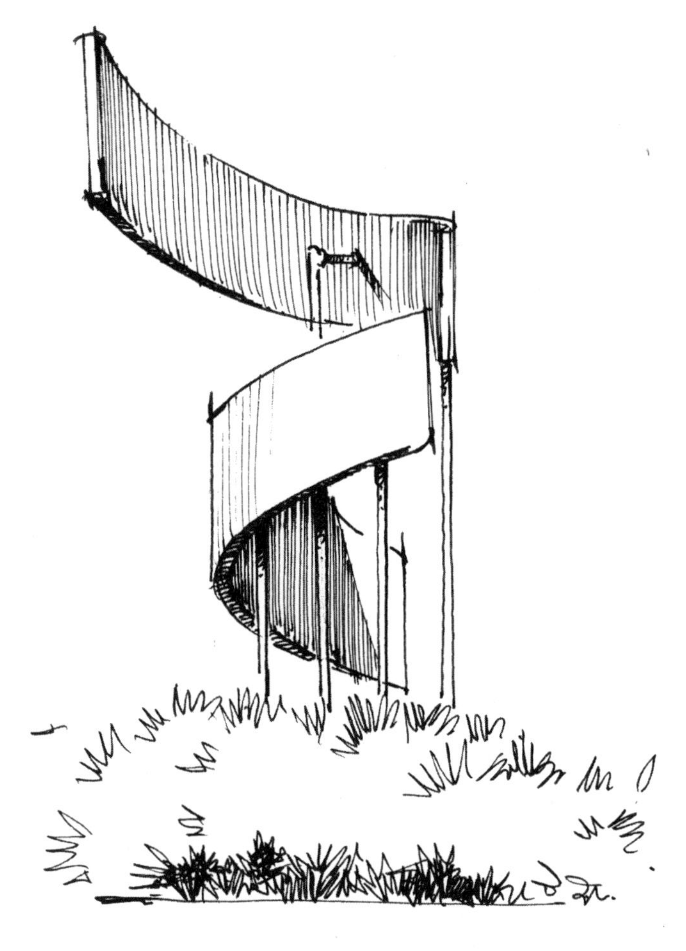

5. 用中性笔，为雕塑受光部转折区适当增加垂直排线，使其过渡更加柔和。调整画面关系，完成本图。

（3）喷水池手绘训练

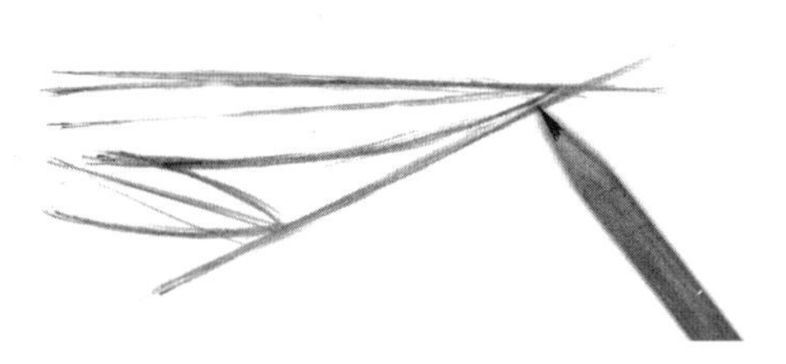

1. 用铅笔，在A4纸垂直方向约3/4的位置画下视平线，该图为一点透视，在视平线上标记消失点O的位置；根据一点透视规律，以直线概括出喷水池的构图位置。

2. 该喷水池在画面中呈现两个花瓣的局部造型，用铅笔，根据一点透视规律，先以直线绘制两个花瓣形的中轴线，再以弧线绘制花瓣状喷水池在地面上的正投影轮廓。

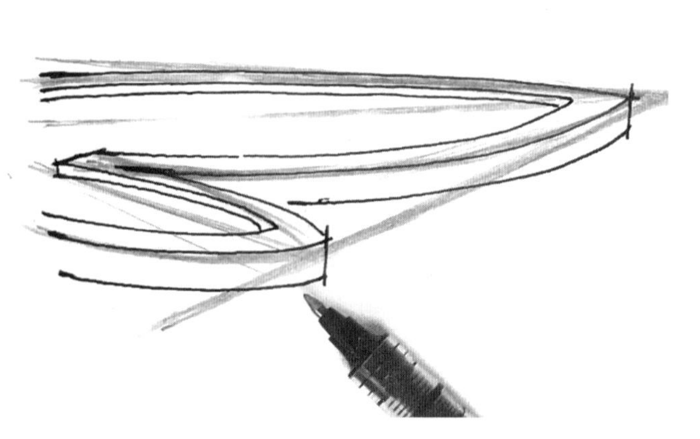

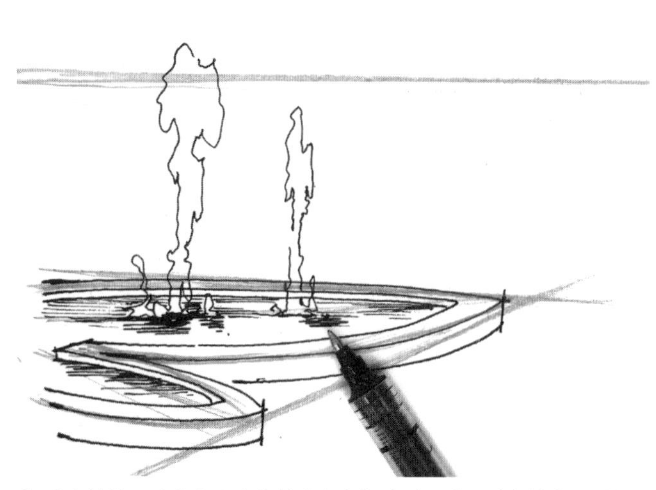

3. 用中性笔，绘制花瓣状喷水池的结构。注意，喷水池边缘厚度的绘制。

4. 用中性笔，以自由曲线绘制喷泉水柱造型，再以横向排线绘制水面倒影。注意，横向排线要贴近水面与喷泉水柱、水池边缘衔接的位置绘制，上密下疏。

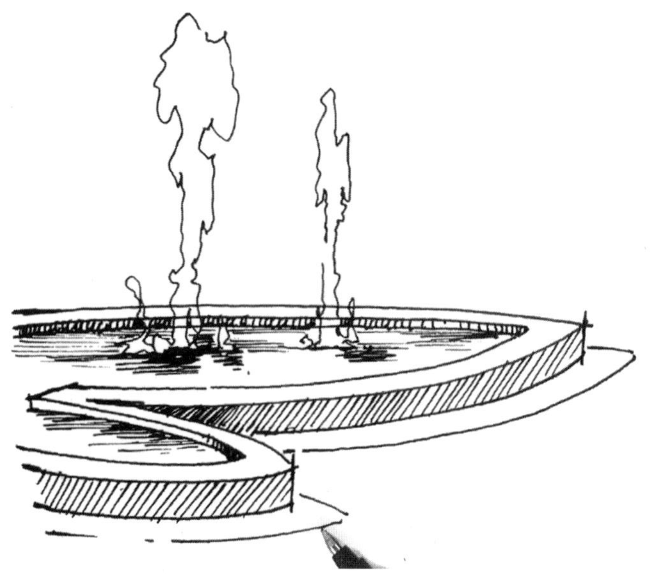

5. 设置左上方为光照方向，用中性笔，以斜向排线绘制水池造型暗部，再以弧线画出水池在地面上的投影轮廓。

6. 用中性笔，以排线绘制水池在地面上的投影区域。调整画面关系，完成本图。

●1.4 局部训练

为了更好地提高单项训练能力，深入细节刻画，接下来我们将提取建筑场景中的局部图像进行深入表达。

右图为场景中主体建筑右侧外廊的局部，图中白色水平虚线为该场景的视平线，消失点0和0'分别定位在画面外两侧，该图设置左上方为光照方向。

第十九讲 两点透视单体建筑线稿解构式手绘——局部训练

1. 用铅笔，在A4纸垂直方向1/2偏下的位置画下视平线，该图为两点透视，在视平线上标记消失点0的位置，另一消失点位置设在画面左侧以外，做到心中有数即可；然后，以垂线定位外廊的宽度和转角线。注意，局部训练将在画纸中重新构图，因此视平线、消失点等透视元素的设置，有可能会与局部截取图中透视元素的位置有一定差别。

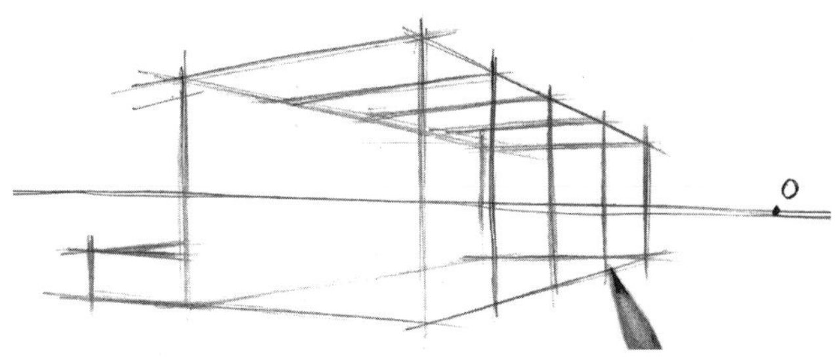

2. 用铅笔，根据两点透视规律，用快线迅速勾勒出外廊的结构，再以直线等分标记其梁柱位置。

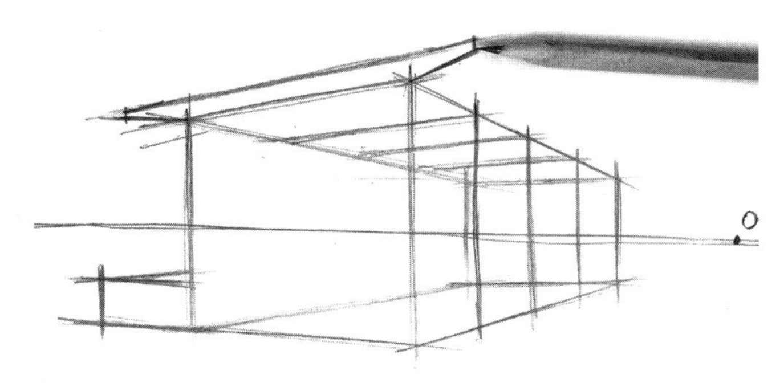

3. 用铅笔，根据两点透视规律，绘制外廊横梁正立面多边形造型。

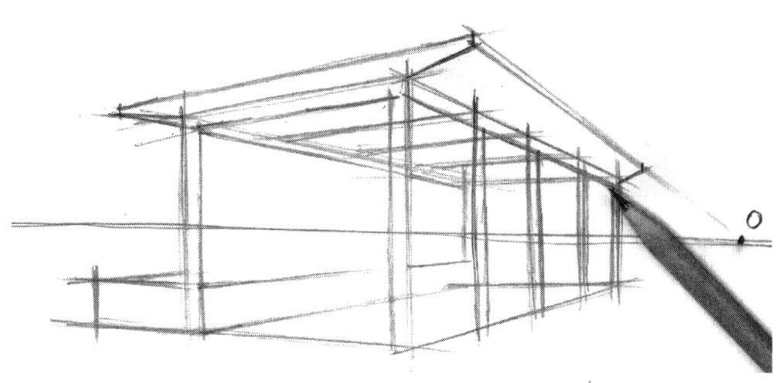

4. 用中性笔，结合外廊横梁正立面的多边形造型，根据两点透视规律，绘制外廊顶部造型的轮廓，再绘制各立柱的部分立面结构。

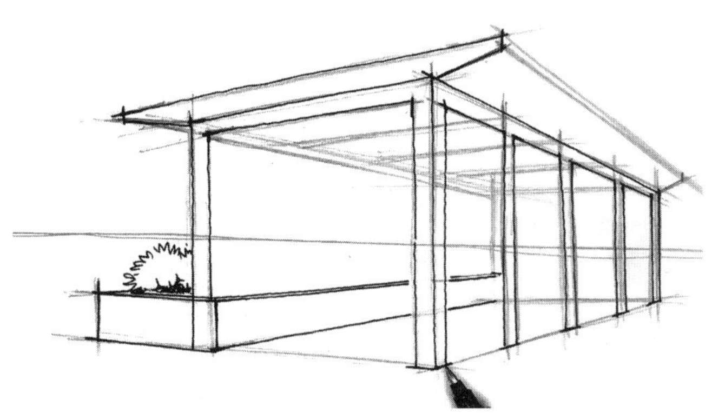

5. 用中性笔，参照铅笔底稿，以慢线初步绘制外廊的轮廓、结构以及配景植物。

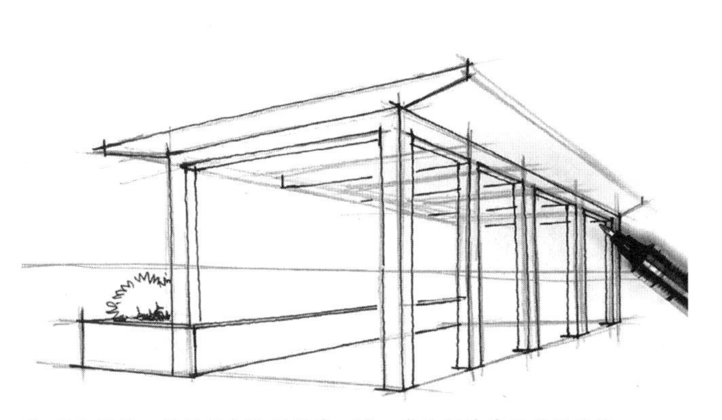

6. 用中性笔，根据两点透视规律，进一步绘制外廊的梁柱结构。

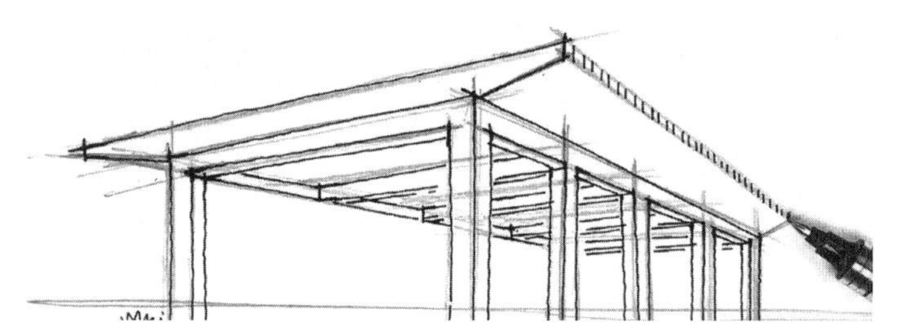

7. 开始绘制外廊顶部排列的大量横梁。用中性笔，根据两点透视规律，先用短垂线等分画出各横梁端头立面的位置关系；再参照各立柱的位置，完善外廊内顶各横梁的结构。

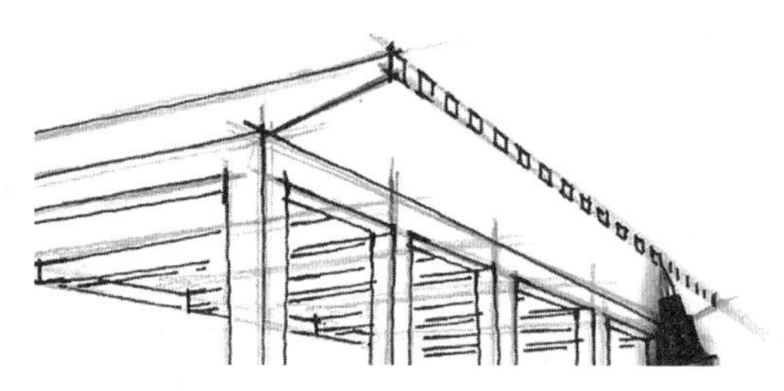

8. 用中性笔，根据两点透视规律，在步骤7的基础上，完成外廊顶部各横梁端头的正方形截面。

9. 用中性笔，根据两点透视规律，完善外廊顶部各横梁端头结构，再以排线绘制外廊内顶各横梁间隙的木格栅结构。

10. 用0.1型针管笔，绘制外廊内部浮雕墙上的图案。注意，绘制浮雕墙图案时，也要遵循两点透视的近大远小规律。

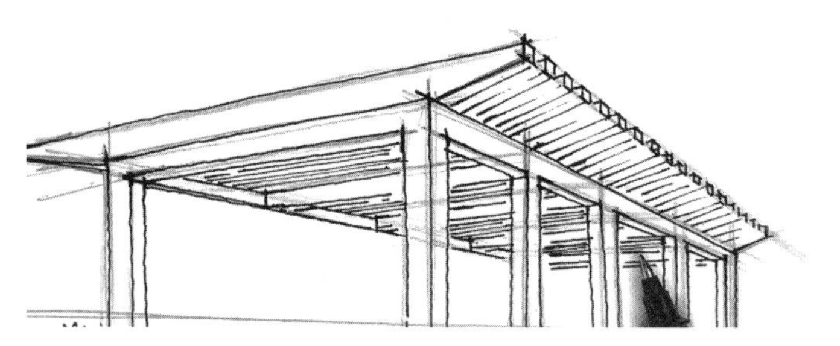

11. 设置左上方为光照方向，用中性笔，绘制外廊在地面上的投影区域轮廓线。

12. 用中性笔，以排线绘制外廊在地面上的投影。

13. 用中性笔，以斜向排线绘制外廊各结构的暗部。调整画面关系，完成本图。

2.全景绘制步骤

之前进行的草图、透视、光影、配景、局部等单项训练，使我们充分体验了手绘基础能力在场景表现中的应用，进而对该建筑场景从宏观到细节方面有了比较全面和深入的认识。在此基础上，我们将整合这些内容，进行综合性、系统性的建筑场景手绘，以求厚积薄发、游刃有余、一气呵成。

第二十讲 两点透视单体建筑线稿解构式手绘——全景绘制（一）

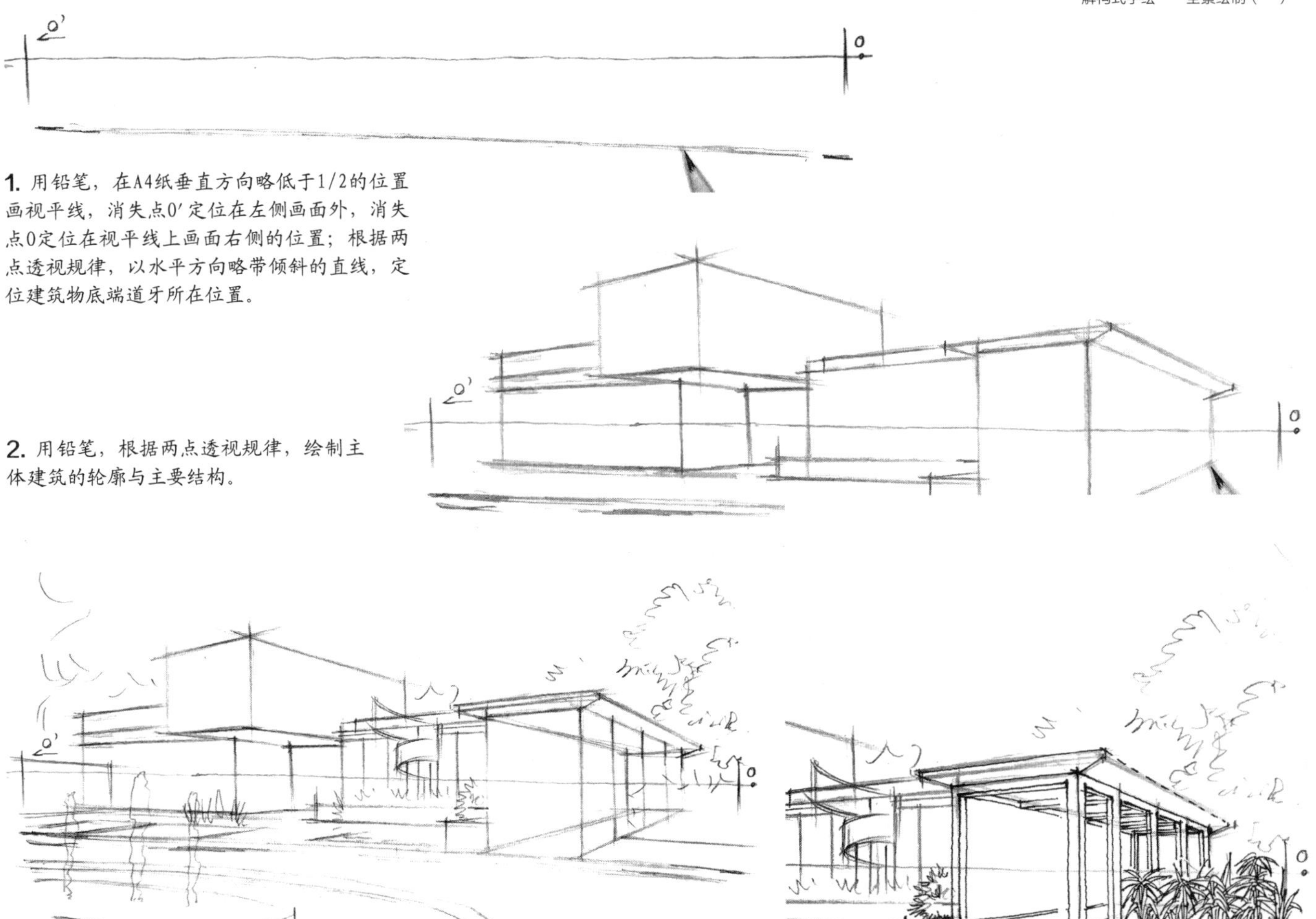

1. 用铅笔，在A4纸垂直方向略低于1/2的位置画视平线，消失点0′定位在左侧画面外，消失点0定位在视平线上画面右侧的位置；根据两点透视规律，以水平方向略带倾斜的直线，定位建筑物底端道牙所在位置。

2. 用铅笔，根据两点透视规律，绘制主体建筑的轮廓与主要结构。

3. 用铅笔，根据两点透视规律，以垂直线等分标记建筑外廊的立柱位置，并绘制场景中植物、雕塑、喷水池、地面铺装带的轮廓与主要结构。

4. 用签字笔，先绘制画面右侧建筑外廊和绿化的结构。

5. 用签字笔，根据两点透视规律，完善外廊的细部结构，并向左推进，绘制绿化、雕塑，以及雕塑后方建筑走廊的立面结构。

6. 用签字笔，根据两点透视规律，绘制建筑走廊的外檐结构。

7. 用签字笔，按照由近及远的顺序，先绘制画面前景喷水池以及弧形铺装带的轮廓与结构，再绘制建筑门前的绿化。

8. 用签字笔，绘制画面左侧的树枝。

9. 用签字笔，用M线画出画面左侧的树冠。注意，该组绿化底部可将树叶绘制得密集一些，体现层次感。

10. 放眼全局，设置左上方为光照方向，用签字笔，以M线画出画面右侧树冠的轮廓。注意，受光部线条多断开些，背光部线条尽量连贯。

11. 用签字笔，根据受光规律，以M线完成画面右侧的树冠绘制，再以短实线在其中适当穿插树枝，使树木的结构完整。

12. 用中性笔，绘制建筑主体外廊浮雕墙的图案，绘制雕塑后面建筑走廊外立面木格栅的结构，绘制二层悬挑建筑体块的外立面木格栅屋面结构，绘制建筑主体左侧的玻璃栏杆和玻璃落地窗结构。

13. 用中性笔，根据两点透视规律，绘制场景中所有地面铺装的分格线，包括石材铺装和木栈道铺装。

第二十一讲 两点透视单体建筑线稿

解构式手绘——全景绘制（二）

14. 用中性笔，以横向排线绘制喷泉水面的倒影效果，再以粗实线加重喷泉水柱的暗部，强化其立体感。

15. 用中性笔，根据受光规律，先勾勒建筑立面上投影区的轮廓，再以竖向排线完成投影绘制。注意，投影区与木格栅结构均以纵向排线绘制，要通过排线间距的疏密加以区别。

16. 用中性笔，根据受光规律，以排线绘制外廊立柱上的投影，以及外廊在地面上的投影。

17. 开始绘制主体建筑的暗部。用0.1型针管笔，以斜线排线绘制建筑二层悬挑部分的暗部。注意，根据受光规律，悬挑结构的底面要暗于侧立面，因此排线更为密集。

18. 用0.1型针管笔，根据受光规律，以斜线排线绘制建筑外廊各部分结构的暗部。

19. 用0.1型针管笔，根据受光规律，以排线绘制水池暗部及其在地面上的投影，再以排线适当加重地面上的弧形铺装内部区域，以示其颜色。

20. 改用签字笔，根据受光规律，提炼建筑、景观的暗部和投影中的结构转折处，并以重色加重，增强画面对比关系。注意，木格栅间隙的部分，应以粗实线加重。

21. 用签字笔，加重画面右侧灌木丛的暗部与间隙。

22. 用中性笔，以垂直方向短线排线，满铺画面右侧的背景植物，再提炼这些植物的暗部，以叠加排线加重，丰富背景植物的层次。

23. 用签字笔，根据受光规律，以粗实线加重建筑主体左侧玻璃落地窗的窗框暗部，再用粗实线提炼建筑二层悬挑结构正立面的木格栅暗部和间隙，增加各种线状结构的立体感。

24. 换用0.1型针管笔，以短斜线排线加强建筑二层玻璃栏杆和一层玻璃落地窗中玻璃的透明质感。

25. 用中性笔，根据光照规律，以短线排线绘制弧形水池边缘结构的内立面，增强水池的厚度感。

26. 以签字笔局部调整画面线条的疏密关系，增强对比度。调整画面关系，完成本图。

3.训练参考图

为了巩固本环节讲授的内容，特绘制以下两幅两点透视组合体建筑手绘线稿，供读者临摹参考。

泰国，Nakhon Chai Si 住宅

智利，Ochoquebradas住宅

第三节
高层建筑线稿

右图为天津君临大厦，该场景涉及高层建筑、护岸、人物、植物等多种表现题材。该画面主体高层建筑和配景建筑的处理，要注意通过虚实变化，使构图主次分明；另外，画面下部内容丰富，绘制时要注意层次关系的区分；此外对于高层建筑主体立面结构的处理，要抓住主要线条的排列规律予以概括，使建筑立面丰富即可。以上是本组线稿手绘的要点。

1.画面剖析

从建筑设计解构式手绘训练来说，画面剖析主要包括构图分析、透视及光影训练、配景训练、局部训练等四个环节。

●1.1 构图分析

（1）场景要素分析

下图为两点透视的现代高层建筑，图中白色水平虚线为该场景的视平线，消失点0和0'分别定位在画面外两侧。本图设置右上方为光照方向。

（2）草图绘制

鉴于前两节均已展示了草图绘制的步骤，自本节开始直接展示草图绘制的成果。以下为用中性笔绘制的草图，我们通过草图推敲并展现画面的整体关系。

●1.2 透视及光影训练

在草图训练的基础上，为了更清晰地掌握建筑主体结构画法，突出画面视觉中心，我们将剔除建筑周边的配景，重点针对建筑主体结构的透视和光影关系进行训练。

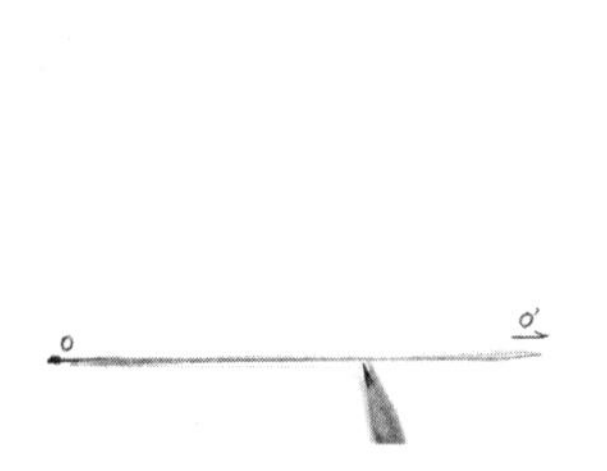

1. 本图建议用A4手绘纸竖版绘图，用铅笔，在A4纸垂直方向略低于1/3的位置画视平线，该图为两点透视，消失点0定位在视平线上画面左侧的位置，消失点0′定位在右侧画面外。

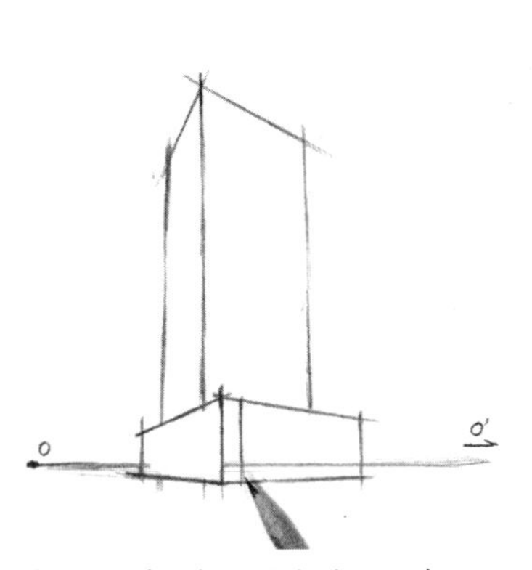

2. 用铅笔，根据两点透视规律，以长方体组合画出高层建筑和裙房的外轮廓，并在裙房正立面上以垂线标记出与入口雨篷交接的位置。

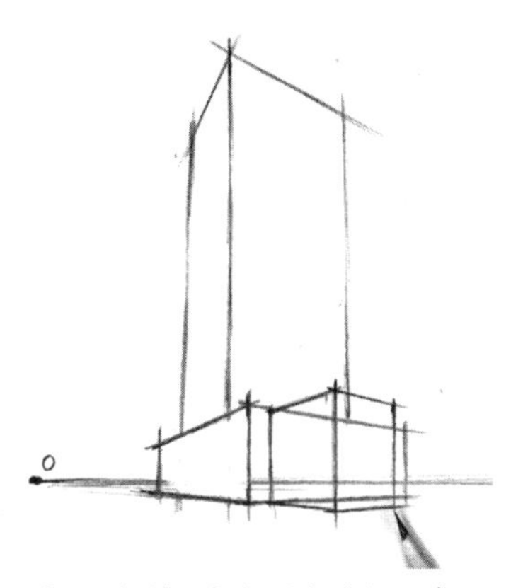

3. 用铅笔，根据两点透视规律，以长方体画出建筑入口的轮廓。

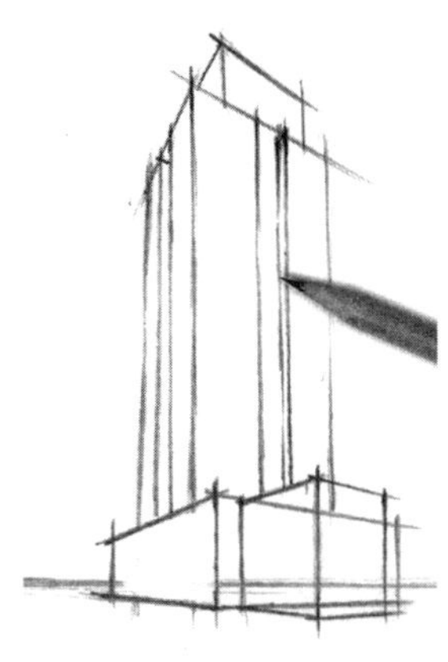

4. 用铅笔，根据两点透视规律，细化建筑高层部分的形体结构。

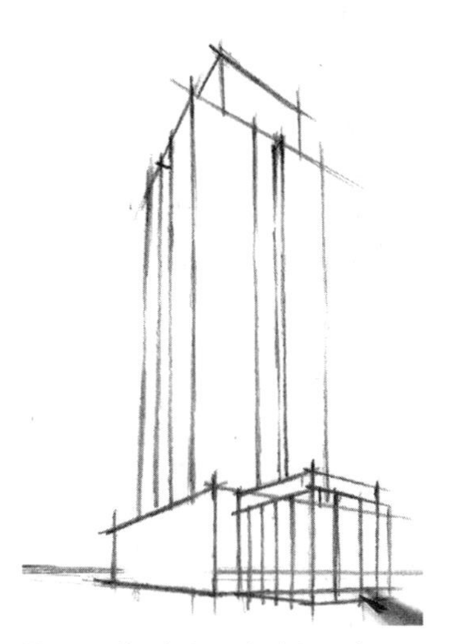

5. 用铅笔，根据两点透视规律，以垂直线等分标记入口雨篷的立柱位置。

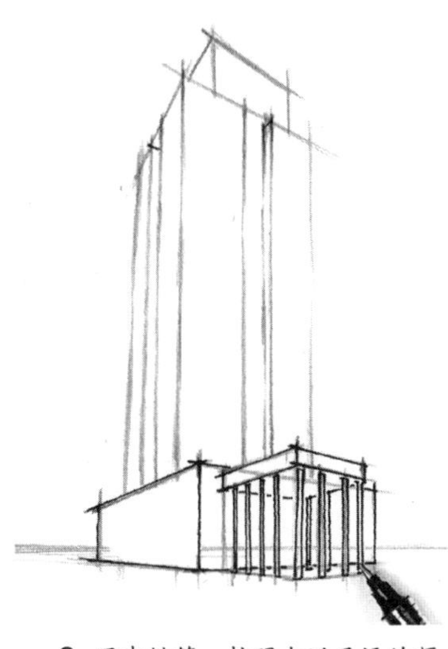

6. 用中性笔，按照由近及远的顺序，绘制画面下部雨篷和裙房的结构。

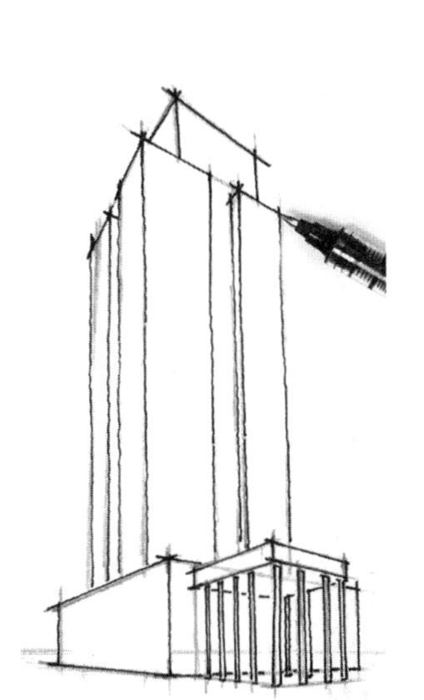

7. 用中性笔，按照由上至下的顺序，绘制建筑高层部分的基本结构。

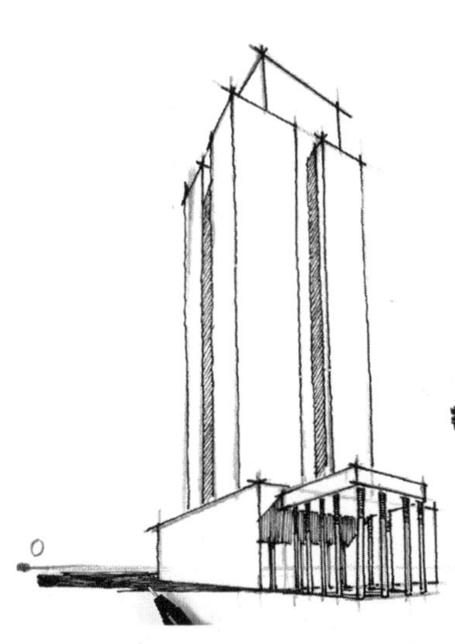

8. 设置右上方为光照方向，根据受光规律，用0.1型针管笔，绘制该组合体的投影。

9. 用中性笔，根据受光规律，以斜向排线绘制组合体各结构的暗部。调整画面关系，完成本图。

●1.3 配景训练

本案例为初春时节的树木，枝叶尚未繁茂，故此，本环节将结合环境提取以干枝树为主的植物景观进行专题训练，方便融入后期的综合场景表达，其绘制步骤如下：

1. 用铅笔，以快线勾勒出干枝树及其周边绿化的轮廓。注意，本图主体为比较自由的植物造型，为了训练手绘者的观察力和徒手表现能力，画面中不设定视平线和消失点的位置。

2. 用中性笔，先勾勒出干枝树下方绿篱的基本轮廓，再以慢线绘制干枝树的结构。注意，绘制树枝时要留意以下三点。首先，要保持树冠有一个饱满的弧形轮廓；第二，绘制树枝要前后穿插，以丰富层次；第三，绘制树枝越往末梢部分线条越细。

3. 用中性笔，以慢线绘制完成所有干枝树的结构，再勾勒出干枝树下方绿篱和灌木丛的轮廓。注意，要根据由近及远、前方遮挡、后方退让方法，决定各干枝树的绘制顺序。

4. 用中性笔，以短垂线排线绘制绿篱正立面，以示厚度，再以较虚的自由曲线，绘制干枝树在绿篱顶面上的投影，最后以圈线画出后方灌木丛的明暗关系。

5. 改用签字笔，以粗实线加重干枝树树干和主要树枝的暗部，增强立体感。

6. 调整画面关系，完成本图。

●1.4 局部训练

为了更好地提高单项训练能力，深入刻画细节，接下来我们将提取建筑场景中的局部图像进行绘制。

（1）局部训练一

右图为场景中主体建筑下方入口的局部截取，图中白色水平虚线为该场景的视平线，消失点0和0'分别定位在画面外两侧，该图设置右上方为光照方向。

1. 用铅笔，在A4纸垂直方向约1/3的位置画下视平线，该图为两点透视，消失点0和0′分别定位在画面外两侧。

2. 用铅笔，以快线迅速勾勒出场景各事物的基本结构。注意，因为建筑入口是多面体造型而非长方体，所以其透视边并不连接消失点，绘图中应结合视平线及自身对空间的理解设置其斜度。

3. 用中性笔，按照由近及远、由上至下的顺序，先以慢线绘制入口前方的围栏、干枝树、路灯等事物的结构，再绘制入口屋檐的造型结构。

4. 用中性笔，绘制入口各细部结构。注意，绘制入口的线条应该由上至下逐渐变虚，以示其空间位置较为靠后，进而突出其前方的干枝树。

5. 设置右上方为光照方向，用中性笔，以排线加重入口屋檐造型的暗部，再以粗实线加重楼前各干枝树的暗部。

6. 用黑色马克笔细尖，以点笔法加重建筑立面窗户的玻璃颜色，窗构件需留白。注意，加重窗户玻璃的时候，要按照由上至下的顺序控制黑色块疏密关系；另外，重色不要完全平涂，尽量不要涂出玻璃边框的区域，需根据受光规律，适当为高光留白。

7. 用中性笔，绘制栏杆，为入口左后方增加投影。调整画面关系，完成本图。

（2）局部训练二

右图为场景下方河边护岸的局部截取，图中白色水平虚线为该场景的视平线，消失点0和0'分别定位在画面外两侧，该图设置右上方为光照方向。

1. 用铅笔，在A4纸垂直方向约2/3的位置画下视平线，该图为两点透视，消失点0和0′分别定位在画面外两侧。

2. 用铅笔，根据两点透视规律，以快线迅速勾勒出护岸的轮廓和主要结构。

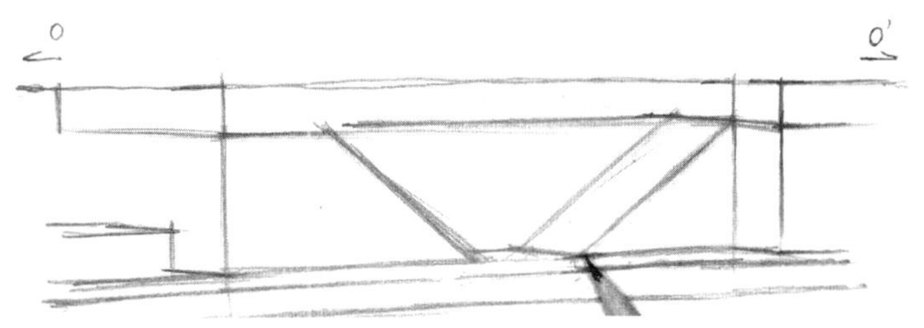

3. 用铅笔，根据两点透视规律，以快线勾勒出护岸台阶的轮廓。注意，台阶轮廓体块与护岸墙面的衔接关系需表达准确、清晰。

4. 用铅笔，根据两点透视规律，绘制护岸各部分的结构，并增加场景中人物的轮廓。

5. 开始为场景上墨线。用中性笔，按照由近及远的顺序，先绘制护岸底部的河岸立面，再勾勒场景中的人物。

6. 用中性笔，绘制场景中右侧台阶和栏杆扶手轮廓。

7. 用中性笔，绘制台阶的具体结构和其上人物的结构。

8. 用中性笔，完成场景中其他内容主要结构的绘制。

9. 用中性笔，以横向排线绘制护岸各墙面的砖缝肌理。注意，绘制砖缝肌理线要密切参考视平线和墙面的轮廓线以控制线条的斜度；另外，根据受光规律，涉及墙面的高光区域要适当留白。

10. 设置右上方为光照方向，用中性笔，先以横向排线画出与河岸相接水面的倒影效果，再以斜向排线绘制画面左侧墙面的暗部，最后加强画面左侧干枝树和绿篱的质感。注意，接近河岸位置的水面倒影排线，线条最为密集。

11. 用中性笔，根据受光规律，以排线绘制画面右侧护岸墙体的暗部和投影，再以斜向排线绘制护岸上部柏树的明暗关系。注意，在线条较密集的位置，可适当为人物的服饰施加重色，以强调其存在感。

12. 用签字笔，根据受光规律，以粗实线加重护栏、路灯、树干、树枝等线状结构的暗部，增强立体感。

13. 调整画面关系，完成本图。

（3）局部训练三

右图为场景中主体建筑左下方配楼的局部截取，图中白色水平虚线为该场景的视平线，消失点0和0'分别定位在画面外两侧，该图设置右上方为光照方向。

1. 用铅笔，在A4纸垂直方向略高于1/3的位置画下视平线，该图为两点透视，消失点0和0'分别定位在画面外两侧。

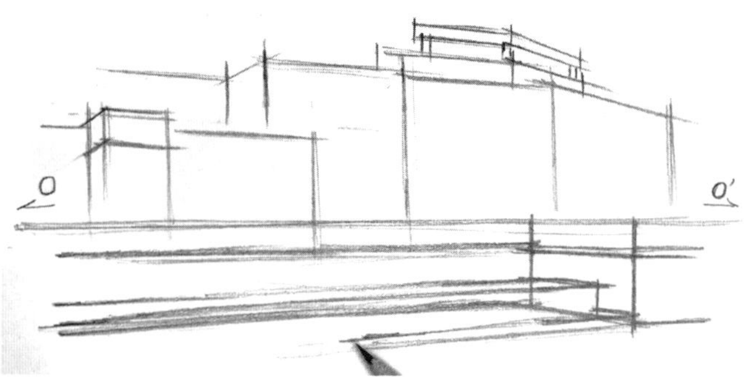

2. 用铅笔，根据两点透视规律，以快线迅速勾勒出配楼及其周边景观的轮廓和主要结构。

3. 开始绘制配楼立面上的圆拱形玻璃幕墙结构。用铅笔，根据两点透视规律，以直线绘制圆拱形结构下方的长方形。注意，结合透视绘制长方形，形体尽量等宽等距。

4. 用铅笔，根据两点透视规律，以横向直线画出圆拱形顶部最高点的统一高度，再以垂直线绘制各长方形顶边的中垂线，各横线与垂线的交点，即是各圆拱形结构顶点的位置。

5. 用铅笔，过步骤3、4预留的点位，绘制圆拱，至此完成圆拱形结构的外立面轮廓。

6. 用铅笔，绘制画面左侧建筑的坡屋顶结构。

7. 用铅笔，以快线迅速勾勒出配楼前的植物结构。

8. 用中性笔，按照由近及远的顺序，绘制绿化、地形、护栏的结构。

9. 用中性笔以慢线画出配楼结构。注意，配楼和植物下部与围栏连接的位置，用线尽量断开，以示空间的前后关系，我们暂时称该方法为断线法。

10. 用中性笔，以圈线绘制绿篱正立面的树叶肌理；根据两点透视规律，再以排线绘制左侧建筑屋顶和护岸墙面材料的肌理线；接下来，绘制画面中部及右侧建筑立面的拱形窗洞口结构；最后，以方格线绘制玻璃幕墙结构。

11. 设置右上方为光照方向，用中性笔，以排线绘制画面中各建筑物的暗部和投影。注意，各窗洞口暗部要以短线密排，增强其立体感，反光玻璃要以斜向排线绘制，表现其光滑质感。

12. 用签字笔，以粗实线加强各干枝树树干和主要树枝的暗部，再以自由曲线，绘制干枝树在绿篱顶面上的投影。

13. 调整画面关系，完成本图。

2.全景绘制步骤

之前进行的草图、透视、光影、配景、局部等单项训练，使我们充分体验了手绘基础能力在场景表现中的应用，进而对该建筑场景从宏观到细节方面有了比较全面和深入的认识。在此基础上，我们将整合这些内容，进行综合性、系统性的建筑场景手绘，以求厚积薄发、游刃有余、一气呵成。

1. 本图建议用A4手绘纸竖版绘图，用铅笔，在纸张垂直方向约1/4的位置画下视平线，消失点0和0′分别定位在画面外两侧。

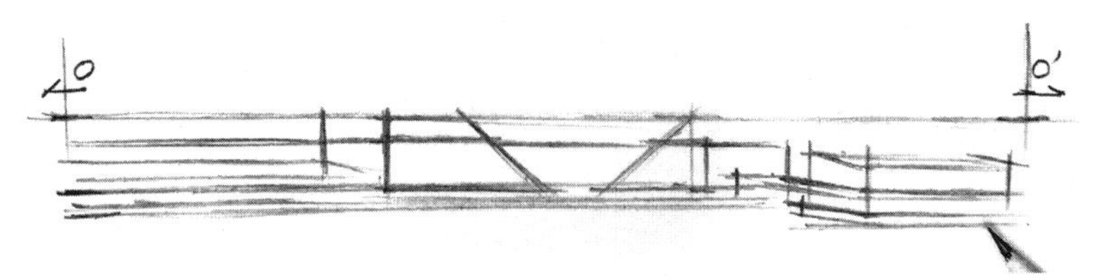

2. 用铅笔，根据两点透视规律，以快线画出视平线以下的护岸及设施结构。

3. 用铅笔，根据两点透视规律，绘制建筑主体以及周边建筑的轮廓和主要结构。

4. 用中性笔，绘制建筑下方护岸、植物、人物及围栏结构。

5. 用中性笔，概括绘制画面右下角的码头及附属设施结构。

6. 用中性笔，绘制主体建筑下方入口、配楼、远景高楼的轮廓与主要结构。注意，绘制入口、配楼与位于其前方的植物、护栏衔接处时，尽量使用断线法断开，以示空间的前后关系。

7. 用签字笔，绘制建筑主体和其左侧远景高楼的轮廓与主要结构。

8. 用中性笔，先以竖向排线概括出建筑主体竖向杆件和玻璃幕墙的纵向结构；再根据两点透视规律，概括绘制周边高层建筑的分层线和立面构件的结构线。

9. 用中性笔，根据两点透视规律，绘制画面左下角建筑屋顶和护岸墙面材料的肌理线，再绘制建筑入口和配楼立面的玻璃幕墙结构。

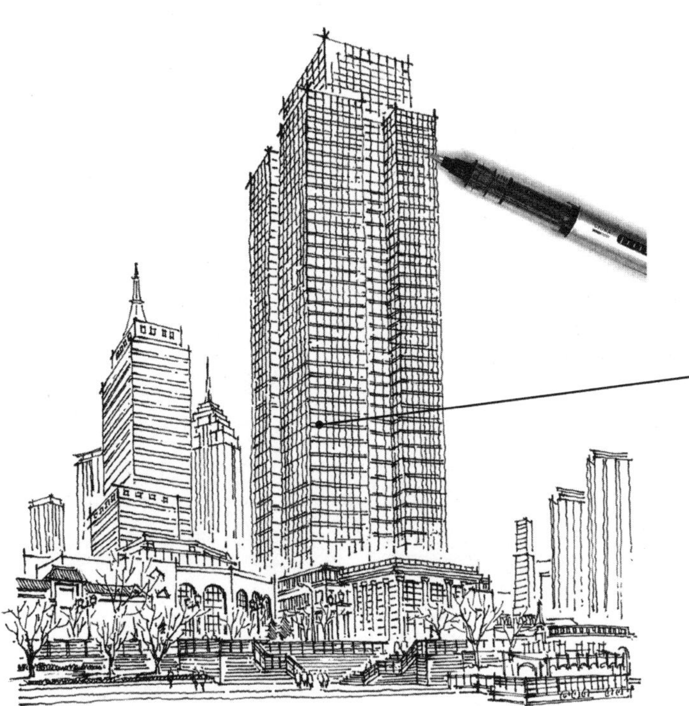

10. 用中性笔，根据两点透视规律，概括绘制建筑主体玻璃幕墙的横向结构线。注意，画面右上方为光照方向，建筑主体立面的高光区域应适当断线留白，高层建筑与裙房的衔接处也应适当断开线条，以示空间位置的前后关系。

11. 设置右上方为光照方向，用0.1型针管笔，根据受光规律，以排线绘制建筑主体立面的投影。

12. 用0.1型针管笔，根据受光规律，以斜向排线绘制建筑主体和背景高层建筑的暗部。

13. 用0.1型针管笔，根据受光规律，绘制画面下方各建（构）筑物的暗部与投影。

14. 用中性笔，根据受光规律，以短弧线排线画出水面的倒影效果。注意，水面倒影中反映建筑物暗部的区域，以及接近河岸位置的水面区域，排线可尽量密集些。

15. 用中性笔，加重画面右下角码头构筑物的内部，加重护栏间隙，加重入口、裙房、配楼的玻璃幕墙，强化对比效果，并使画面更加稳定。

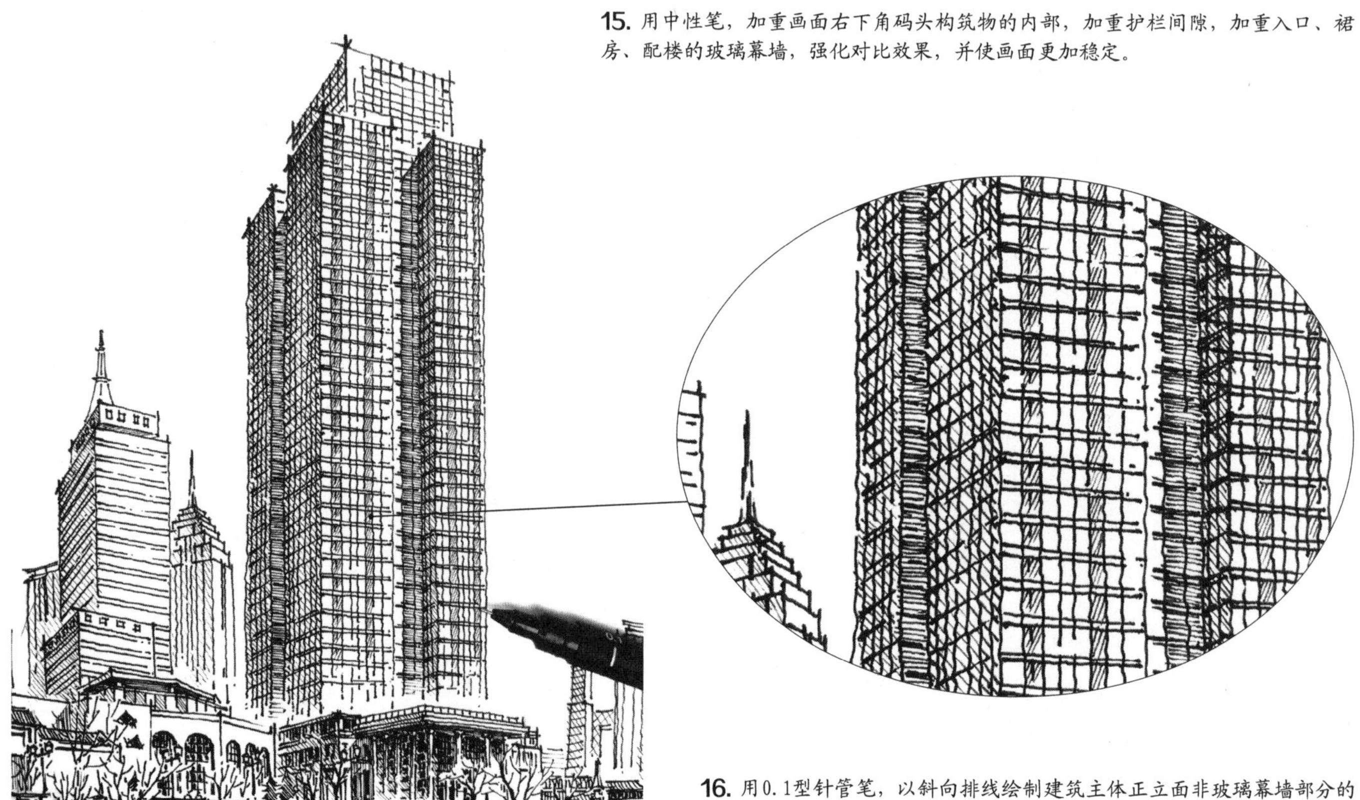

16. 用0.1型针管笔，以斜向排线绘制建筑主体正立面非玻璃幕墙部分的纵向带状结构，丰富立面效果。

17. 调整画面关系，完成本图。

3.训练参考图

为了巩固本环节讲授的内容，特绘制以下两幅高层建筑手绘线稿，供读者临摹参考。

台湾商业综合体

某高层建筑

第四节 曲线型建筑线稿

本图为北京世园会妫汭剧场，该场景涉及大型曲线建筑、绿化、挡土墙等多种表现题材。图中曲面造型的钢结构建筑和带有弧形的阶梯式挡土墙，需要以透视规律为基础，灵活调整弧线角度形成光滑曲线进行绘制；另外，钢结构构架关系的表现，不仅要表达其构成规律，还要区分其内外层次。以上是本组线稿手绘的要点。

1.画面剖析

从建筑设计解构式手绘训练来说，画面剖析主要包括构图分析、透视及光影训练、配景训练、局部训练等四个环节。

●1.1 构图分析

（1）场景要素分析

右图为一点透视的曲线建筑，图中白色水平虚线为视平线，0为消失点。该图设置左上方为光照方向。在绘制时，根据构图需要，可以忽略图中圈出的区域。

（2）草图绘制

在绘制正式图前，我们需要构思画面的整体关系，以便为下一步绘图奠定基础。以下为用中性笔绘制的草图，我们通过草图推敲并展现画面的整体关系。

●1.2 透视及光影训练

在草图训练的基础上，为了更清晰地掌握建筑主体结构画法，突出画面视觉中心，我们将剔除建筑周边的配景，重点针对建筑主体结构的透视和光影关系进行训练。

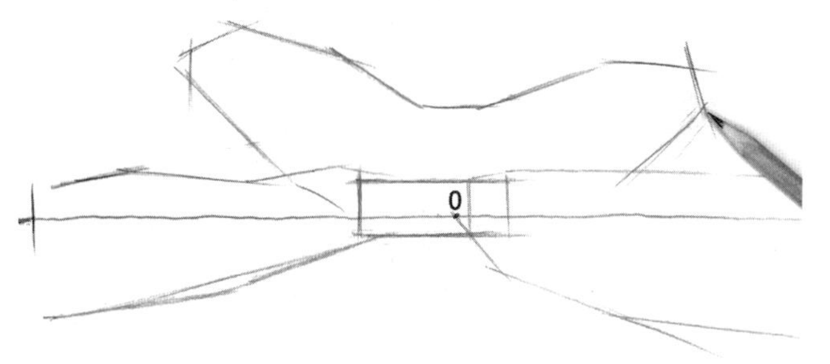

1. 用铅笔，在A4纸垂直方向略低于1/2的位置画视平线，该图为一点透视，消失点0定位在视平线上画面中部偏右的位置，以直线概括建筑主体和周边挡土墙的轮廓。注意，弧线转角处轮廓，先用直线相交予以定位。

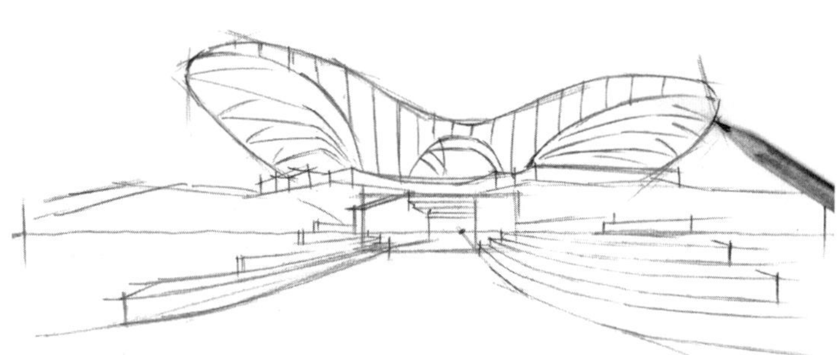

2. 用铅笔，在步骤1的基础上，以弧线完成建筑主体和周边挡土墙的结构绘制，再画出建筑主体钢结构的基本架构线。

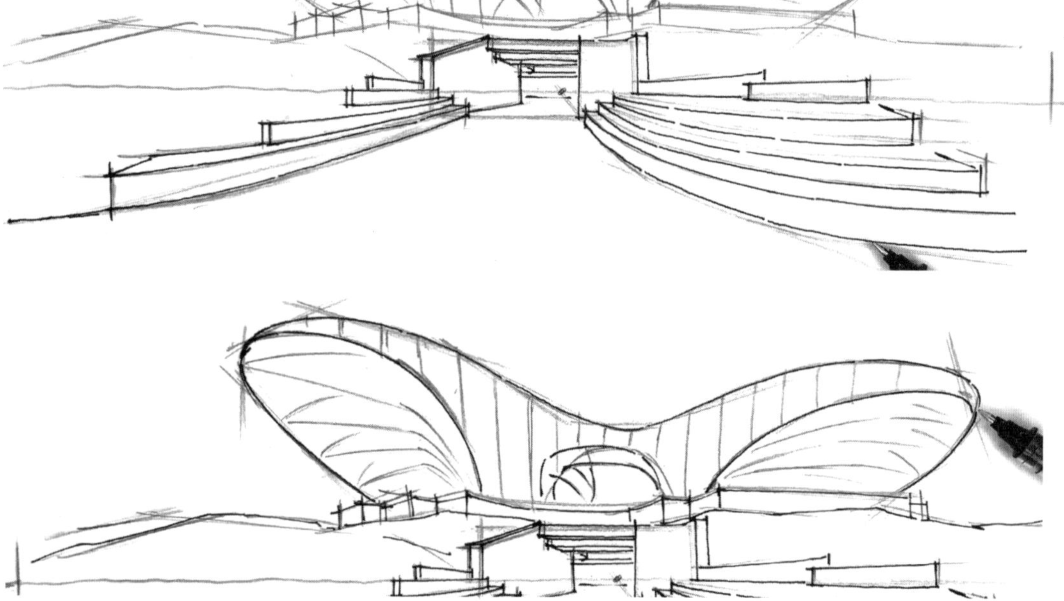

3. 用中性笔，按照由近及远的顺序，绘制阶梯式挡土墙结构，以及曲线建筑下方的主入口结构。

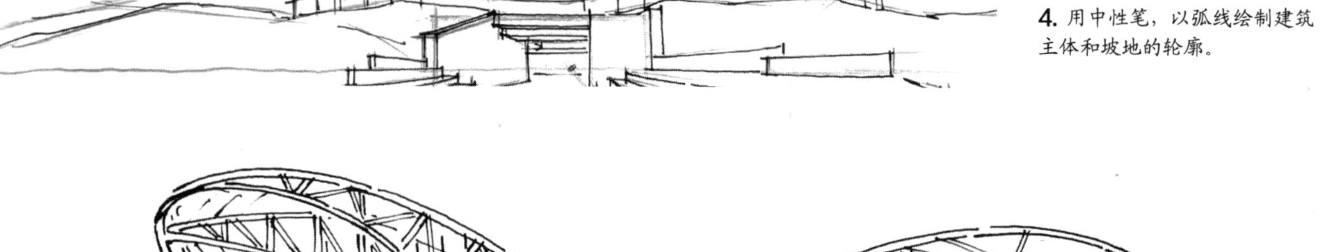

4. 用中性笔，以弧线绘制建筑主体和坡地的轮廓。

5. 用中性笔，绘制建筑主体的钢架结构。注意，需以断线法，区分钢架结构的内外层次。

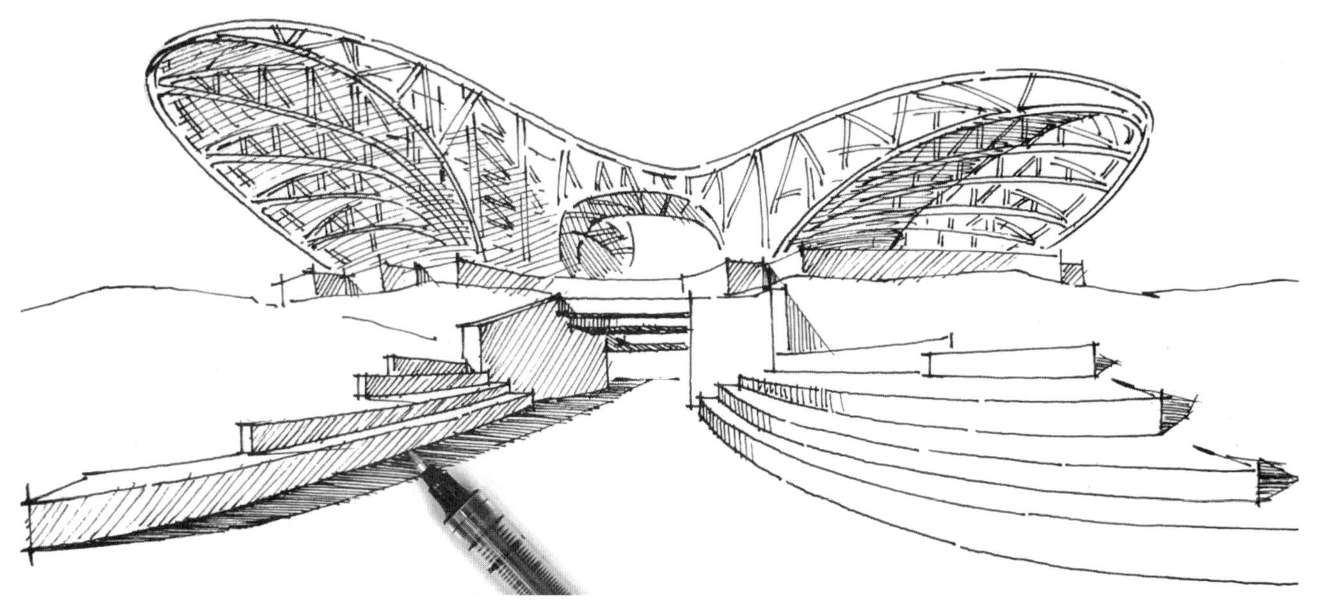

6. 设置左上方为光照方向，用中性笔，以排线绘制画面中各建筑物的暗部与投影。

7. 用签字笔，根据受光规律，以粗实线加重建筑主体内外层面交界处的钢结构暗部，增强钢架立体感。

8. 调整画面关系，完成本图。

●1.3 配景训练

（1）配景训练一

本环节结合环境提取原图左侧的一组树木组合景观进行专题训练，进而融入后期的综合场景表达。其绘制步骤如下：

1. 用铅笔，以快线勾勒出坡地地形和树干、树枝的轮廓。注意，本图采用先画树枝再画树冠的画法，因此勾勒树枝的时候，要适当为树冠的位置断开线条。为了训练手绘者的观察力和徒手表现能力，画面中不设定视平线和消失点的位置。

2. 用中性笔，在步骤1的基础上绘制坡地、树干、树枝。

3. 设置左上方为光照方向，使用中性笔，先以圈线勾勒前面树冠轮廓，再以圈线堆积画出树冠各部分的暗部，增强立体感。注意，在树冠明暗交界线的地方，圈线堆积要更密集。

4. 用中性笔，按照步骤3的方法，绘制完成后方的树冠。注意，区分植物的空间关系。

5. 用签字笔，根据受光规律，以粗实线加重树干、树枝的暗部，增强其立体感。

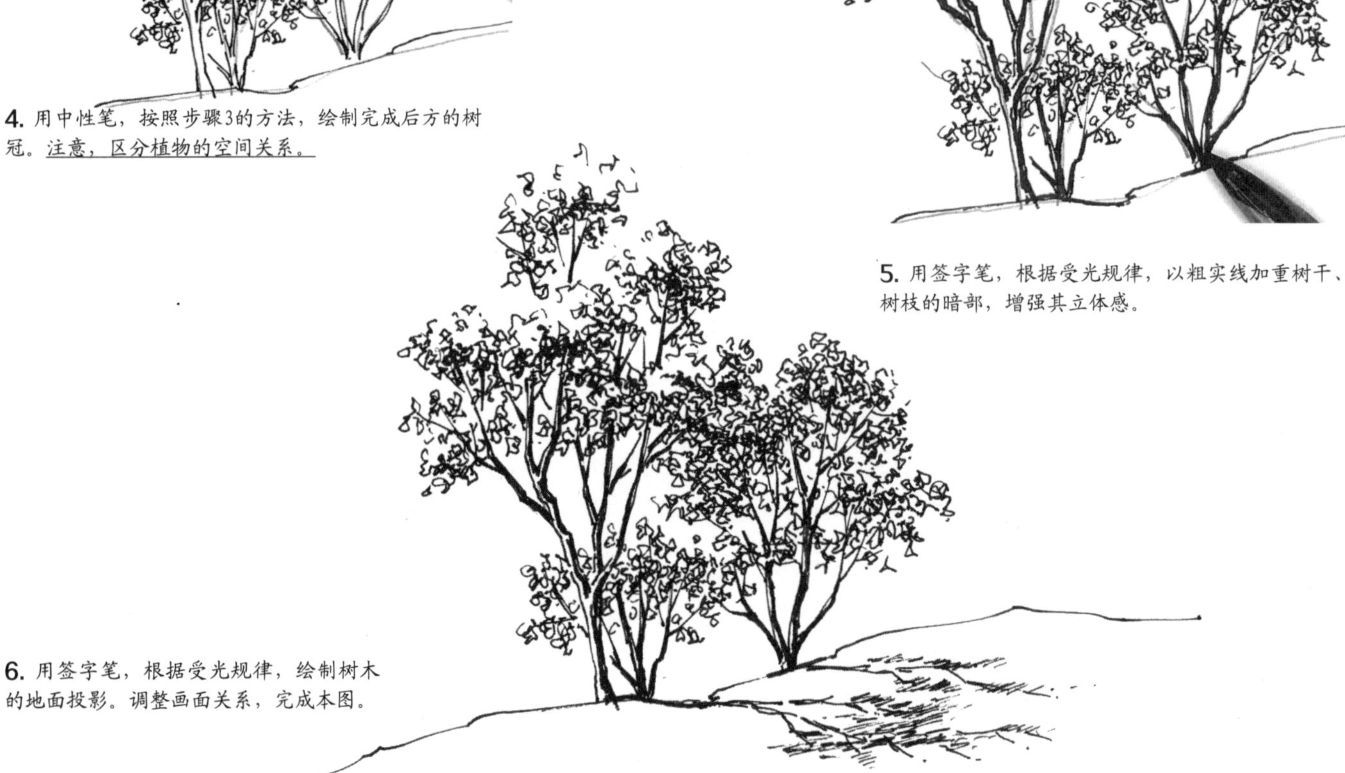

6. 用签字笔，根据受光规律，绘制树木的地面投影。调整画面关系，完成本图。

（2）配景训练二

本环节结合环境提取原图左侧地形中的一组地被景观进行专题训练，进而融入后期的综合场景表达。其绘制步骤如下：

1. 用铅笔，以快线勾勒出坡地地形、地被、置石的轮廓。

2. 设置左上方为光照方向，用中性笔，按照由近至远的顺序，画出地被、置石的结构，再以排线绘制置石的明暗关系。注意，地被贴近地面的部分要沿轮廓线进行圈线堆积，以体现植物的厚度感。

3. 用中性笔，根据受光规律，以圈线堆积法深入绘制地被植物的层次关系。注意，地被植物与置石衔接的部分要重点刻画。

4. 调整画面关系，完成本图。

●1.4 局部训练

为了更好地提高单项训练能力，深入细节刻画，接下来我们将提取建筑场景中的局部图像进行深入表达。

（1）局部训练一

右图为场景右侧阶梯式挡土墙景观的局部，图中白色水平虚线为该场景的视平线，消失点0定位在视平线上画面左侧位置，该图设置左上方为光照方向。

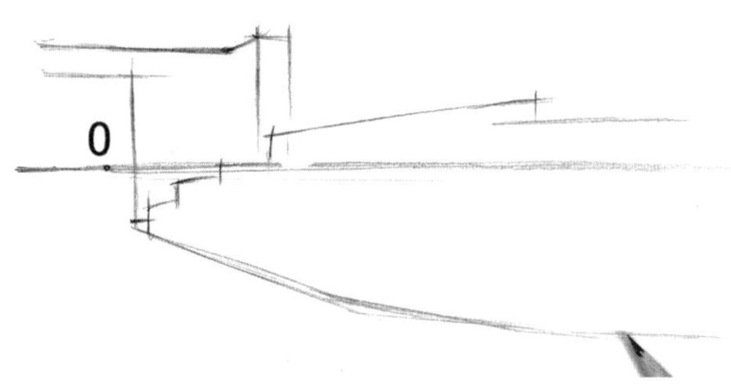

1. 用铅笔，在A4纸垂直方向略高于1/2的位置画视平线，该图为一点透视，消失点0定位在画面左侧，再以直线概括阶梯式挡土墙和建筑入口的轮廓。

2. 用铅笔，在步骤1的基础上绘制弧线，画出阶梯式挡土墙的结构，再继续绘制建筑入口、导视牌的主要结构，以及坡地、植物的轮廓。注意，两个导视牌是斜向放置的，本图一点透视规律无法对其进行约束，绘图中应结合视平线及自身对空间的理解绘制造型。

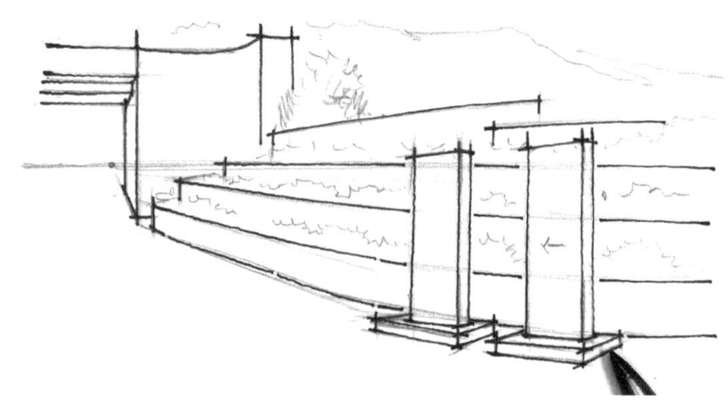

3. 用签字笔，完成阶梯式挡土墙、建筑入口、导视牌主要结构的绘制。

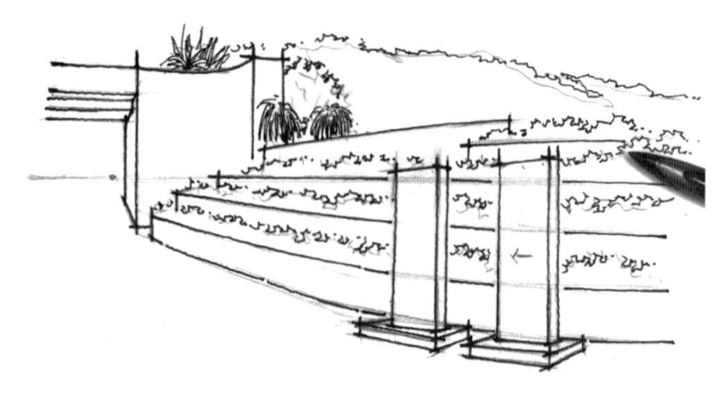

4. 用签字笔，完成地形、植物的轮廓绘制。注意，建筑入口周边的灌木可进一步绘制其结构。

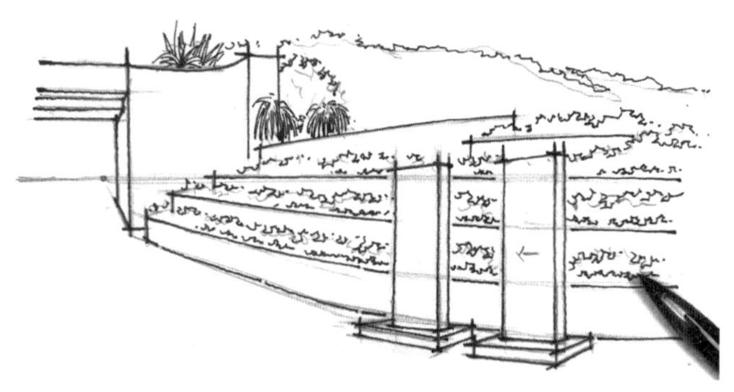

5. 用签字笔，以自由线绘制挡土墙上植物的轮廓。注意，植物之间要留有一定的距离。

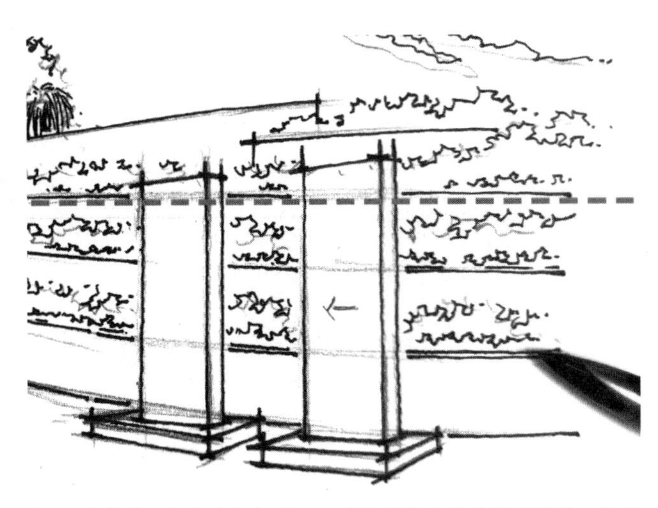

6. 用签字笔，根据透视规律，以平行于挡土墙边线的弧线，绘制出挡土墙上边缘的厚度，以示花池边带。注意，本图中阶梯式挡土墙与花池是同一概念。花池边带的厚度绘制，一定要参考视平线的位置（图中灰色虚线），位于视平线以下的花池，越接近视平线高度，边带越薄；高于视平线的花池，则无法看到其边带厚度。

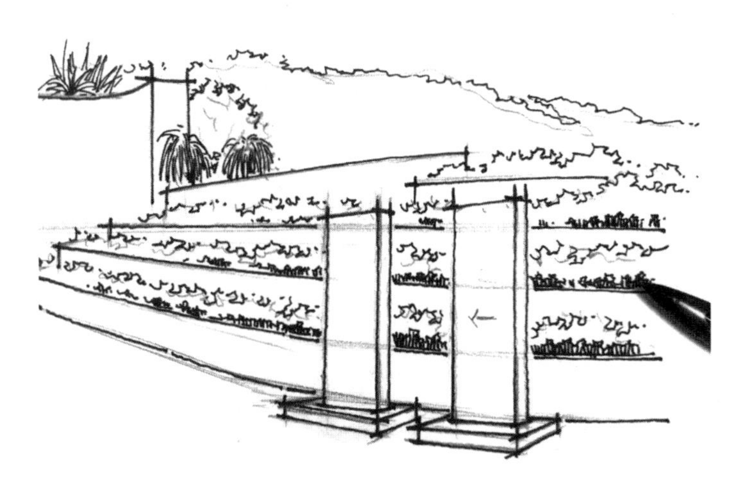

7. 用签字笔，以短线绘制密集的植物根茎。注意，根据近实远虚的规律，植物根茎线的排列，往远处逐渐概括。

8. 用中性笔，以圈线和排线深入绘制建筑入口右侧的灌木。

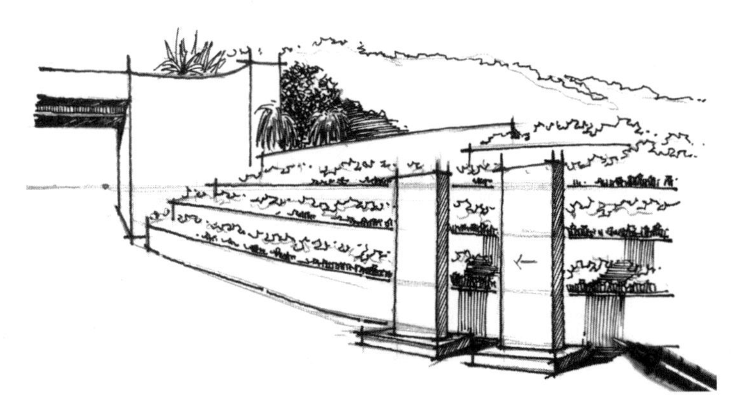

9. 设置左上方为光照方向，用中性笔，以排线绘制导视牌和建筑入口的暗部和投影。

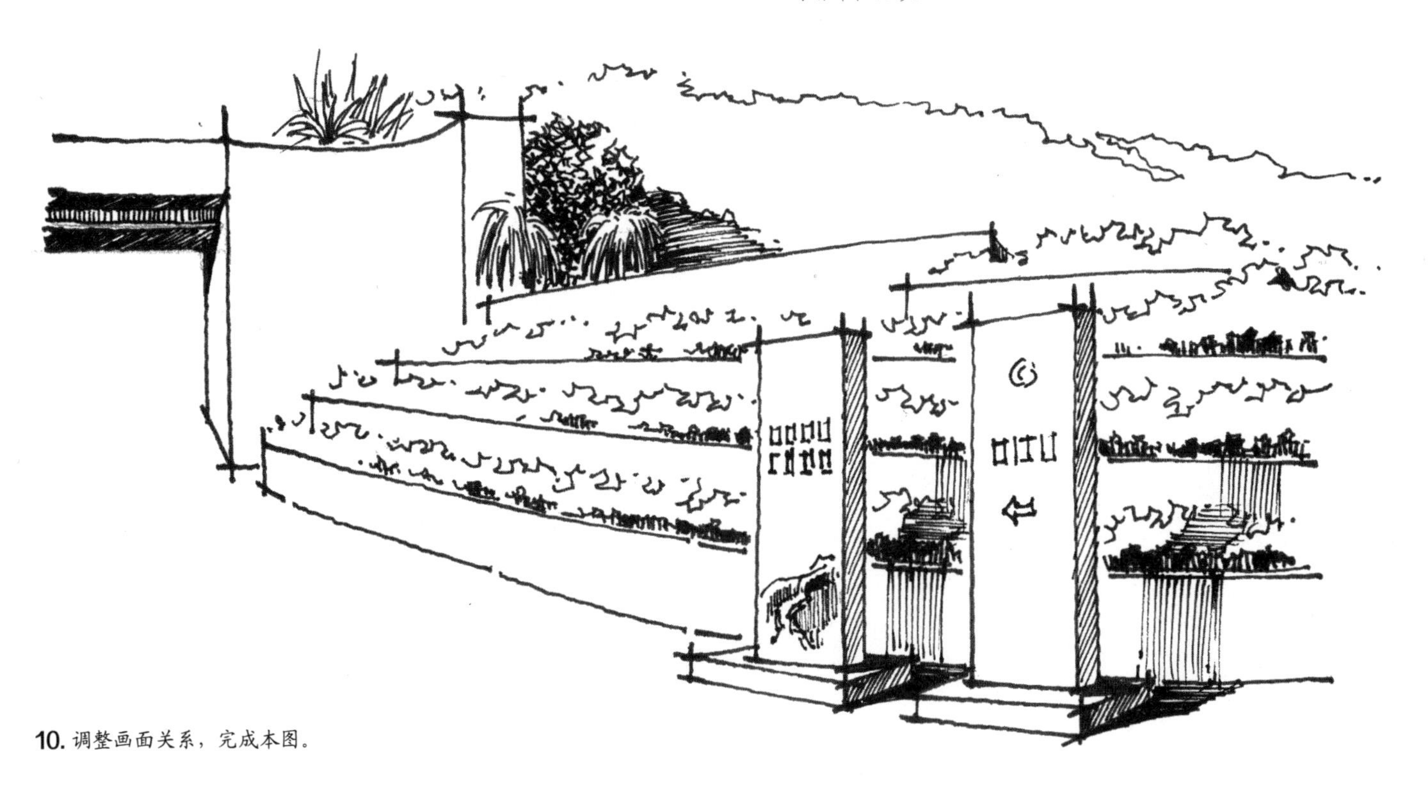

10. 调整画面关系，完成本图。

（2）局部训练二

右图为场景中部建筑入口的局部截取，图中白色水平虚线为该场景的视平线，消失点0定位在视平线上画面中部偏右的位置，该图设置左上方为光照方向。

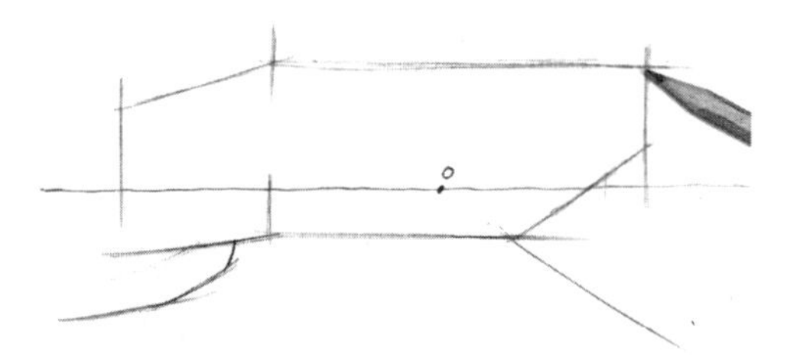

1. 用铅笔，在A4纸垂直方向略低于1/2的位置画视平线，该图为一点透视，如图，在视平线上标记消失点0，再以直线概括建筑入口及其周边构筑物的轮廓。

2. 用铅笔，根据一点透视规律，在步骤1的基础上绘制建筑入口、阶梯式挡土墙、人物的主要结构，以及坡地、植物的轮廓。

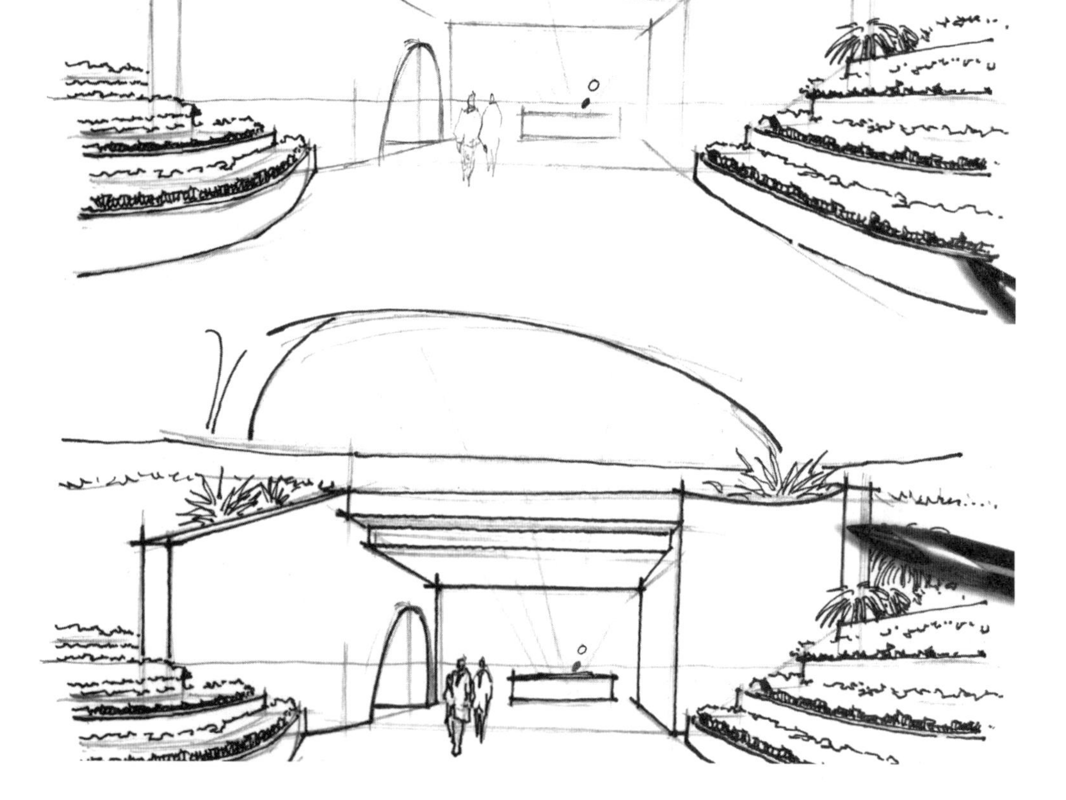

3. 用签字笔，按照由近及远的顺序，绘制阶梯式挡土墙及其上植物的结构。

4. 用签字笔，绘制人物、建筑入口及其周边植物的结构。

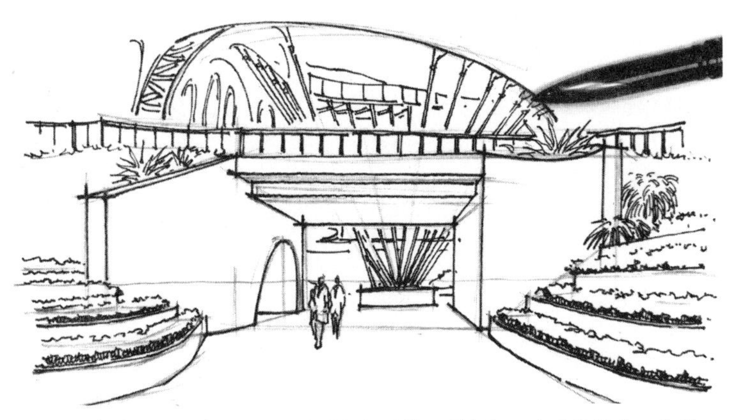

5. 用签字笔，绘制建筑入口上方的护栏结构，再根据一点透视规律，绘制建筑入口后面剧场内部的细节结构。

6. 设置左上方为光照方向，用中性笔，以排线绘制阶梯式挡土墙、建筑入口和剧场内部的暗部与投影。

7. 用黑色马克笔，根据受光规律，加重场景中结构的转折处、钢结构构架的间隙、拉索结构的暗部，以及地面投影靠前的位置，增强画面的对比关系。

8. 调整画面关系，完成本图。

2.全景绘制步骤

之前进行的草图、透视、光影、配景、局部等单项训练，使我们充分体验了手绘基础能力在场景表现中的应用，进而对该建筑场景从宏观到细节方面有了比较全面和深入的认识。在此基础上，我们将整合这些内容，进行综合性、系统性的建筑场景手绘，以求厚积薄发、游刃有余、一气呵成。

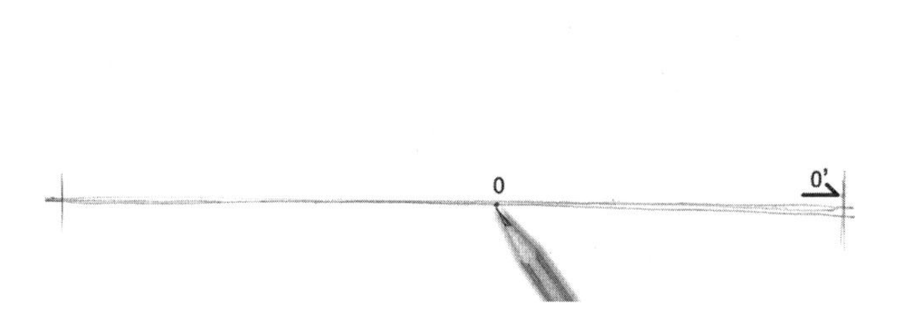

1. 用铅笔，在A4纸垂直方向略低于1/2的位置画下视平线，消失点0′定位在左侧画面外，消失点0定位在画面视平线中部偏右的位置上。

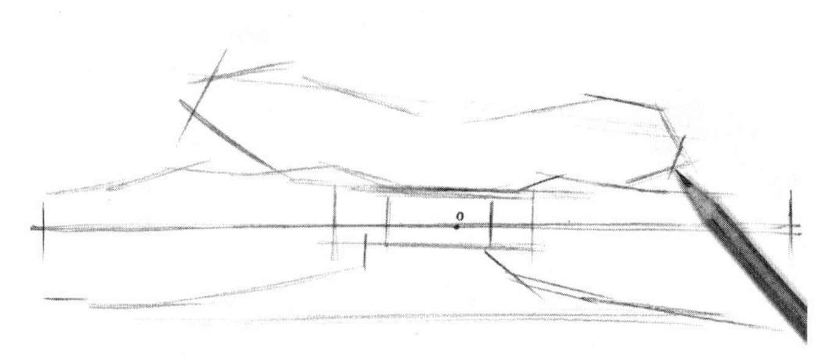

2. 用铅笔，根据两点透视规律，以直线概括出场景中各种建（构）筑物和地形的轮廓。注意，建筑主体宽度和高度的比例关系。

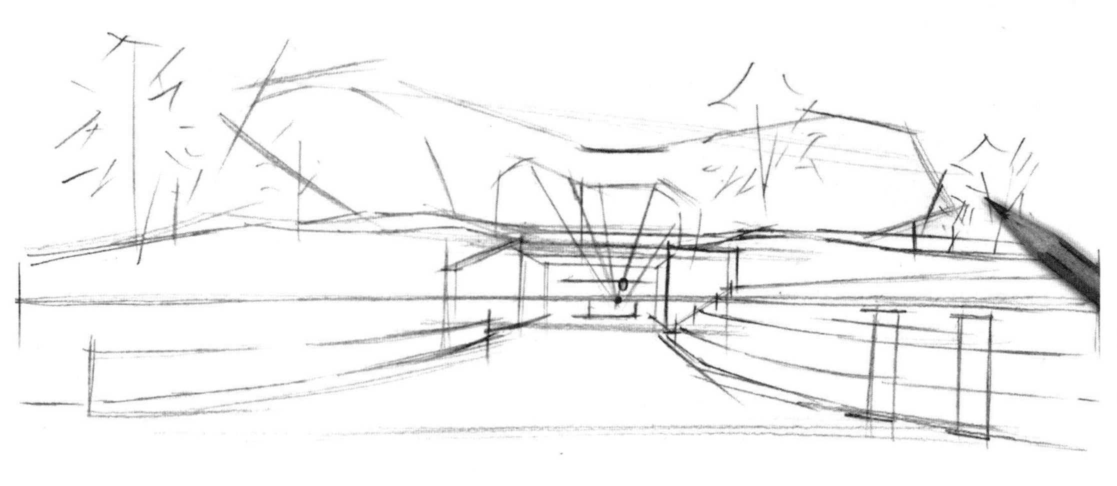

3. 继续用铅笔，绘制场景中各建（构）筑物、植物、设施等基本结构。

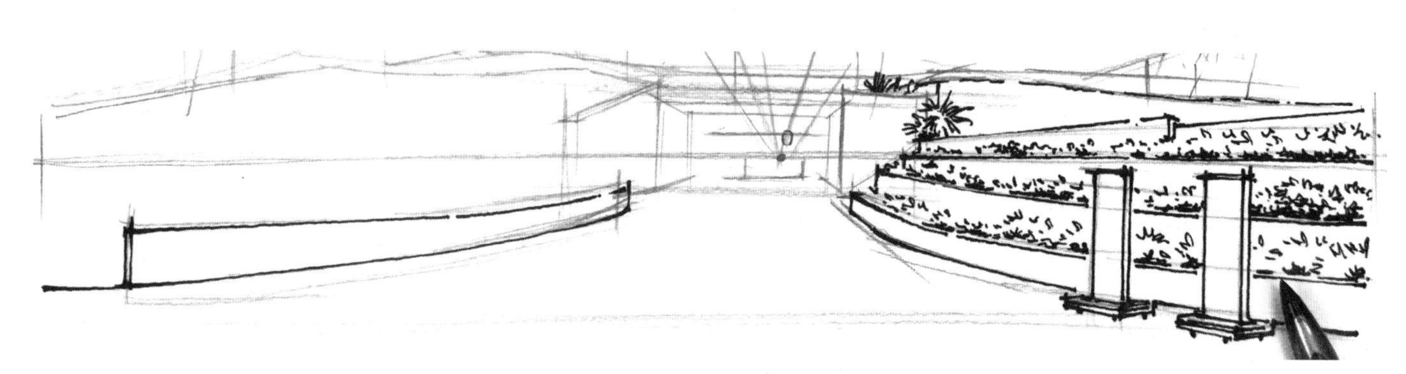

4. 用签字笔，根据由近及远的顺序，绘制画面左下角挡土墙结构，以及右下角的全部景观及设施。

5. 用签字笔，绘制画面左下角阶梯式挡土墙结构，以及绿化。

6. 用签字笔，按照一点透视规律，绘制画面中部建筑入口的结构。

7. 用签字笔，绘制出建筑主体前两棵乔木的结构。

8. 用签字笔，以曲线绘制出建筑主体的曲面轮廓。注意，区分曲面的内外层次关系。

9. 用签字笔，根据一点透视规律，绘制建筑入口后面剧场内部的细节结构，以及入口周边的人物。

10. 用中性笔，绘制出建筑主体的钢架结构。注意，先理清钢结构的架构规律，再深入刻画细节。

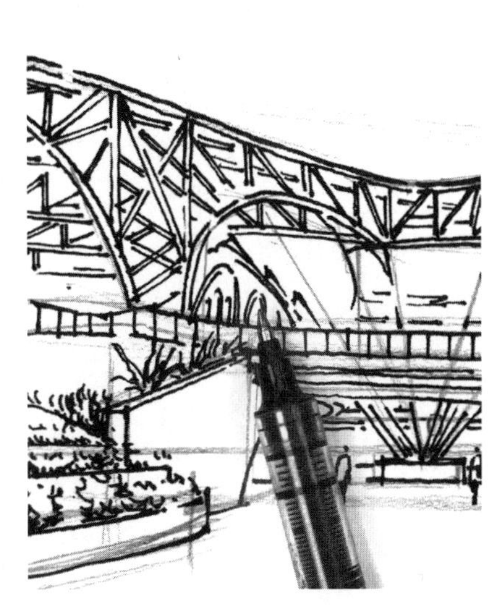

11. 用中性笔，绘制建筑内部细节结构。

12. 用中性笔，完成场景内所有背景植物的绘制。

13. 设置左上方为光照方向，用中性笔，按照由近及远的顺序，以排线绘制阶梯式挡土墙、建筑入口、导视牌的投影。

14. 用中性笔，根据受光规律，以斜向排线绘制画面左侧阶梯式挡土墙及建筑入口的暗部。

15. 用中性笔，根据受光规律，以排线绘制建筑主体曲面结构以及剧场内部结构的暗部与投影。注意，应通过光影的塑造，更好区分建筑曲面结构的内外层次关系。

16. 用中性笔，根据受光规律，以斜向排线绘制出建筑左侧乔木的树冠暗部，增加其立体感，区分植物景观的前后层次。

17. 用中性笔，根据受光规律，以排线绘制建筑入口顶部结构暗部和投影，加强建筑入口的视觉中心效果。

18. 用签字笔，根据受光规律，以粗实线加重建筑主体钢结构的各钢架暗部，增强钢架立体感。

19. 用签字笔，根据受光规律，以粗实线加重建筑主体周边树干、树枝的暗部，增强立体感。

20. 用草图笔（黑色马克笔细尖亦可），根据受光规律，提炼场景中所有形体的结构转折处、暗部、投影等区域颜色最深的位置，并加重，全面调整画面的对比关系。

21. 用中性笔，以慢线绘制地面的铺装线。注意，根据一点透视规律，铺装线间距要近宽远窄。

22. 调整画面关系，完成本图。

3.训练参考图

为了巩固本环节讲授的内容，特绘制以下两幅曲线型建筑手绘线稿，供读者临摹参考。

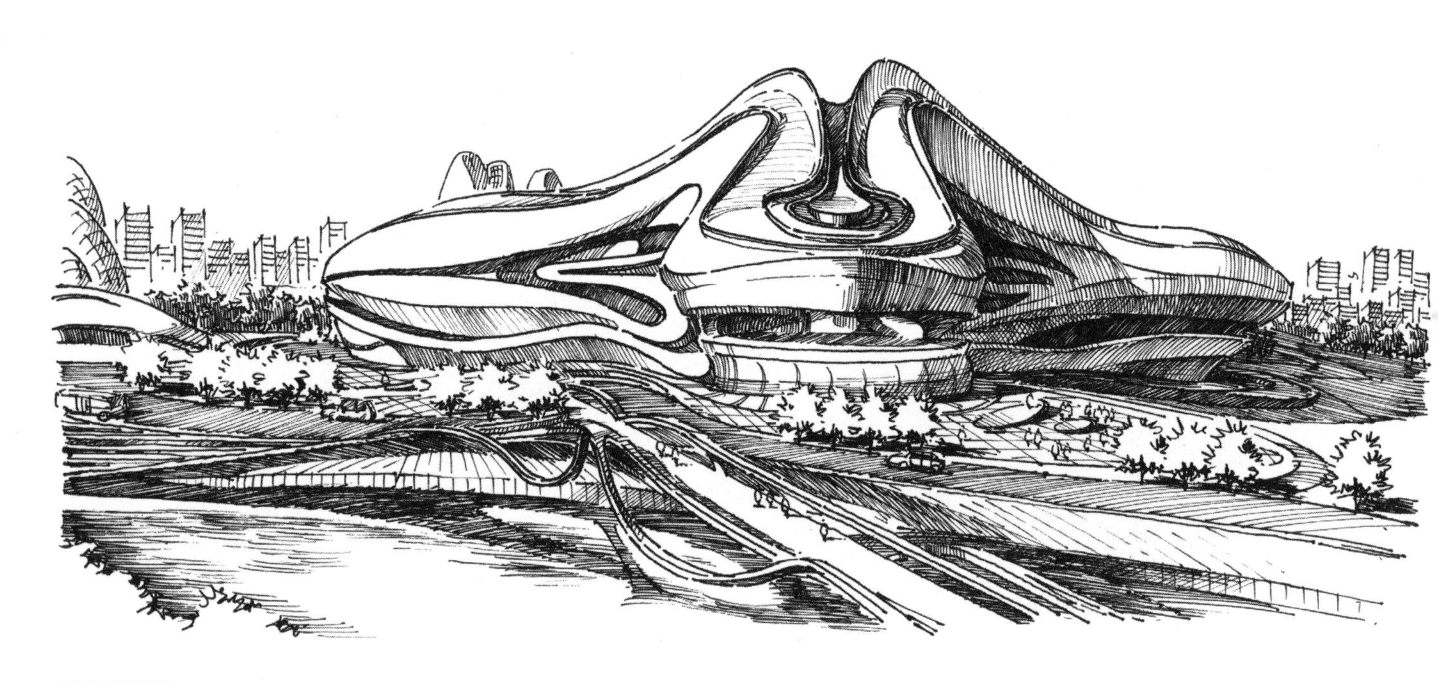

某现代建筑

哈尔滨大剧院

第五节 街巷建筑线稿

本图为云南丽江束河古镇街巷，该场景涉及中式古建筑、植物、人物、小桥、水渠、生活用品等多种表现题材，中式古建筑结构的刻画，古街生活氛围的表达，是本组线稿手绘的要点。

1.画面剖析

从建筑设计解构式手绘训练来说，画面剖析主要包括构图分析、透视及光影训练、配景训练、局部训练等四个环节。

●1.1 构图分析

（1）场景要素分析

下图为两点透视中式古建筑街巷，图中白色水平虚线为该场景的视平线，消失点0定位在视平线上画面左侧位置，消失点0'定位在右侧画面外。本图光影效果强烈，根据原图设置左上方为光照方向；在绘制时，根据构图需要，可以忽略图中圈出的区域。

（2）草图绘制

在绘制正式图前，我们需要构思画面的整体关系，以便为下一步绘图奠定基础。以下为用中性笔绘制的草图，我们通过草图推敲并展现画面的整体关系。

●1.2 透视及光影训练

在草图训练的基础上，为了更清晰地掌握建筑主体结构画法，突出画面视觉中心，我们将剔除建筑周边的配景，重点针对建筑主体结构的透视和光影关系进行训练。

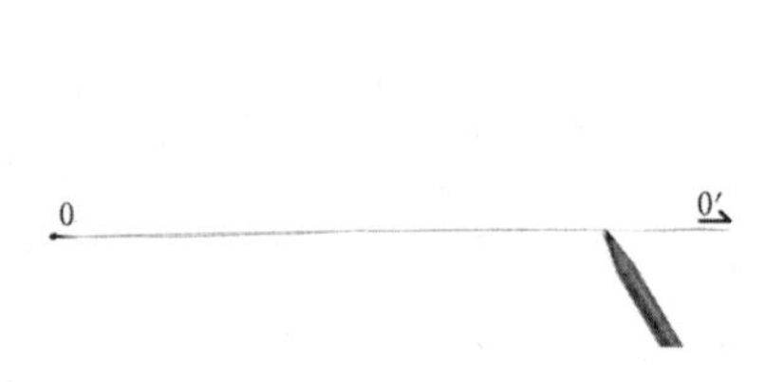

1. 用铅笔，在A4纸垂直方向略低于1/2的位置画视平线，该图为两点透视，消失点0定位在视平线上画面左侧的位置，另一消失点0′定位在右侧画面外。

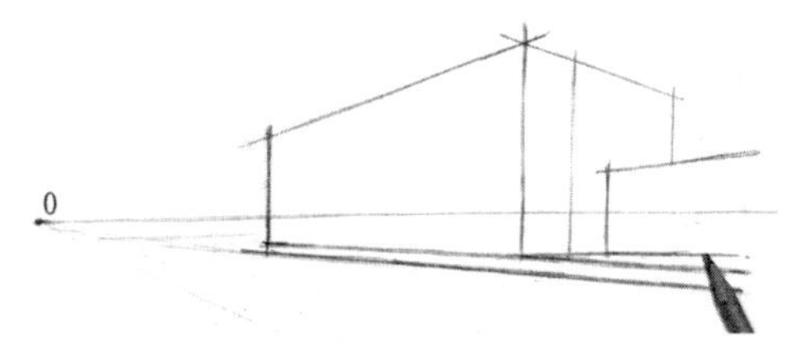

2. 用铅笔，根据两点透视规律，以长方体组合画出建筑的轮廓。注意，本环节暂时以长方体画出中式古建筑的墙体部分，其坡屋顶在后续步骤中画出，因此不要把长方体的顶边画在画面中过高的位置。

3. 由于水渠和画面左侧的建筑不与画面右侧建筑呈平行关系，因此其消失点并不是0，为了保持其良好的透视感，我们在视平线上单独为这两组内容拟定一个消失点0″。用铅笔，根据0″和0′形成的两点透视规律，以长方体画出画面左侧的建筑轮廓，再以直线画出水渠与小桥的地面正投影轮廓。

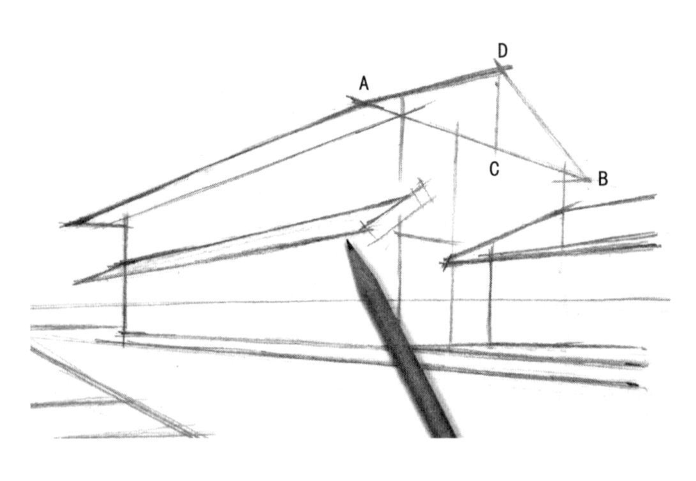

4. 用铅笔，根据两点透视规律（消失点为0和0′），画出中式古建筑的屋檐、挑檐结构。注意，二层中式古建筑坡屋顶侧立面的绘制步骤：用铅笔，按两点透视规律先确定长方体顶部两侧延伸出来的屋檐长度，并以点A、B定位；过长方体顶部的中点C画垂线，在垂线上截取坡屋顶三角形顶点的高度并定位点D；用快线连接DA和DB，完成坡屋顶三角形侧立面。

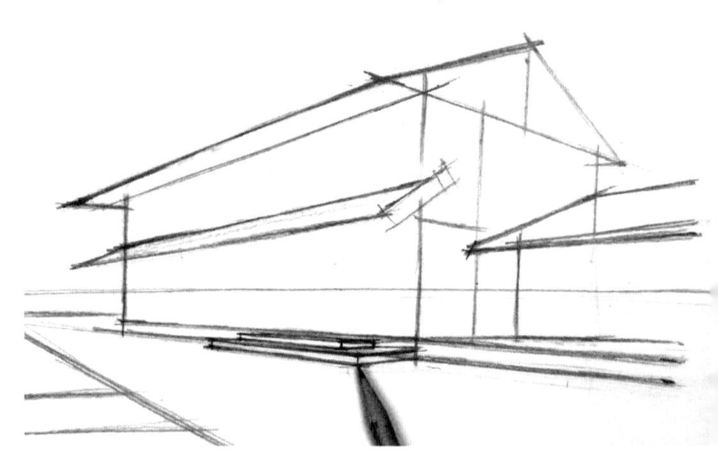

5. 用铅笔，根据两点透视规律（消失点为0和0′），画出主体建筑下方的台阶。

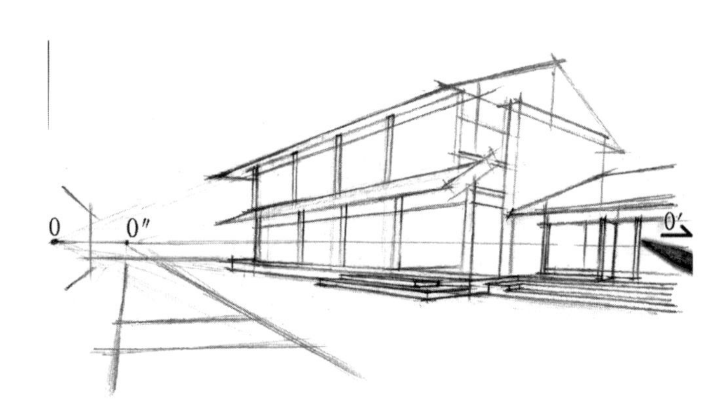

6. 用铅笔，根据两点透视规律（消失点为0和0′），等分画出建筑檐柱、角柱的主要结构，再以直线画出建筑立面各主要结构的定位线，包括匾额悬挂的位置，山墙的位置，画面右下角台阶，等等。

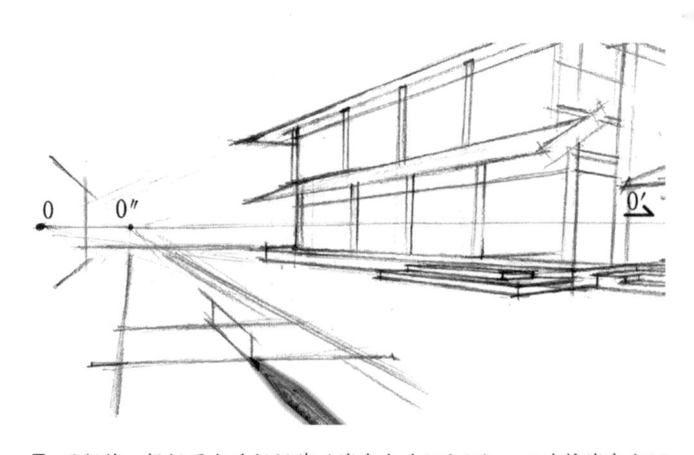

7. 用铅笔，根据两点透视规律（消失点为0″和0′），以连接消失点0″的直线绘制小桥在地面正投影上的中线，然后过中线绘制透视长方形，该长方形顶边为小桥进深方向弧起最高点的连线。

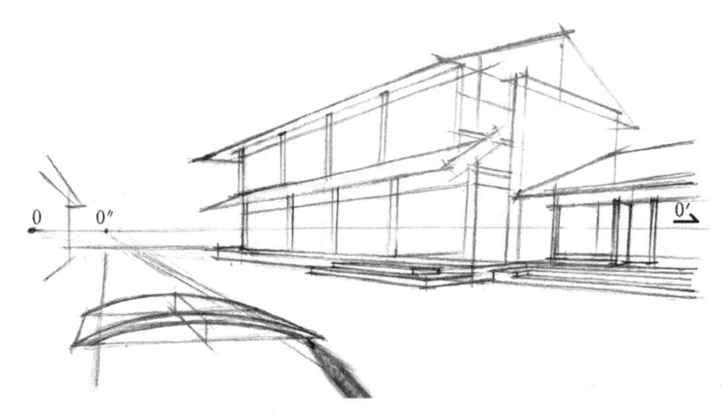

8. 用铅笔，根据两点透视规律（消失点为0″和0′），在步骤7的基础上绘制小桥结构。

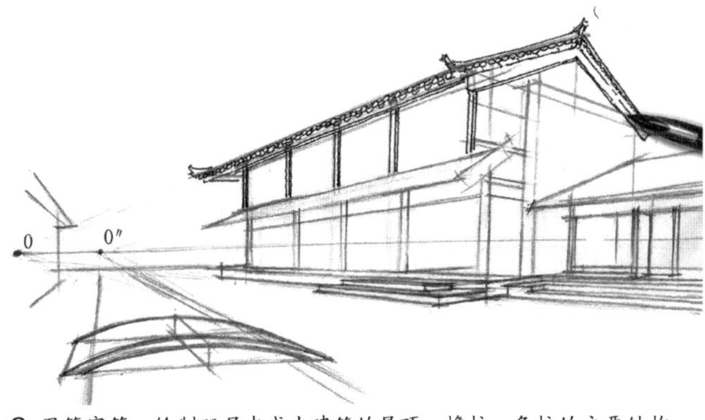

9. 用签字笔，绘制双层中式古建筑的屋顶、檐柱、角柱的主要结构。

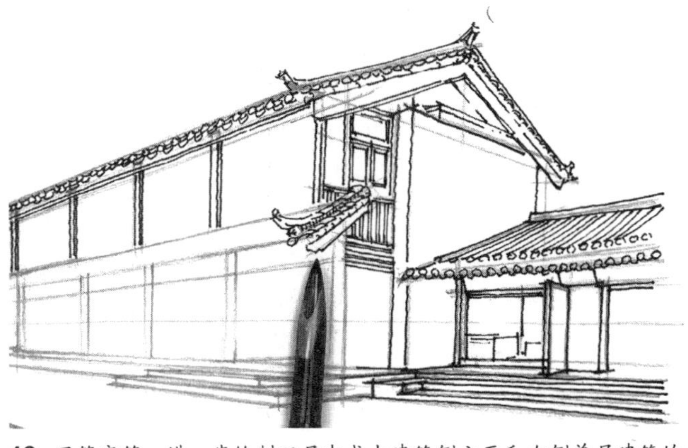

10. 用签字笔，进一步绘制双层中式古建筑侧立面和右侧单层建筑的各部分结构。

11. 用签字笔，绘制双层中式古建筑正立面的主要结构和台阶结构。

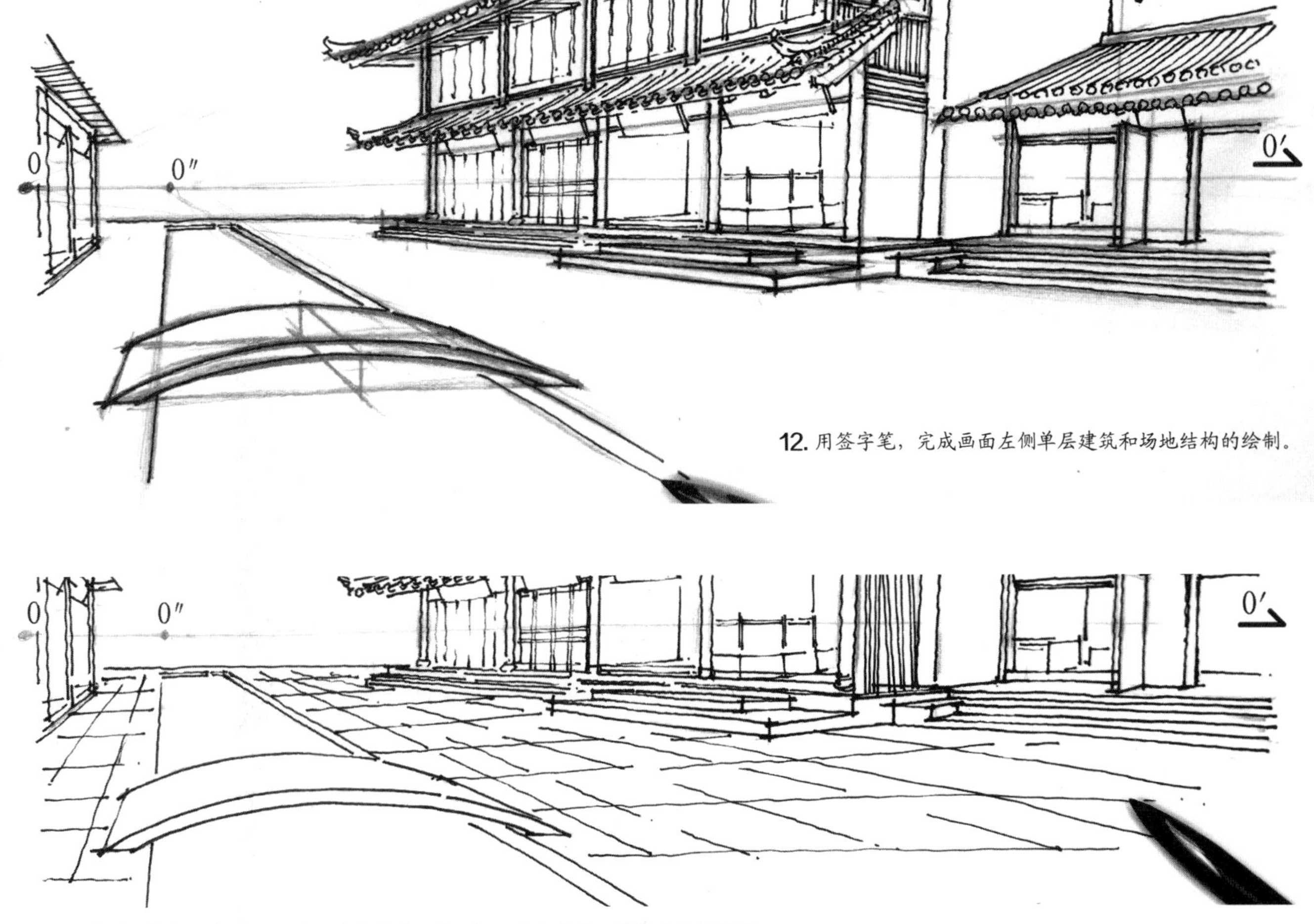

12. 用签字笔，完成画面左侧单层建筑和场地结构的绘制。

13. 用签字笔，根据两点透视规律（消失点为0″和0′），画出地面石材铺地的结构线。

14. 设置左上方为光照方向，用中性笔，以排线绘制右侧建筑正立面各结构的投影。

15. 用中性笔，根据两点透视关系，绘制双层中式古建筑侧立面的外墙砖缝结构；根据受光规律，再以斜向排线绘制双层中式古建筑侧立面的暗部。

16. 用中性笔，以斜向排线绘制双层中式古建筑一层店铺室内空间的暗部及投影，牌匾投影，檐柱和角柱的暗部及投影。

17. 用中性笔，根据受光规律，以斜向排线绘制画面右下角双层中式古建筑台阶的暗部与投影，以及其上长条门板的投影。

18. 用中性笔，根据受光规律，以斜向排线，先绘制画面左侧单层建筑的暗部和投影，再绘制小桥的暗部。

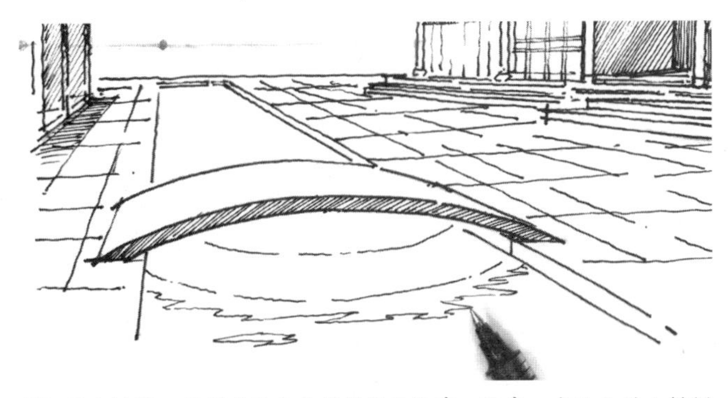

19. 用中性笔，绘制水面上小桥倒影的轮廓。注意，水面上的小桥倒影，要画出桥底面和立面在水面中的镜像形态，用线尽量考虑水波纹的动态。

20. 用中性笔，以横向短线排线绘制水面波纹，以斜向排线绘制桥身底部的水面倒影。

21. 用黑色马克笔细尖，根据受光规律，加重小桥暗部及水面倒影中颜色最深位置，提高对比度。

22. 用黑色马克笔细尖，根据受光规律，提炼场景中所有形体的结构转折处、暗部、投影等区域颜色最深的位置，并加重，全面调整画面的对比关系。

23. 调整画面关系，完成本图。

●1.3 配景训练

为了更好地表达古街的生活氛围，本案例结合环境，重点针对画面左侧人物、植物、设施等配景进行专题训练。

1. 用铅笔，在A4纸垂直方向约1/2的位置画视平线，该图为一点透视，消失点0定位在视平线上画面左侧的位置。注意，虽然原图是两点透视，但本图为整个场景的局部截取，对于本图来说，原图画面外的消失点位置很远，为了清晰表达，本环节将透视关系改为一点透视。

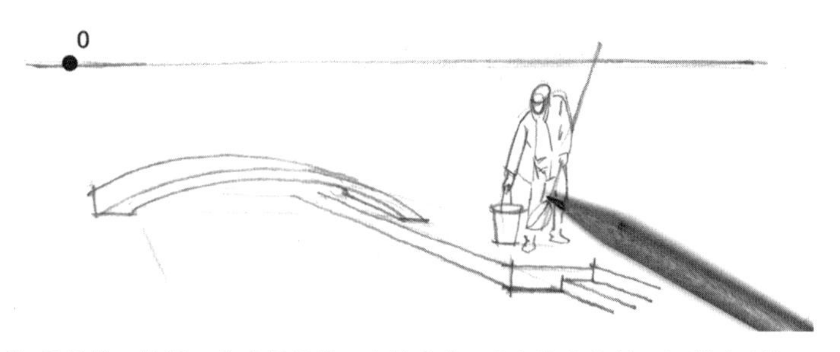

2. 用铅笔，根据一点透视规律，在视平线下方勾勒出小桥、河岸的结构，再画出河岸上人物的结构。注意，绘制人物时，要抓住人物的动态绘制结构。

3. 用铅笔，绘制桥上的人物结构，以及高大乔木的结构；再根据一点透视规律，绘制树池、树后设施、远处地平线。注意，绘制造型时，要参照各造型与视平线的距离，把握其高度和位置关系。

4. 用中性笔，绘制人物与河岸的结构。

5. 用中性笔，绘制小桥、河岸、远处地平线，以及桥上人物的结构。注意，简笔人物绘制，要控制好头部、四肢与总身高的比例关系。

6. 用中性笔，以M线绘制树冠，再以慢线完成树干、树枝等结构，最后绘制树池、树后设施等。

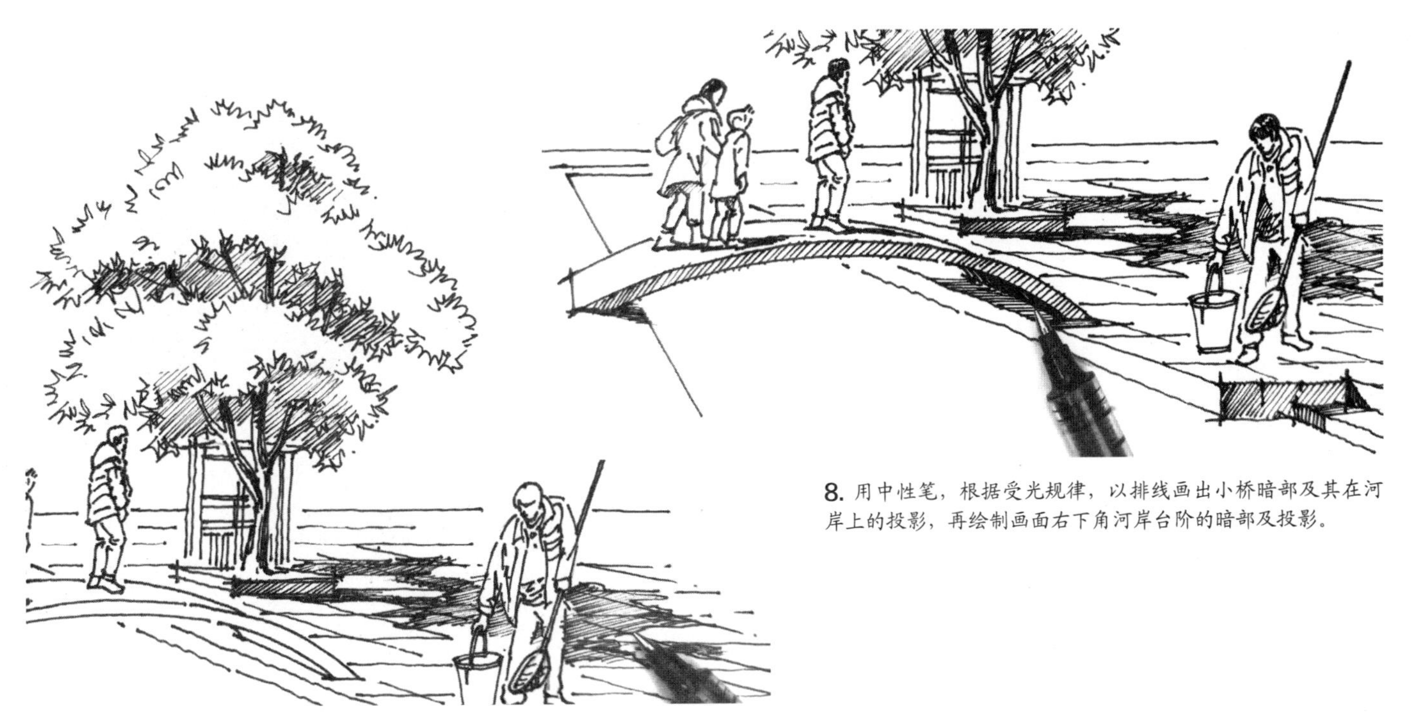

8. 用中性笔，根据受光规律，以排线画出小桥暗部及其在河岸上的投影，再绘制画面右下角河岸台阶的暗部及投影。

7. 设置左上方为光照方向，用中性笔，先以排线绘制树冠枝叶穿插处、树池暗部和树木的地面投影；再加重树干、树枝的暗部，以及枝叶穿插处树枝上的投影。

9. 用中性笔，以排线完成水面纹理及小桥投影的绘制。调整画面关系，完成本图。

●1.4 局部训练

为了更好地提高单项训练能力，深入细节刻画，接下来我们将提取两处建筑场景中的局部图像进行深入表达。

（1）局部训练一

右图为场景中中式古建筑屋顶造型的局部，图中的视平线位于画面下部的外侧，消失点0和0'分别定位在画面外两侧，该图设置左上方为光照方向。

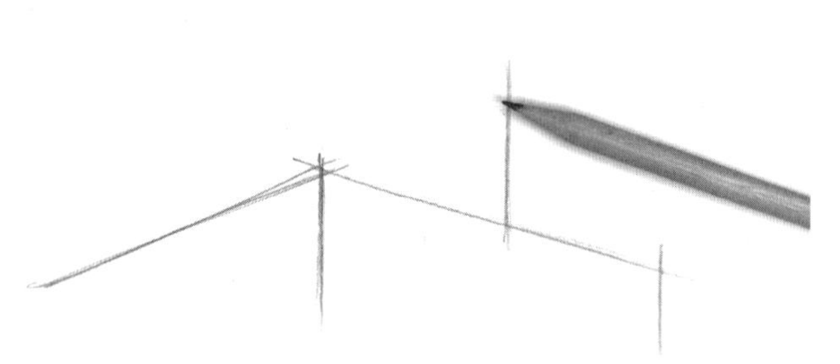

1. 用铅笔，根据两点透视规律，先绘制代表墙体的长方体局部，再过长方体侧面的顶边中点绘制垂直线，以示坡屋顶侧立面的中轴线。注意，由于本图视平线和消失点的位置都位于画面外，因此本环节手绘时，不再具体定位，做到心中有数即可。

2. 用铅笔，根据两点透视规律，在步骤1的基础上用快线勾勒出坡屋顶的结构。

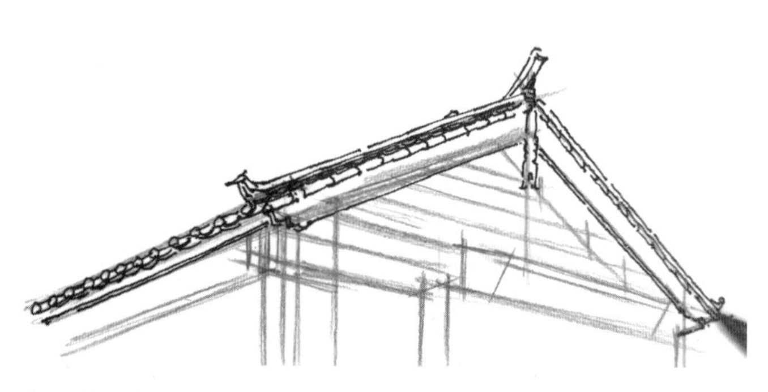

3. 用签字笔，画出屋檐的细部结构。

4. 用签字笔，画出山墙的细部结构。

5. 用签字笔，根据两点透视规律，以慢线画出古建筑各立面的结构。注意，侧立面穿斗式结构的画法。

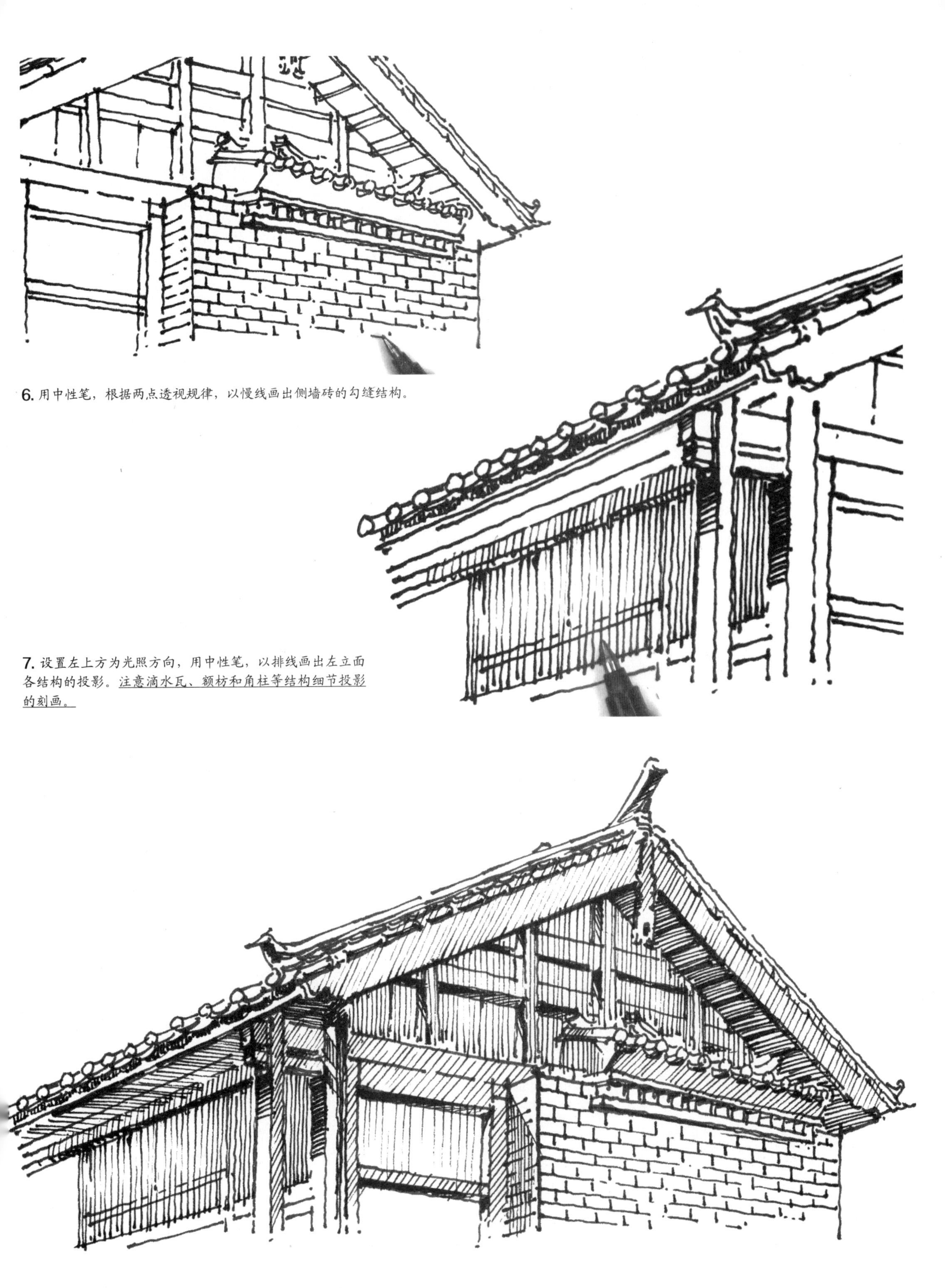

6. 用中性笔，根据两点透视规律，以慢线画出侧墙砖的勾缝结构。

7. 设置左上方为光照方向，用中性笔，以排线画出左立面各结构的投影。注意滴水瓦、额枋和角柱等结构细节投影的刻画。

8. 用中性笔，根据受光规律，完善暗部与投影。调整画面关系，完成本图。

（2）局部训练二

右图为场景中中式古建筑一层转角处的局部截取，图中白色水平虚线为该图的视平线，消失点0和0'分别定位在画面外两侧，该图设置左上方为光照方向。

1. 本图建议用A4手绘纸竖版绘图，用铅笔，在纸张垂直方向约1/2的位置画下视平线，该图为两点透视，消失点0和0′分别定位在画面外两侧。

2. 用铅笔，根据两点透视规律，用快线迅速勾勒出图面各形体的基本结构。

3. 用签字笔，按照由近及远的顺序，画出转角台阶、花坛植物、门板、盆栽等结构。

4. 用签字笔，根据两点透视规律，绘制匾额、门灯，以及店铺内部各种家具商品的结构。

5. 设置左上方为光照方向，用中性笔，以排线绘制转角台阶、花坛植物、门板、盆栽、水桶、店铺室内的投影。

6. 用中性笔，根据受光规律，以排线绘制建筑立面结构及所有物品的暗部与投影。注意，门板的受光部暂时留白，以备精细刻画。

7. 用中性笔，根据受光规律，深入刻画门板受光部的投影。注意，绘制门板受光部时，要为高光合理留白，体现强烈的光影效果。

8. 用中性笔，根据受光规律，以纵向短直线排线刻画角柱的暗部。注意，排线时侧重明暗交界线的强调，暗部与反光的过渡，明暗交界线与亮部的过渡，突出圆柱体的感受；另外，还要控制排线的虚实过渡，体现木材质感。

9. 用黑色马克笔细尖，加重场景中所有形体的结构转折处、暗部、投影等区域的颜色最深位置，增强对比效果。

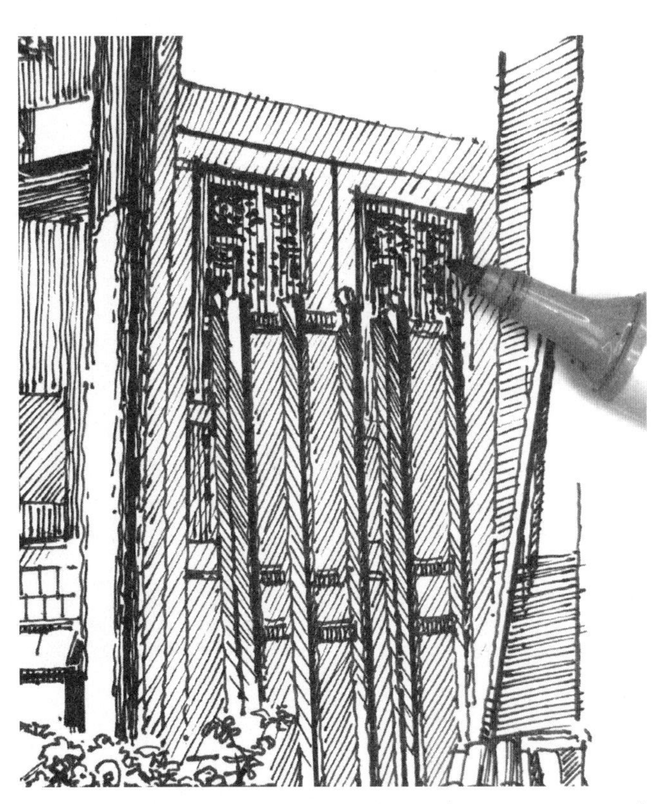

10. 用黑色马克笔细尖，以点笔加重门板后方窗棂格格心，增加古建筑气质。注意，窗棂格格心的重色施加要注意虚实变化，避免呆板。

11. 调整画面关系，完成本图。

2.全景绘制步骤

之前进行的草图、透视、光影、配景、局部等单项训练，使我们充分体验了手绘基础能力在场景表现中的应用，进而对该建筑场景从宏观到细节方面有了比较全面和深入的认识。在此基础上，我们将整合这些内容，进行综合性、系统性的建筑场景手绘，以求厚积薄发、游刃有余、一气呵成。

1. 本图建议用A3手绘纸横版绘图，用铅笔，在纸张垂直方向略低于1/2的位置画下视平线，消失点O定位在视平线上画面的左侧位置，另一消失点O′定位在右侧画面外。

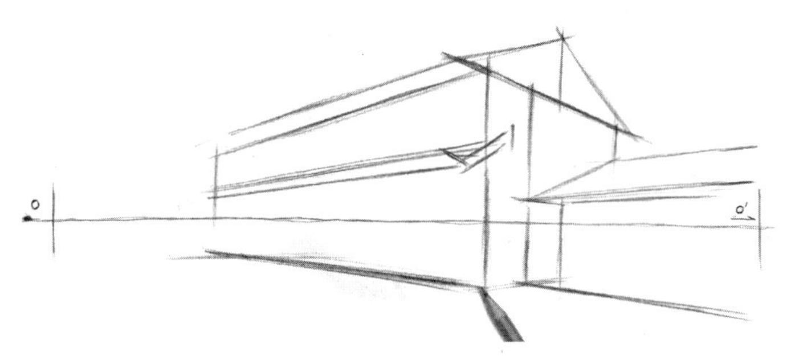

2. 用铅笔，根据两点透视规律，画出画面右侧中式古建筑的轮廓。

3. 用铅笔，根据两点透视规律，画出场景中各配景的基本结构。包括画面左侧建筑、植物、水渠、小桥、人物等。注意，本图水渠为折线形，其前半段进深线连接消失点O，遵循画面整体的两点透视规律；为了更好地控制后半段水渠的透视，我们可在视平线上为其单独设置一个消失点O_2，以便进深线连接，不影响整体的两点透视规律。

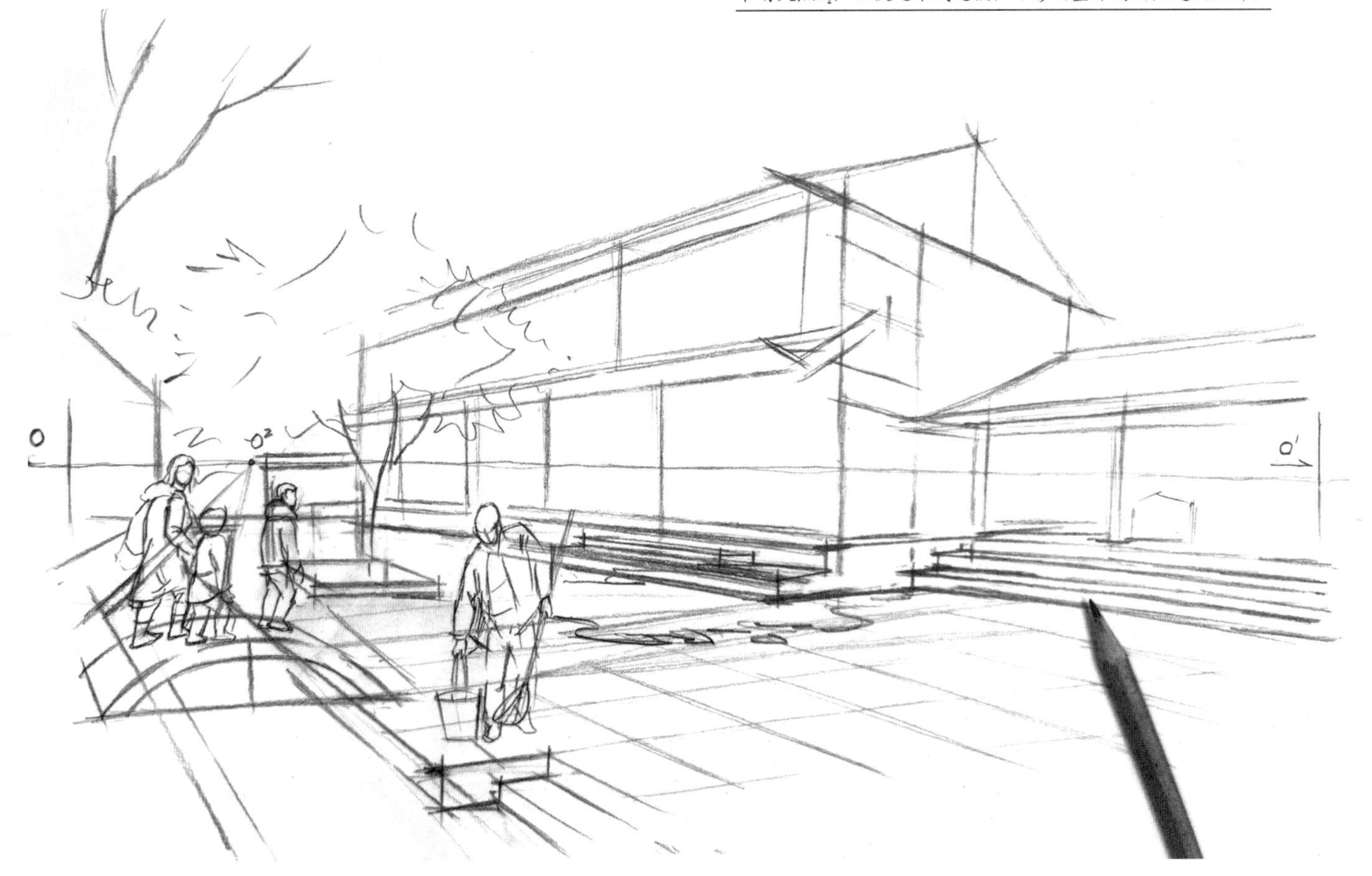

4. 用铅笔，根据两点透视规律，绘制画面右侧建筑台阶的结构，再用直线为建筑立面的主要结构进行位置标记。

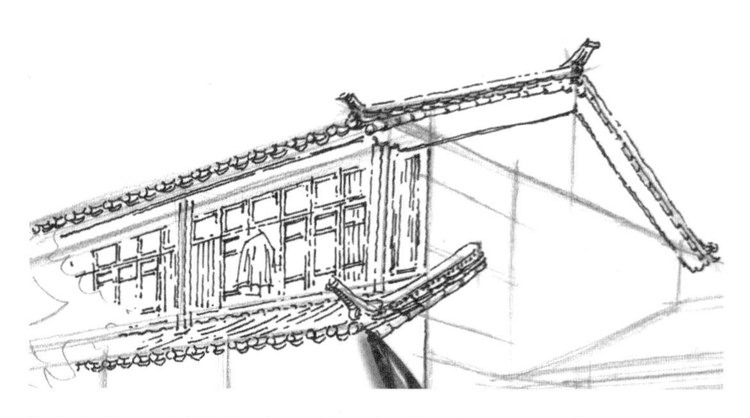

5. 用签字笔，绘制画面右侧双层中式古建筑屋檐及立面的结构。

6. 设置左上方为光照方向，用签字笔，在步骤5的基础上，深入绘制双层中式古建筑屋檐底部结构，以及开窗立面的装饰结构。注意，以黑白对比的关系，衬托窗外晾晒的衣服，突出生活气息。

7. 用签字笔，先绘制画面双层中式古建筑侧立面结构以及外墙砖缝结构，再绘制右侧单层建筑台阶的结构。注意，为了突出生活气息，生活用品需一并画出。

8. 用签字笔，绘制双层中式古建筑下方的转角台阶、花坛植物、盆栽等结构，并完成右侧单层古建筑屋面、立面、室内空间、各种生活用具等事物的结构绘制。

9. 用签字笔，完善中式古建筑侧立面结构，再绘制其一层店铺的立面、室内空间、商品货架、台阶等结构。

10. 用签字笔，根据两点透视规律，绘制人物、小桥、河岸的结构。

11. 用签字笔，绘制画面左侧建筑、背景植物、公共设施的结构。

12. 放眼全局，用签字笔，根据两点透视规律，绘制地面铺装的结构线。注意，为避免构图死板，地面铺装线应有一定的虚实变化；另外，画面右上角双层古建筑和单层古建筑衔接位置的后方较空旷，我们可为其增加背景树，以平衡构图。

13. 用中性笔，根据受光规律，绘制小桥、河岸、提水桶人物的明暗和光影关系。注意，抓住光感刻画事物，亮部留白，暗部排线注意虚实变化，尽量生动地表现效果。

14. 用中性笔，根据受光规律，绘制小桥上人物、后方树池、植物、垃圾箱等内容的明暗和光影关系。注意，结合光感表达所刻画人物服装的质感。

15. 用中性笔，根据受光规律，以排线绘制高大乔木在地面上的投影。

16. 用中性笔，根据受光规律，以排线绘制双层中式古建筑侧立面垂脊、外墙以及各木质结构的暗部与投影。

17. 用中性笔，根据受光规律，以排线绘制双层中式古建筑侧立面砖砌外墙、转角台阶，以及右侧单层古建筑各结构的明暗与光影关系。注意，以纵向排线绘制右侧单层古建筑台阶立面，体现陈旧质感。

18. 用中性笔，根据受光规律，以排线绘制双层中式古建筑正立面和店铺室内空间的明暗与光影关系，再以纵向排线刻画下方台阶立面的质感。注意，结合光感的表达，塑造建筑立面近实远虚的空间关系。

19. 用中性笔，根据受光规律，以圈线绘制植物树冠的明暗关系，以排线绘制画面左上角树干、树枝的明暗关系。注意，以圈线绘制树冠时，应通过线条的疏密对比，区分其前后的层次关系。

20. 用中性笔，根据受光规律，以圈线绘制画面右上角树冠的明暗关系。

21. 用中性笔，以排线加强地面铺装的质感。

22. 用中性笔，根据受光规律，以圈线加强前面枝叶穿插处，提高对比度。

23. 用中性笔，根据受光规律，以圈线加强画面右上角树冠的层次关系。

24. 用签字笔，以点笔加强画面右侧单层古建筑屋脊结构的刻画。

25. 用签字笔，加重双层中式古建筑各转角结构的明暗交界线，再以粗实线加重外墙明暗交界线位置的砖缝，强化空间关系的表达。

26. 用签字笔，根据近实远虚的空间关系，以粗实线加重较近位置地面铺装的结构线。

27. 用签字笔，以粗实线加重河岸台阶暗部的石材结构线，加强较近处水面波纹的对比关系。

28. 调整画面关系，完成本图。

3.训练参考图

为了巩固本环节讲授的内容，特绘制以下街巷建筑手绘线稿，供读者临摹参考。

秦皇岛北戴河草场民宿区

云南丽江古城

第六节 工业建筑线稿

本图为秦皇岛首钢赛车谷高炉广场的工业建筑，该场景涉及工业建筑物、构筑物、绿化等表现题材，建筑物复杂结构的表现与取舍，以及老工业建筑物沧桑质感的刻画，是本组线稿手绘的重点和难点。

1.画面剖析

从建筑设计解构式手绘训练来说，画面剖析主要包括构图分析、透视及光影训练、配景训练、局部训练四个环节。

●1.1构图分析

（1）场景要素分析

右图为两点透视的现代建筑，图中白色水平虚线为该场景的视平线，消失点0和0'分别定位在画面外两侧。该图左上方为光照方向，手绘过程中，面对复杂的结构应根据近实远虚的规律进行取舍、概括。

（2）草图绘制

以下两幅草图分别以中性笔和美工钢笔绘制，中性笔绘制的草图易于把握场景的整体关系和结构关系；而美工钢笔绘制的草图，易于体现工业建筑的陈旧和厚重感，增强画面的对比效果，使视觉冲击力更强。

以中性笔绘制的草图：

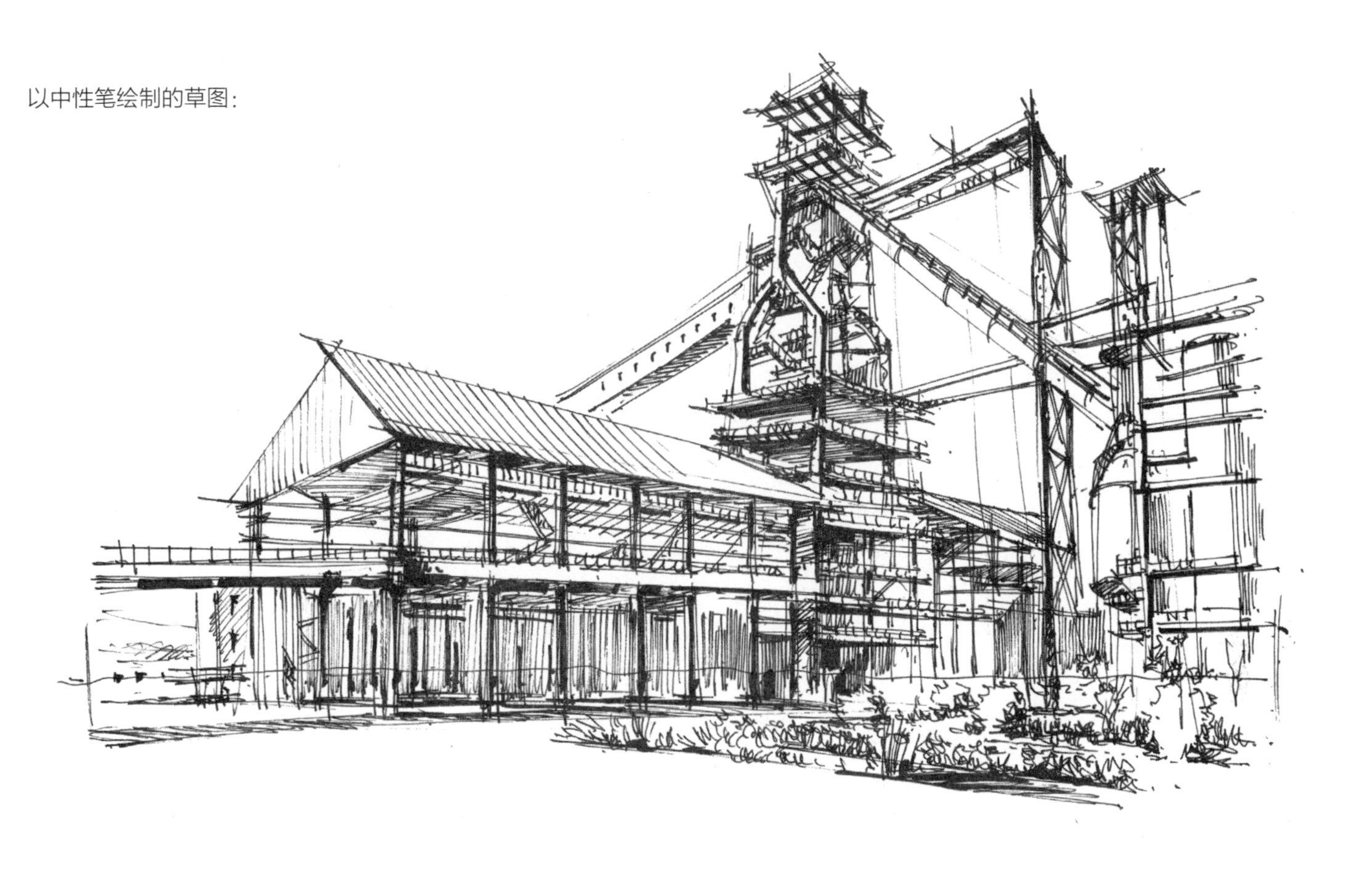

以美工钢笔绘制的草图：

●1.2 透视及光影训练

在草图训练的基础上，本环节重点针对建筑主体结构的透视和光影关系进行讲解。其绘制步骤如下：

1. 用铅笔，在A4纸垂直方向约1/4的位置画视平线，该图为两点透视，消失点O和O′分别定位在画面外两侧。

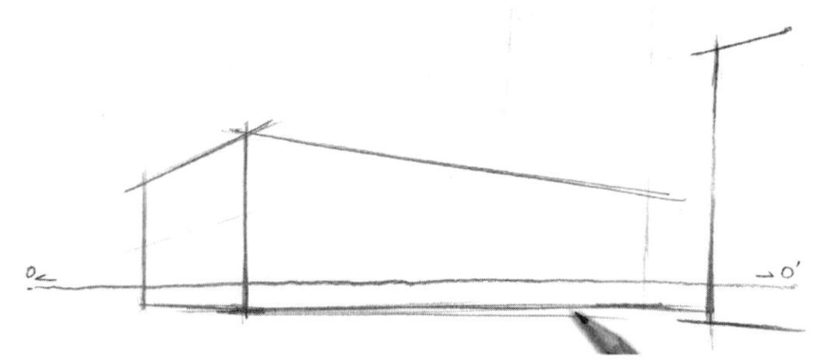

2. 用铅笔，根据两点透视规律，以快线勾勒出建筑主体屋顶下部的长方体轮廓。注意，比例应准确。

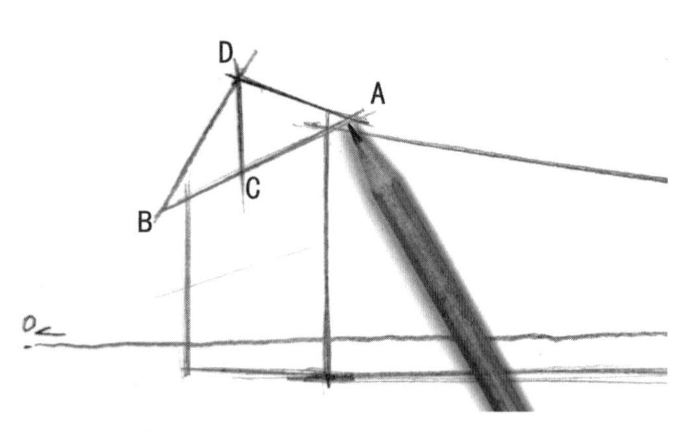

3. 绘制工业建筑的坡屋顶，用铅笔，按两点透视规律，先确定长方体顶部两侧延伸出来的屋檐长度，并以点A、B定位；过长方体顶部的中点C画垂线，在垂线上截取坡屋顶三角形顶点的高度并定位点D；用快线连接DA和DB，完成坡屋顶三角形侧立面。

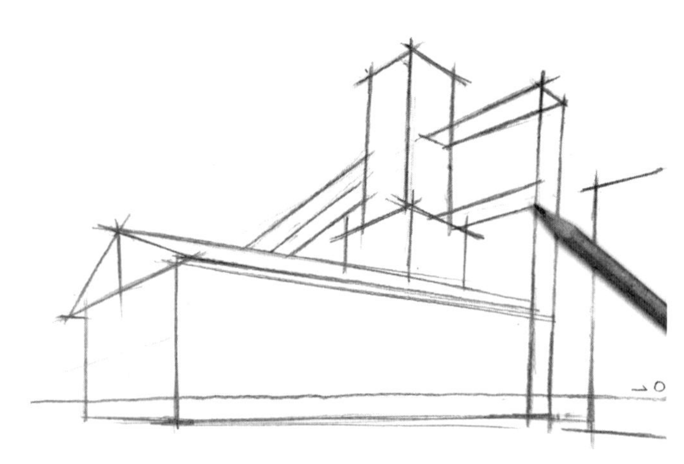

4. 用铅笔，根据两点透视规律，绘制工业建筑附属构筑物的基本轮廓。

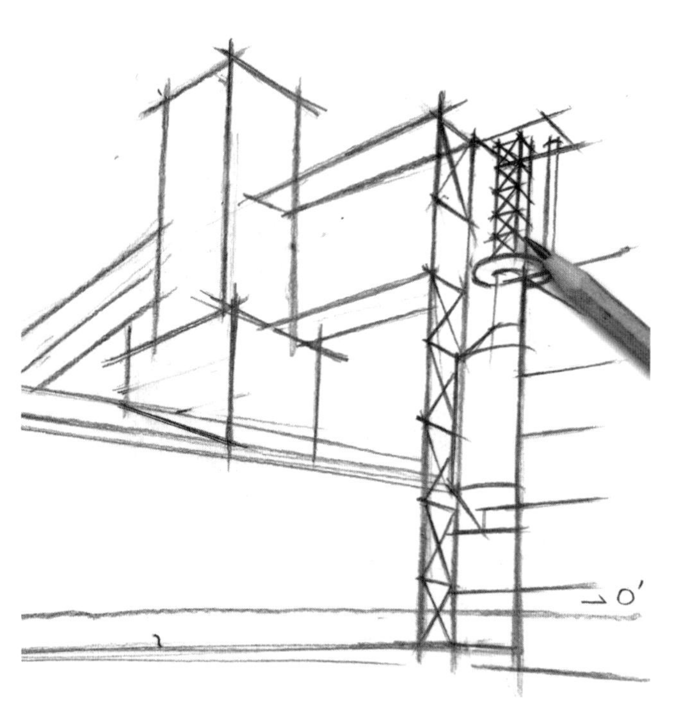

5. 用铅笔，细化画面右侧的钢架结构和锅炉结构。

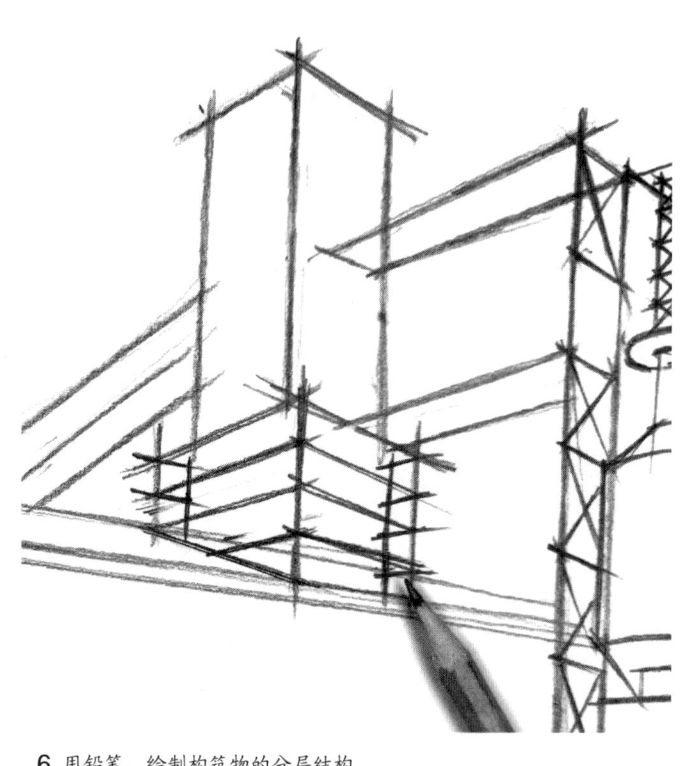

6. 用铅笔，绘制构筑物的分层结构。

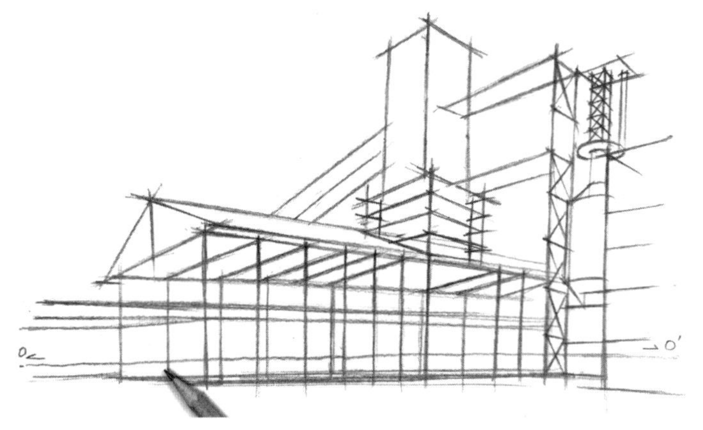

7. 用铅笔，根据两点透视规律，绘制主体建筑的梁柱和分层结构。

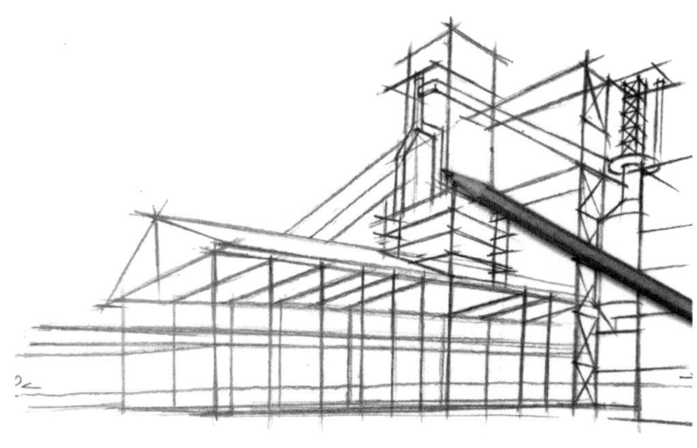

8. 用铅笔，根据两点透视规律，绘制构筑物的各种管道结构，完善铅笔底稿。

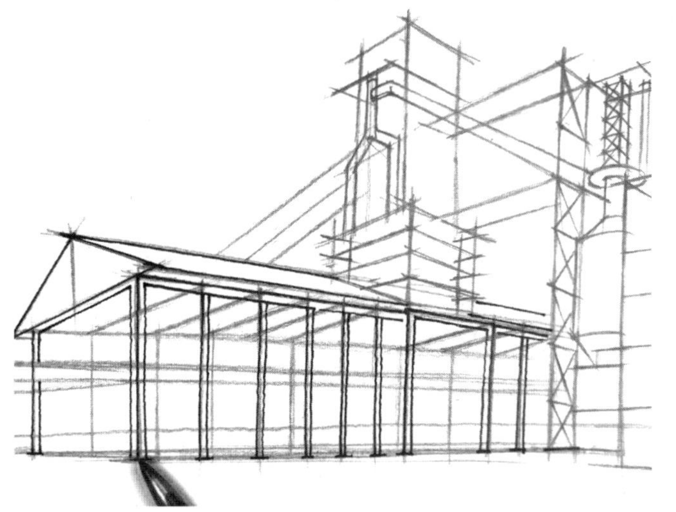

9. 用签字笔，按照由近及远的顺序，绘制工业建筑主体的外侧框架结构。

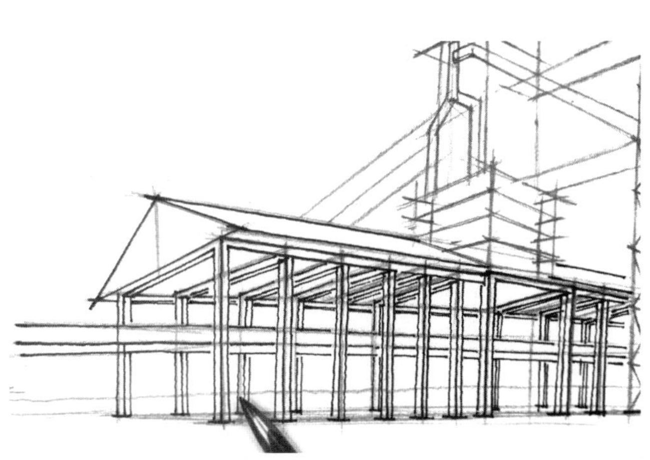

10. 用签字笔，按照由近及远的顺序，绘制工业建筑主体的内部框架结构。注意，透视准确，结构完整。

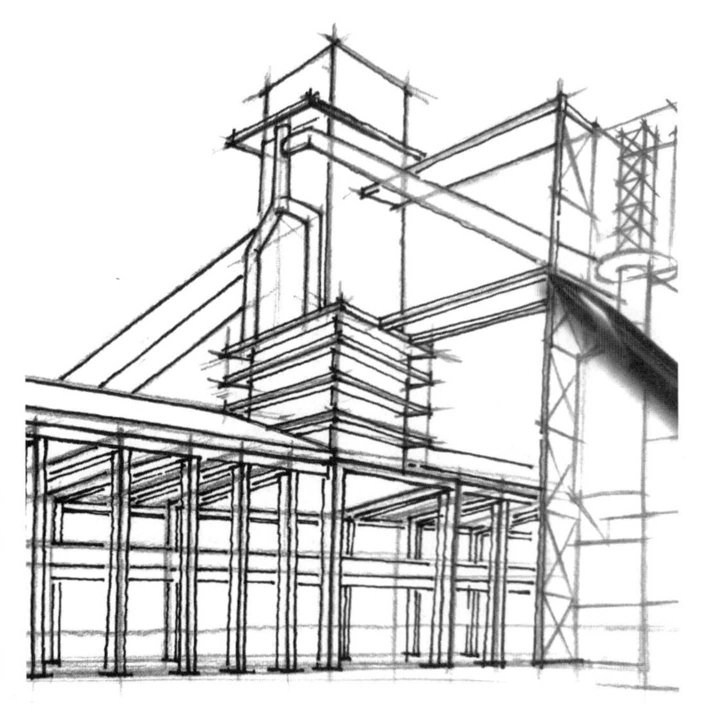

11. 用签字笔，绘制工业建筑上部构筑物的各种结构。

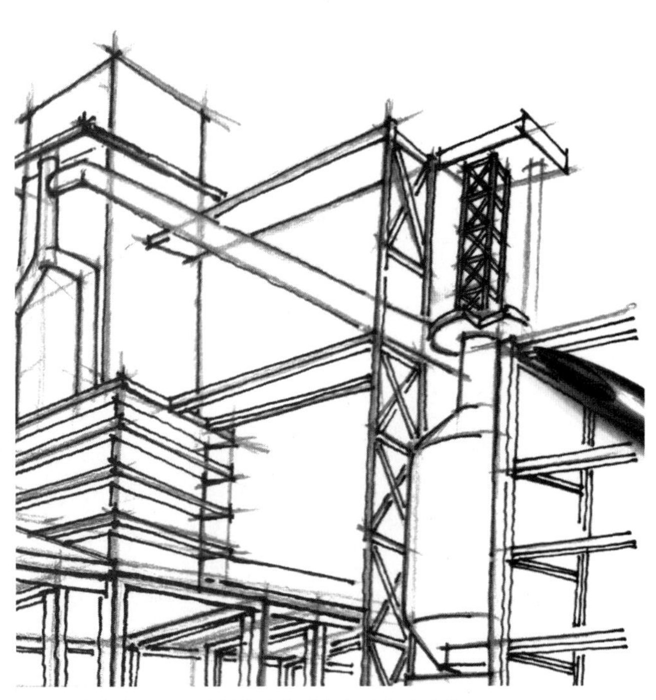

12. 用签字笔，深入绘制构筑物的钢架及锅炉结构。

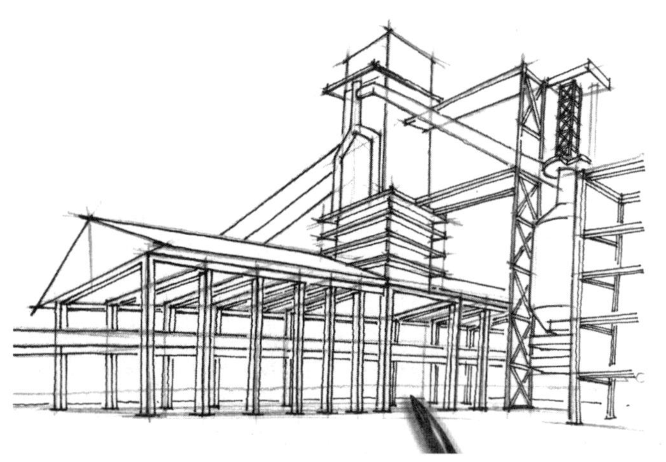

13. 用签字笔，绘制本图的地平线。完善画面中所有建筑物的结构。

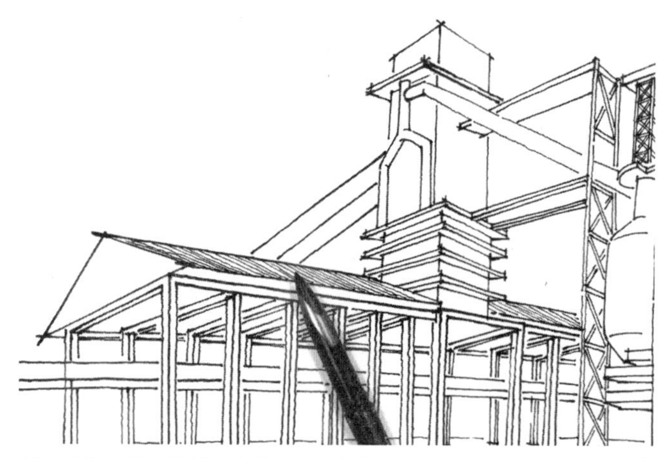

14. 用签字笔，绘制工业建筑屋面彩钢板的肌理。注意，排线时需参照上图的密度和方向进行。

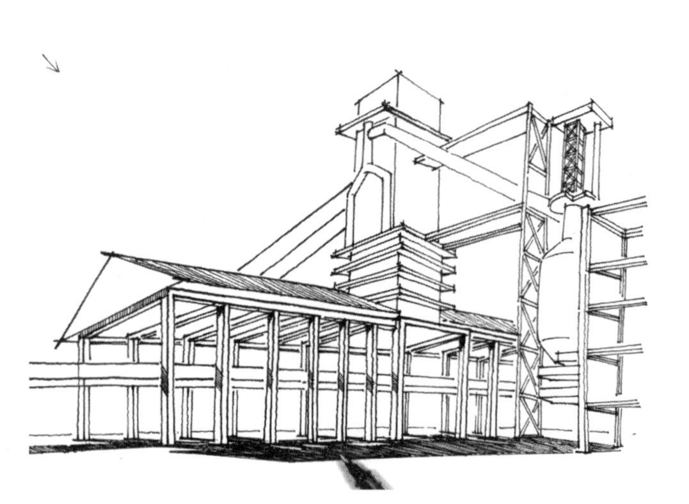

15. 设置左上方为光照方向，开始绘制画面的明暗光影关系。改用中性笔，先绘制工业建筑外侧立柱上的投影，再绘制建筑在地面上的投影。注意，排线线条疏密变化、过渡自然。

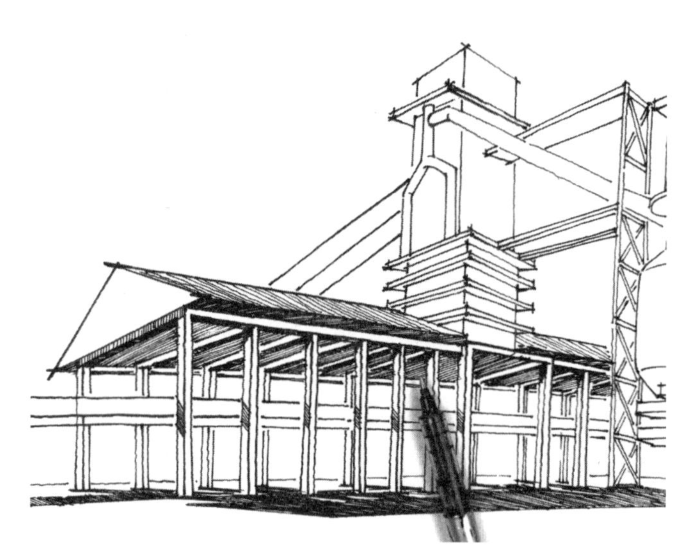

16. 用中性笔，根据受光规律，以排线绘制工业建筑的屋顶内部和屋檐底面。注意，这些位置最为背光，线条要密集排列。

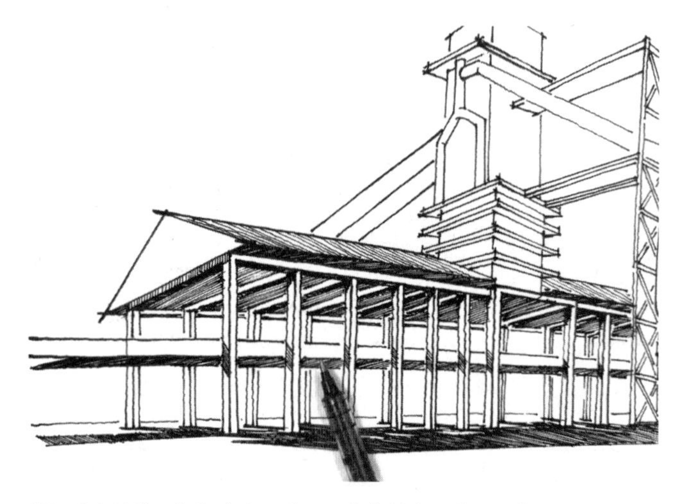

17. 用中性笔，根据受光规律，以密集排线绘制工业建筑的二层楼板板底。

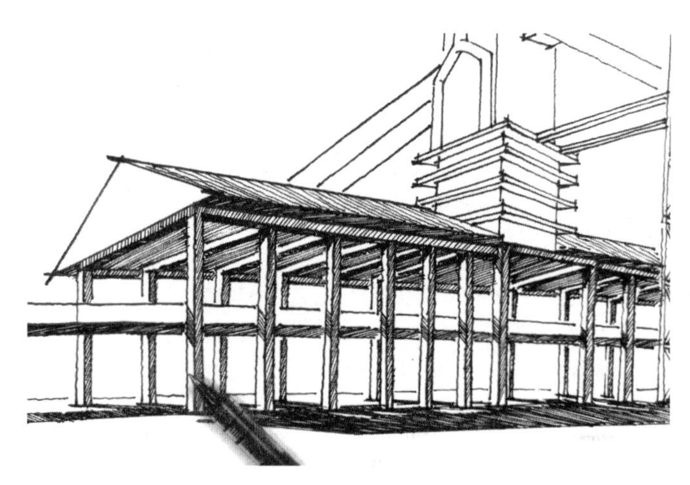

18. 用中性笔，根据受光规律，以排线绘制工业建筑所有梁柱结构的背光面。注意排线方向和疏密关系。

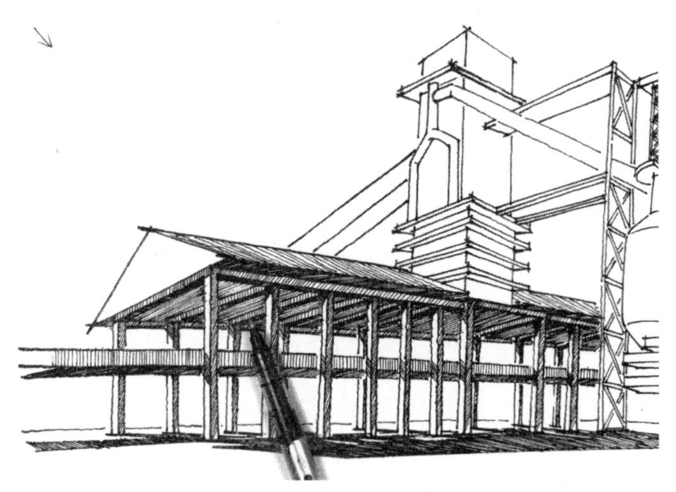

19. 用中性笔，根据受光规律，以排线绘制工业建筑二层楼板的截面以及内部结构梁的立面投影。注意，为了与之前各界面的斜向排线加以区别，本步骤排线建议垂直方向运笔。

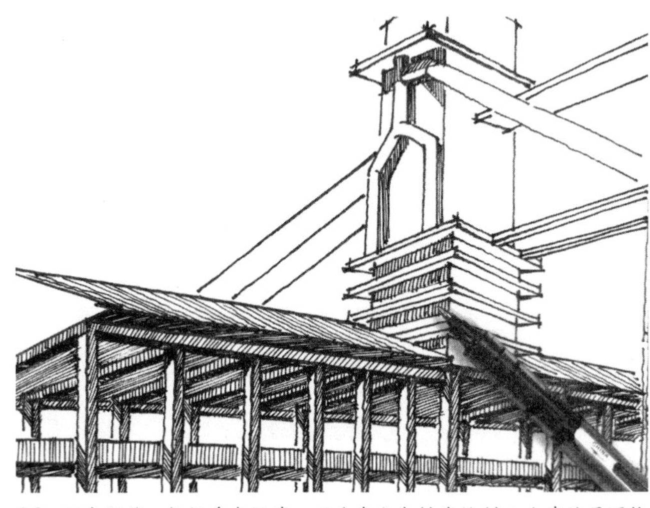

20. 用中性笔，根据受光规律，以垂直方向排线绘制工业建筑屋顶构筑物的投影。

21. 用中性笔，根据受光规律，以斜向排线绘制工业建筑屋顶构筑物的暗部。

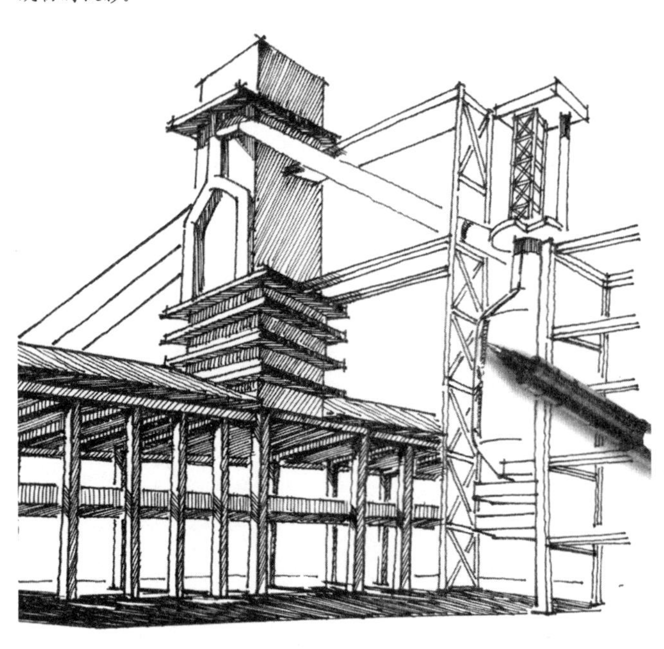

22. 用中性笔，根据受光规律，以排线绘制画面右侧构筑物上的投影。

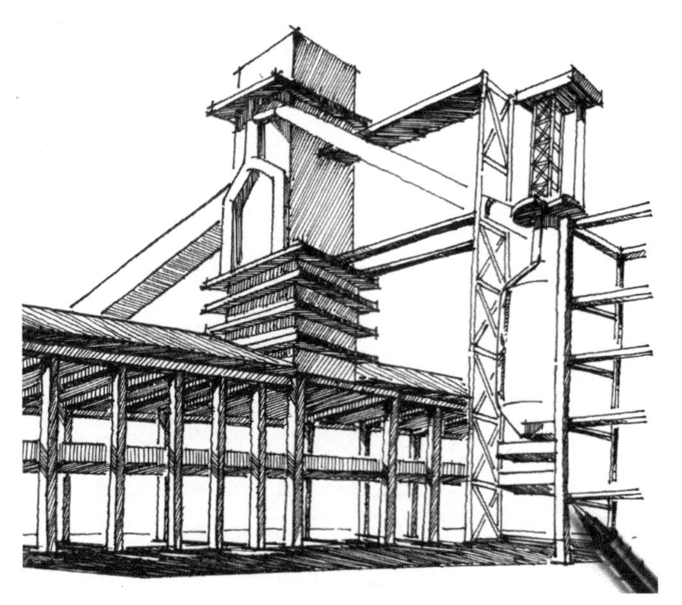

23. 用中性笔，根据受光规律，以排线绘制画面右侧构筑物各种框架结构的暗部。

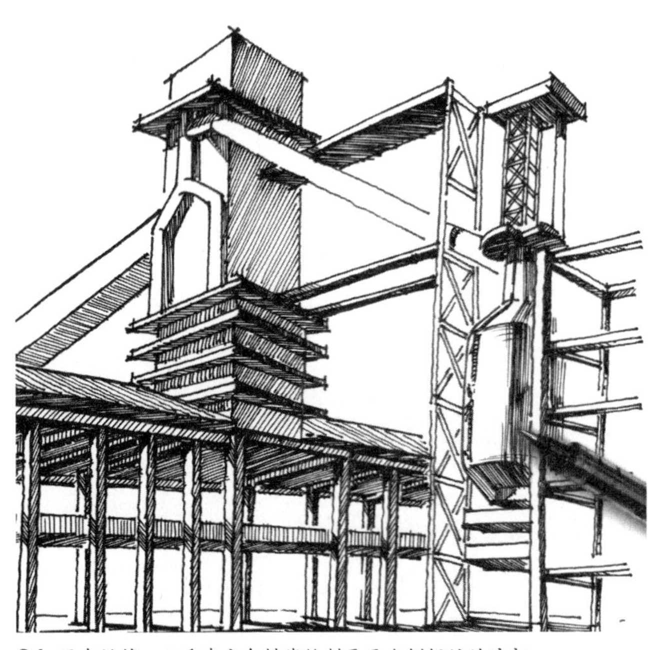

24. 用中性笔，以垂直方向排线绘制画面右侧锅炉的暗部。

25. 用中性笔，以排线绘制高空管道的暗部。注意，根据圆柱体的造型特征，采取适合的运笔方向。

26. 用黑色马克笔细尖，根据受光规律，加深画面各框架结构暗部转折处较重部位，增强立体感。

27. 由于圆柱体管道明暗交界线的虚实变化比较丰富，因此可用黑色马克笔细尖，较为细致地加深各管道明暗交界线，并处理好与反光部位的过渡关系。

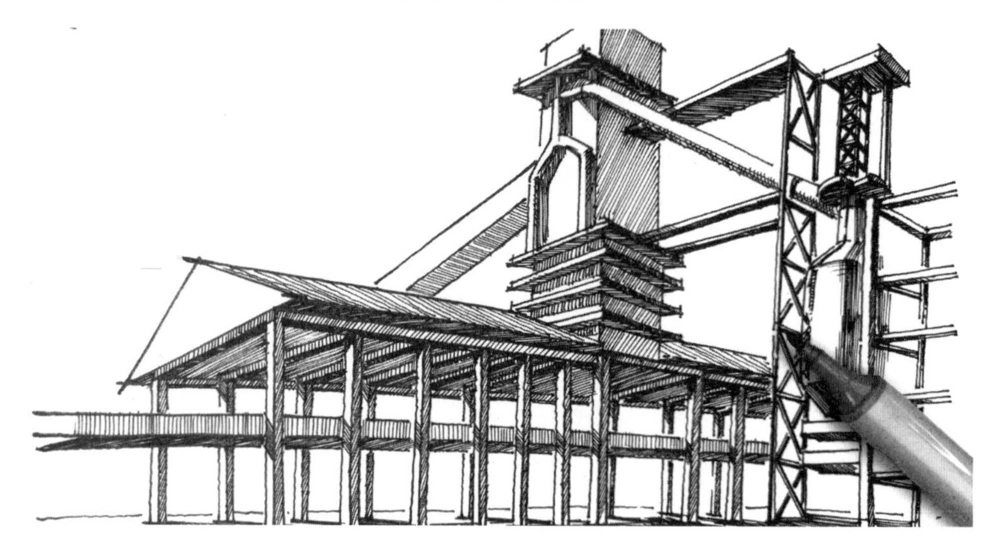

28. 调整画面关系，完成本图。

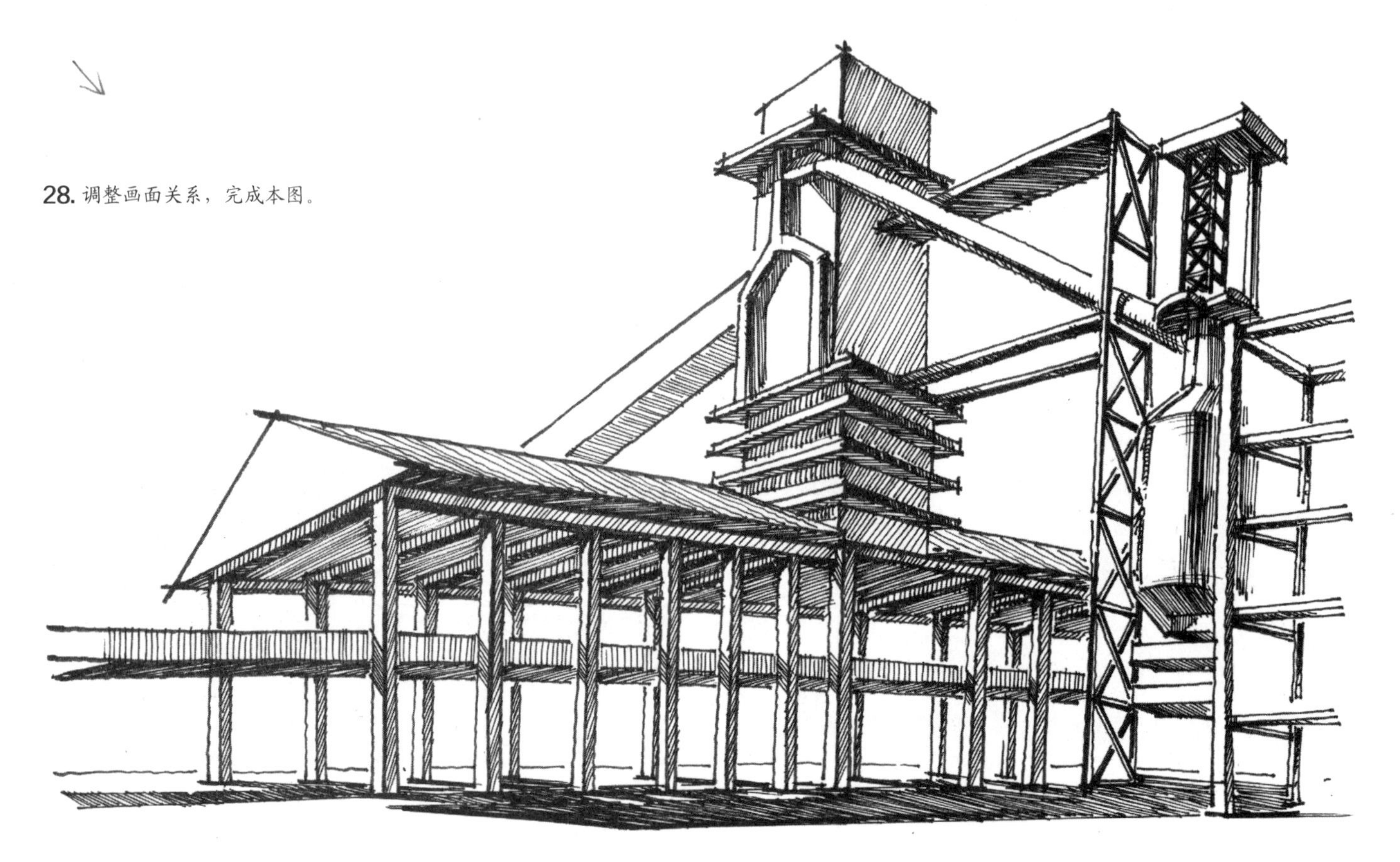

●1.3 配景训练

本环节选取工业建筑主体左侧的绿植和路灯为配景训练内容，高挑的路灯与低矮的灌木丛形成对比，构图具有灵活性。为了快速呈现效果，本图建议以美工钢笔为主要手绘工具。其绘制步骤如下：

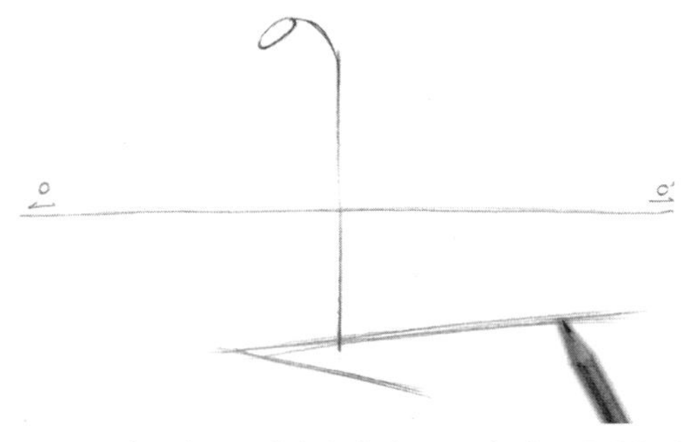

1. 用铅笔，在A4纸垂直方向略低于1/2的位置画视平线，该图为两点透视，消失点0和0′分别定位在画面外两侧。用快线勾勒出路灯和绿化带的主要轮廓。

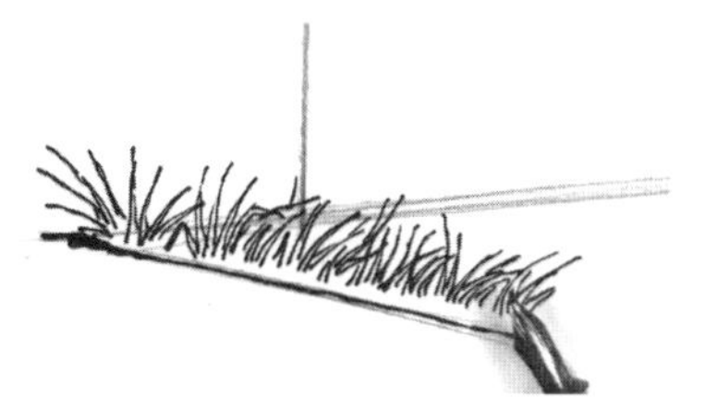

2. 用美工钢笔的笔尖（如图所示，笔尖最好翻转过来，这样能画出较细的笔触），画出绿化带沿边的草丛形态。注意，草丛形态应富于变化。

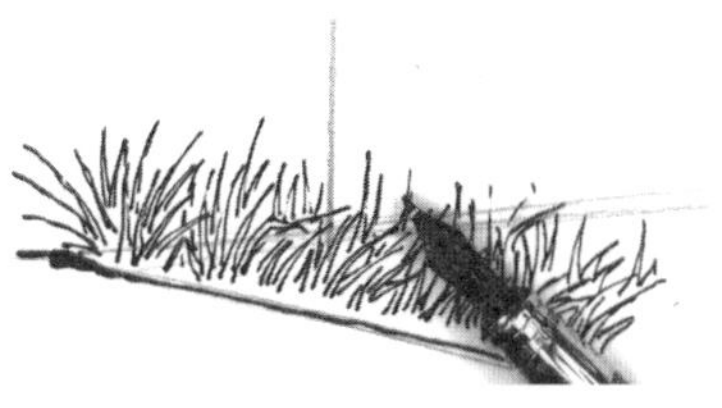

3. 用美工钢笔的笔尖，在步骤2绘制的草丛基础上，以细笔触适度增加后一层次的草丛，形成丰富的层次感。

4. 用美工钢笔的笔尖，按照由近及远的顺序，以细笔触勾勒出路灯、绿篱、球状灌木的轮廓结构。

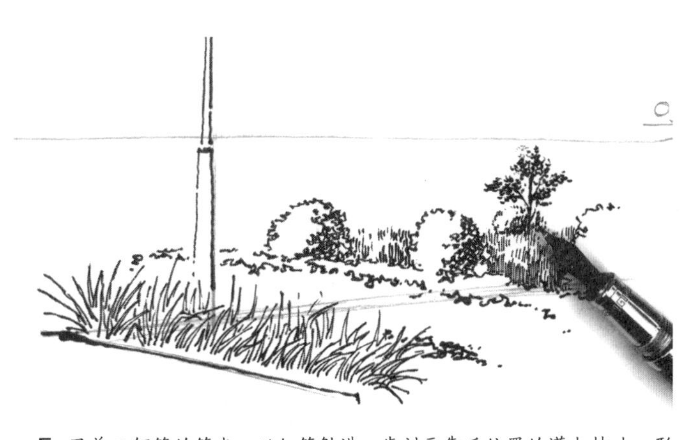

5. 用美工钢笔的笔尖，以细笔触进一步刻画靠后位置的灌木枝叶，形成肌理效果。

6. 用美工钢笔的笔腹（如图所示，能画出较粗的笔触）加重画面最靠前位置草丛的缝隙、暗部与投影，增强对比，拉近空间距离。

7. 用美工钢笔的笔尖，以细笔触圈线绘制绿篱立面的密集叶片，形成肌理。注意，应以密集的叶片衬托出其前方草丛的形态，区分空间层次。

8. 用美工钢笔的笔腹，以粗笔触点笔加重球状灌木的明暗交界线，增强其立体感。

9. 用美工钢笔的笔腹，以粗实线加重路灯的明暗交界线和暗部，增强其立体感。

10. 调整画面关系，完成本图。

●1.4 局部训练

为了更好地提高单项训练能力，深入细节刻画，接下来我们将提取两处建筑场景中的局部图像进行深入表达。

（1）局部训练一

右图为场景中工业建筑主体屋顶造型的局部，图中的视平线位于画面下部的外侧，消失点0和0'分别定位在画面外两侧，设置左上方为光照方向。本图建议以美工钢笔为主要手绘工具。其绘制步骤如下：

1. 用铅笔，在A4纸垂直方向约1/5的位置画下视平线，该图为两点透视，在视平线上左侧点出消失点0的位置，消失点0′定位在右侧画面外。注意，因为照片截取图的版幅受到一定局限，所以视平线和灭点无法在图上定位出来，但是我们在手绘时，版面构图相对照片截取图会适当缩小，因此，可以根据构图需要在纸张上自行设置视平线和消失点的位置。

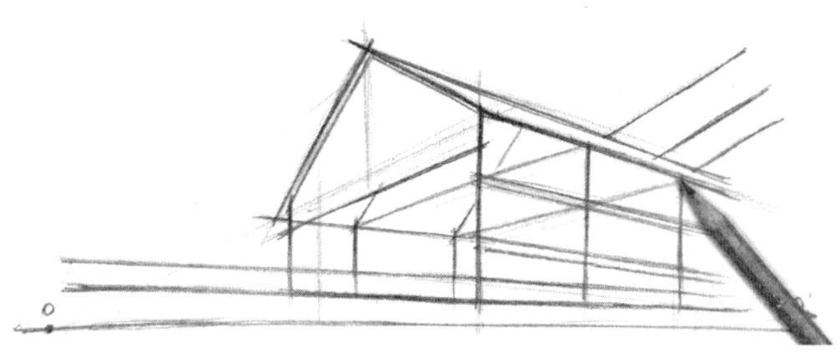

2. 用铅笔，根据两点透视规律，以快线画出建筑顶部造型的轮廓与主要结构。

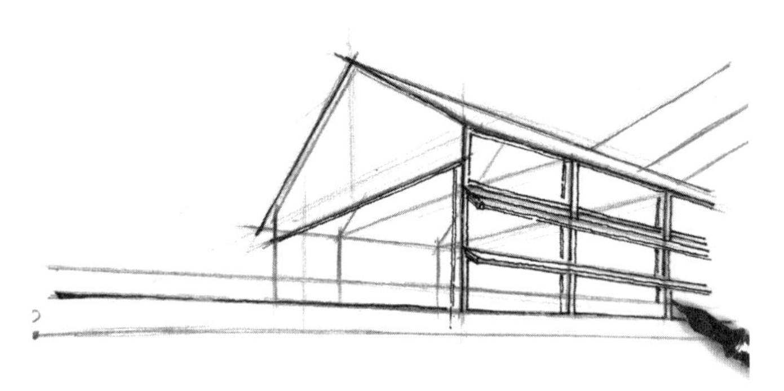

3. 用美工钢笔的笔尖，以细笔触画出建筑顶部造型的轮廓和外侧梁柱结构。

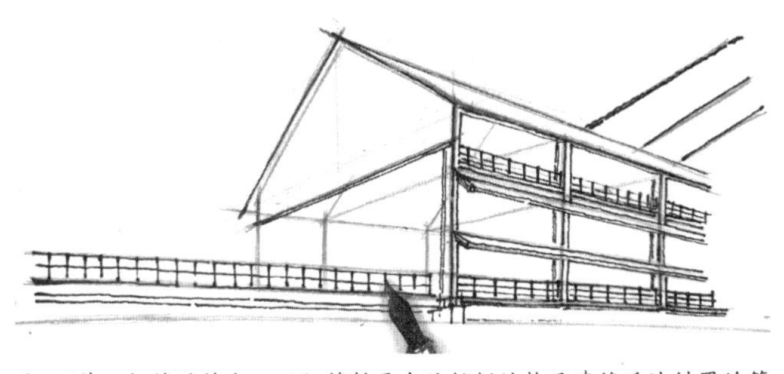

4. 用美工钢笔的笔尖，以细笔触画出防护栏结构及建筑后边斜置的箱式传送道结构。

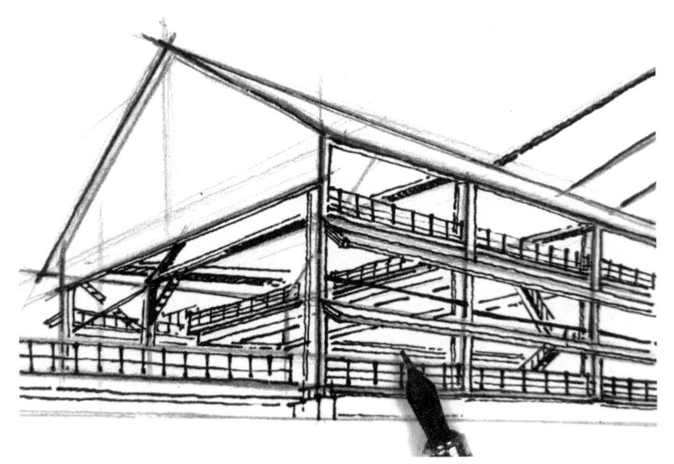

5. 用美工钢笔的笔尖，以细笔触画出建筑顶部造型的内部结构。

6. 用美工钢笔的笔尖，以细笔触画出建筑坡屋顶彩钢板的肌理。

7. 用美工钢笔的笔腹，以粗笔触加重檐口的暗部。注意，反光部分适当留白。

8. 先用美工钢笔的笔尖，按照由近及远的顺序，以细笔触排线加重建筑内部屋顶，暂时将围栏部分空出；再用美工钢笔的笔腹，以粗笔触加重围栏的空隙。注意，靠近围栏结构的区域，要适当留白，以突出围栏的形态。

9. 用美工钢笔的笔尖，以细笔触排线完善建筑屋顶内部各结构的明暗关系。注意，绘制内部结构的立面时，涉及投影区域的部分，尽量用纵向排线。

10. 用美工钢笔的笔腹，以粗笔触加重下部围栏的空隙，进而拉开空间层次，突出围栏的形态；再用美工钢笔的笔尖，以细笔触排线绘制该建筑后面箱式传送道的底面。

11. 用美工钢笔的笔尖，以细笔触排线绘制坡屋顶山墙的肌理效果。注意，该立面肌理垂线之间的宽度不要过于密集，高光部适当留白。

12. 用美工钢笔的笔尖，以细笔触排线绘制该建筑后面斜置的箱式传送道立面肌理和窗户。

13. 用美工钢笔的笔尖，以细笔触垂直排线绘制画面最下侧楼板结构的侧立面。然后，在建筑内部空白处以垂直排线示意该建筑物内部空间的事物，衬托主体结构。

14. 用美工钢笔的笔腹，以粗笔触加重建筑内部屋顶靠屋檐的位置，加强画面对比和空间关系。

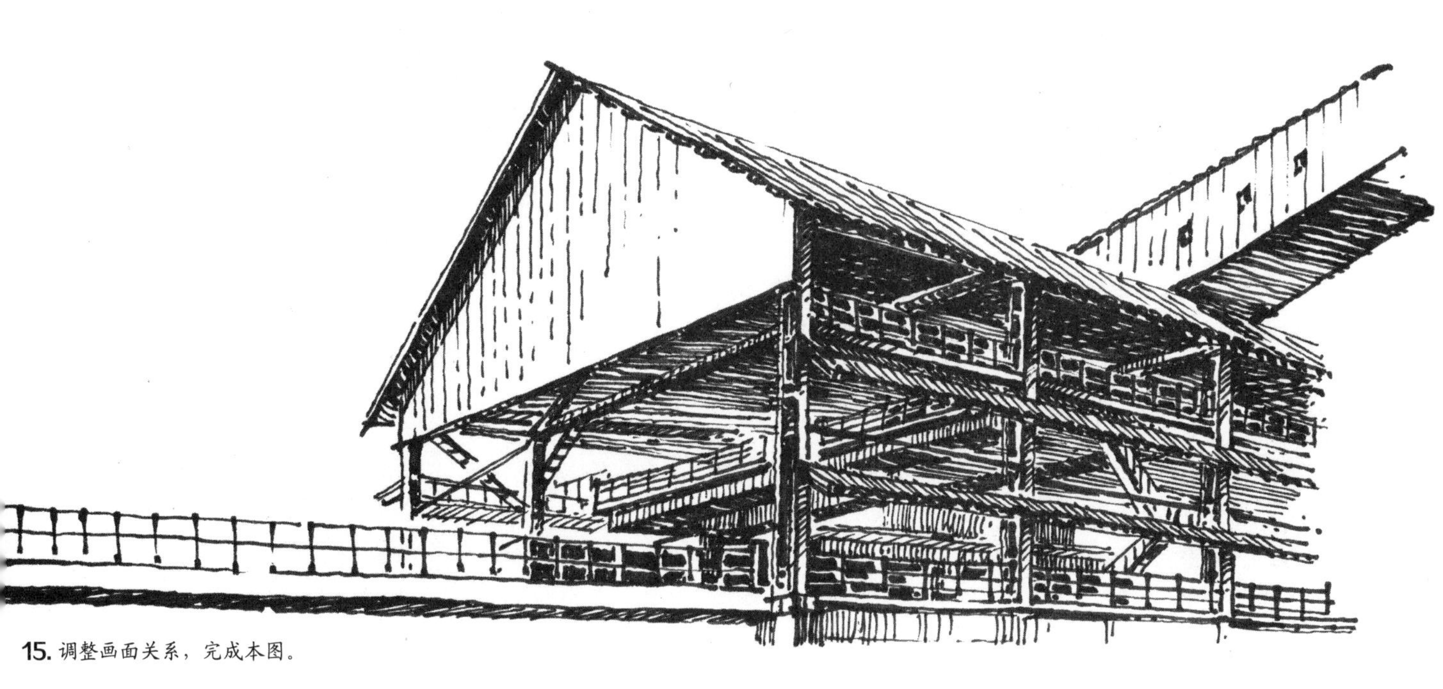

15. 调整画面关系，完成本图。

（2）局部训练二

右图为场景中主体建筑屋顶之上工业构筑物的局部造型截取，视平线位于画面下部的外侧，消失点0和0'分别定位在画面外两侧，设置左上方为光照方向。本图建议以美工钢笔为主要手绘工具。其绘制步骤如下：

1. 用铅笔，在A4纸垂直方向接近底边的位置画下视平线，该图为两点透视，消失点0和0'分别定位在画面外两侧。注意，因为照片截取图的版幅受到一定局限，所以视平线和消失点无法在图上定位出来，但是我们在手绘时，版面构图相对照片截取图会适当缩小，因此，本图的绘制可以根据构图需要将视平线位置设置在画面中。

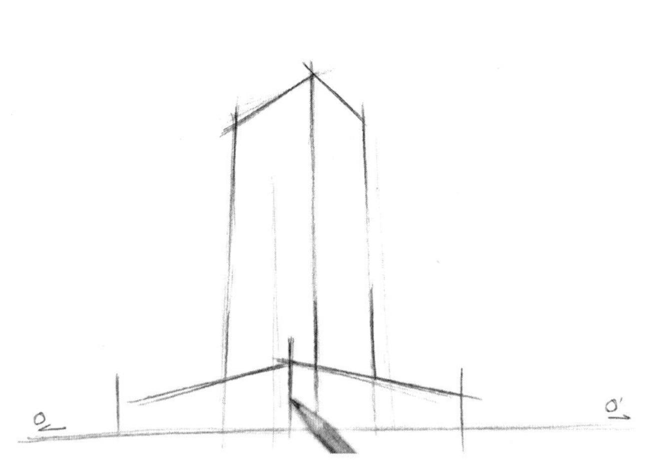

2. 将构筑物的轮廓概括为两个叠加的长方体，用铅笔，按两点透视规律，以快线画出轮廓。

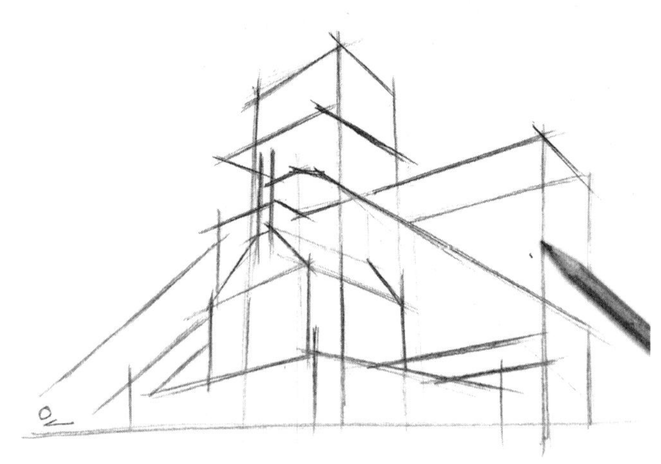

3. 用铅笔，根据两点透视规律，以快线进一步画出构筑物的轮廓与主要结构。注意，各结构之间组合与穿插关系的绘制。

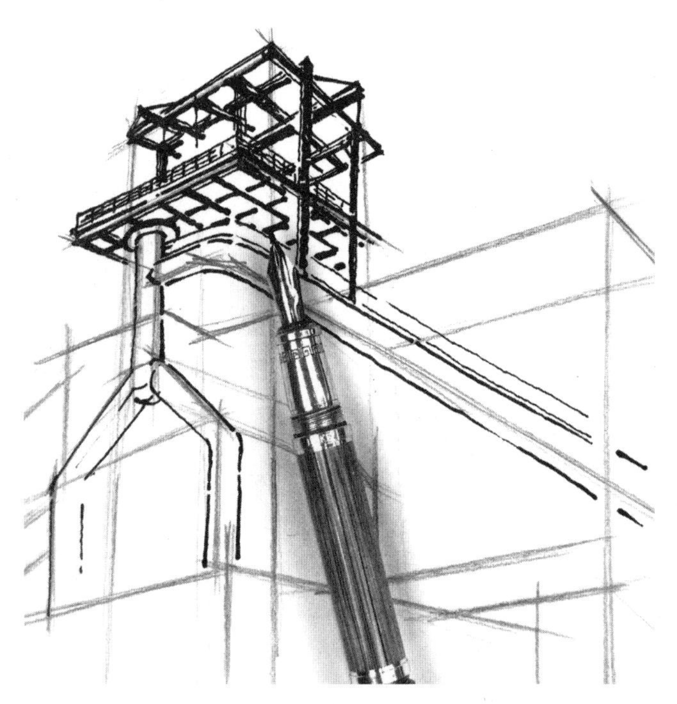

4. 用美工钢笔的笔尖，以细笔触画出构筑物上部造型的结构；接下来，用美工钢笔的笔腹，根据光照规律，以粗笔触加重其中线状结构的暗部，强化其立体感。

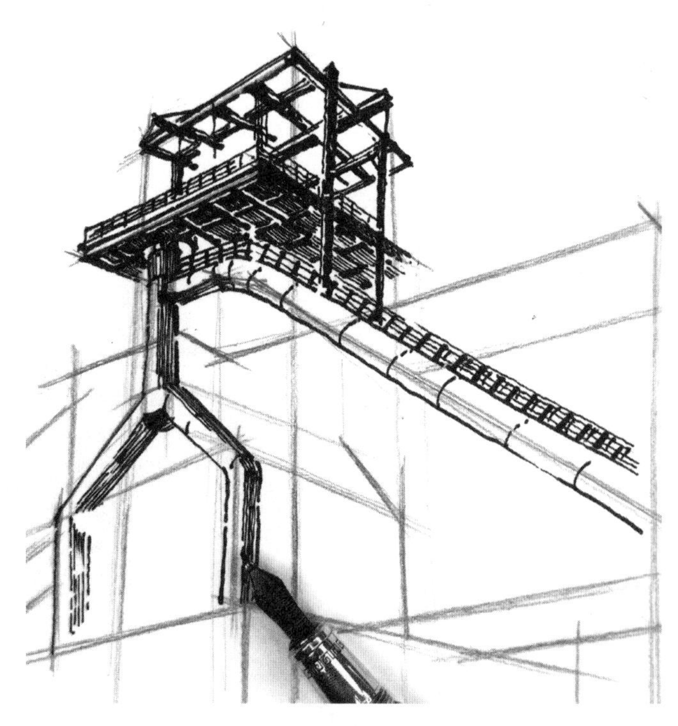

5. 用美工钢笔的笔尖，以细笔触画出当前构筑物上的围栏结构，并根据光照规律，以排线刻画构筑物的暗部，强化其立体感。注意，美工钢笔的笔尖与笔腹，可以根据画面需要灵活选用。

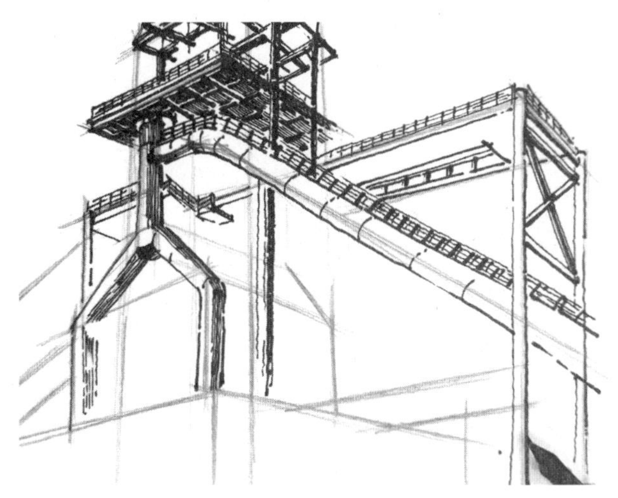

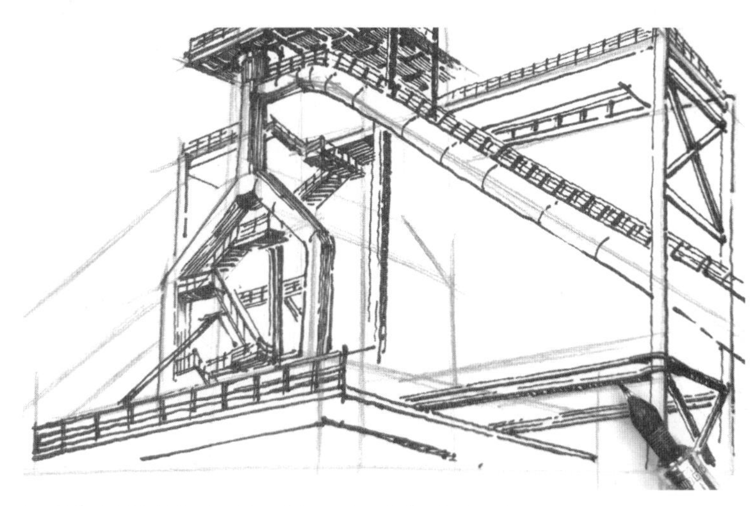

6. 按照由上至下的顺序，用美工钢笔的笔尖，以细笔触画出下一层钢架结构及其围栏。

7. 用美工钢笔的笔尖，以细笔触绘制画面最下部的结构。

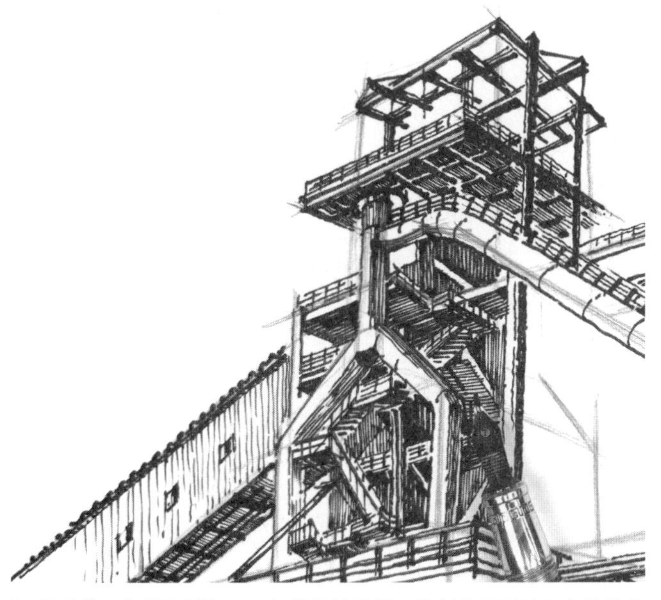

8. 使用美工钢笔的笔尖，以细笔触排线深入绘制构筑物的内部结构及其左侧斜置的箱式传送道结构。注意，构筑物的内部虽然结构丰富，但在画面中属于相对虚化处理的部分，因此在较暗的调子中分出层次即可，刻画不要过于细致。

9. 用美工钢笔的笔尖，参照前方的倒Y形管状结构，以细笔触排线绘制其后相应的管状结构。

10. 用美工钢笔的笔腹，根据受光规律，以粗笔触加重构筑物各结构的暗部，提升对比度，增加立体感。

11. 用美工钢笔的笔尖，以细笔触排线绘制斜置管状结构的暗部，增强其圆柱的立体感。

12. 用美工钢笔的笔腹，根据受光规律，以粗笔触加重构筑物前方倒Y形管状结构的暗部，提升对比度，增加立体感。

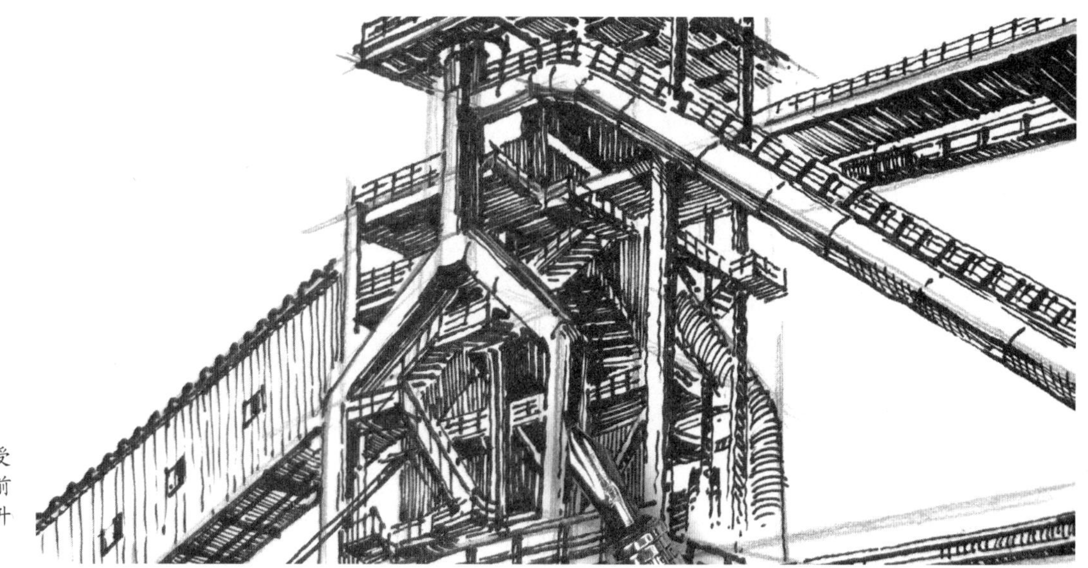

13. 用美工钢笔的笔腹，以粗笔触加重下部围栏的空隙，拉开空间层次，突出围栏的立体感，再以粗笔触排线绘制构筑物底部高台结构的暗部。

14. 调整画面关系，完成本图。

2.全景绘制步骤

之前进行的草图、透视、光影、配景、局部等单项训练，使我们充分体验了手绘基础能力在场景表现中的应用，进而对该建筑场景从宏观到细节方面有了比较全面和深入的认识。在此基础上，我们将整合这些内容，进行综合性、系统性的建筑场景手绘，以求厚积薄发、游刃有余、一气呵成。

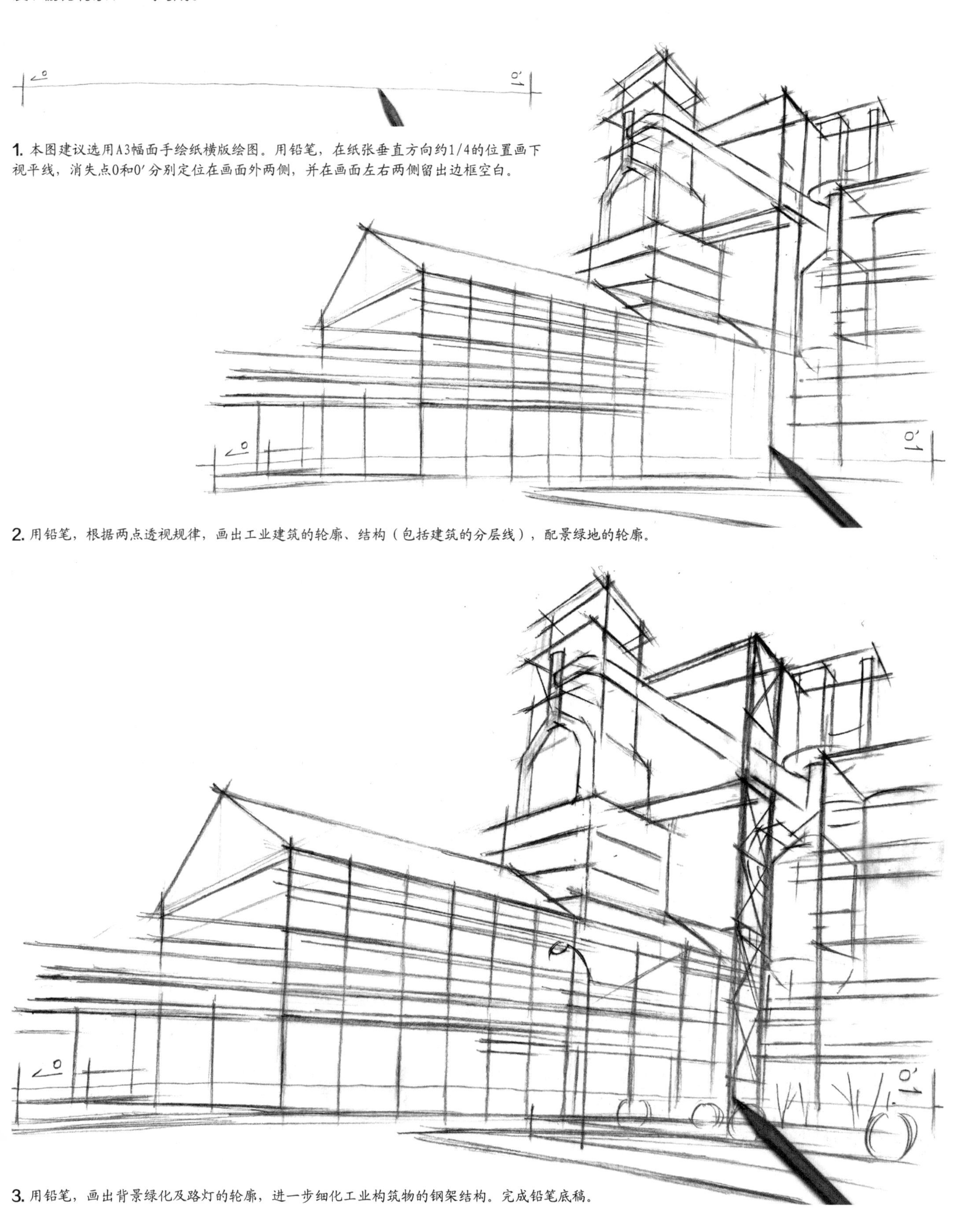

1. 本图建议选用A3幅面手绘纸横版绘图。用铅笔，在纸张垂直方向约1/4的位置画下视平线，消失点0和0′分别定位在画面外两侧，并在画面左右两侧留出边框空白。

2. 用铅笔，根据两点透视规律，画出工业建筑的轮廓、结构（包括建筑的分层线），配景绿地的轮廓。

3. 用铅笔，画出背景绿化及路灯的轮廓，进一步细化工业构筑物的钢架结构。完成铅笔底稿。

4. 用美工钢笔的笔尖，按照两点透视规律，以细笔触画出画面左侧工业建筑的结构。

5. 设置左上方为光照方向，用美工钢笔的笔尖，以细笔触刻画左侧工业建筑的细节结构和明暗关系。

6. 用美工钢笔的笔尖，根据受光规律，以细笔触纵向排线，完成工业建筑物底层内部空间和后方背景建筑明暗关系的绘制；再用美工钢笔的笔腹，以粗笔触在竖向排线的调子中绘制细节结构；最后用美工钢笔的笔腹，以粗笔触绘制地面投影。

7. 用美工钢笔的笔腹，根据受光规律，以粗笔触进一步刻画工业建筑底层的内部结构，及其后方背景建筑的细节结构。注意，绘制后方背景建筑的细节结构，需维护近实远虚的空间关系，点到为止即可。

8. 用美工钢笔的笔尖，以细笔触勾勒出画面右下角配景绿化带草丛、路灯、绿篱、灌木的轮廓和结构。

9. 用美工钢笔的笔腹，以粗笔触加重画面右下角配景绿化带草丛的缝隙、暗部与投影，增强对比。

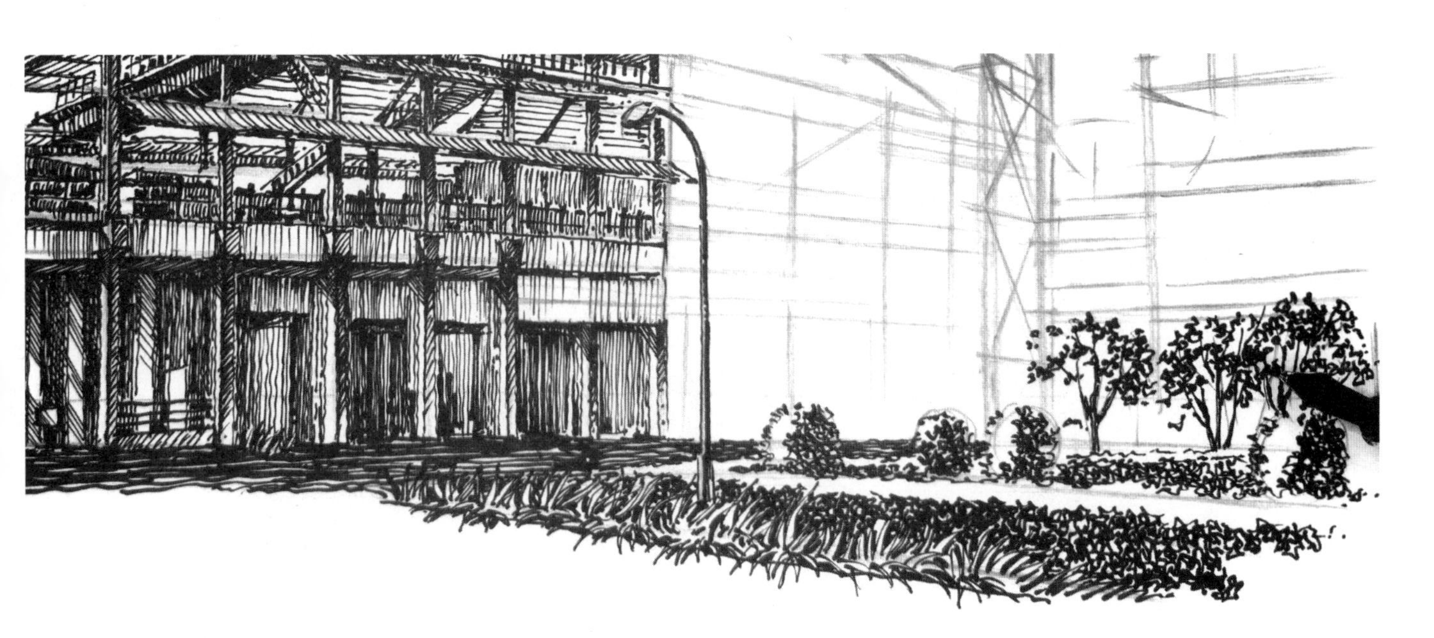

10. 用美工钢笔的笔尖，根据受光规律，以细笔触完成画面右下角绿化带路灯、绿篱、灌木等配景的细节绘制。

11. 开始绘制画面右侧的工业构筑物。用美工钢笔，先以细笔触画出构筑物上部造型的结构，再以粗笔触加重构筑物框架结构的暗部，强化其立体感。

12. 用美工钢笔的笔尖，以细笔触进一步绘制构筑物的平台和钢架结构，并根据光照规律，深入刻画其明暗关系，强化立体感。

13. 用美工钢笔的笔尖，以细笔触绘制画面右侧构筑物的钢架结构，并根据光照规律，深入刻画其明暗关系。

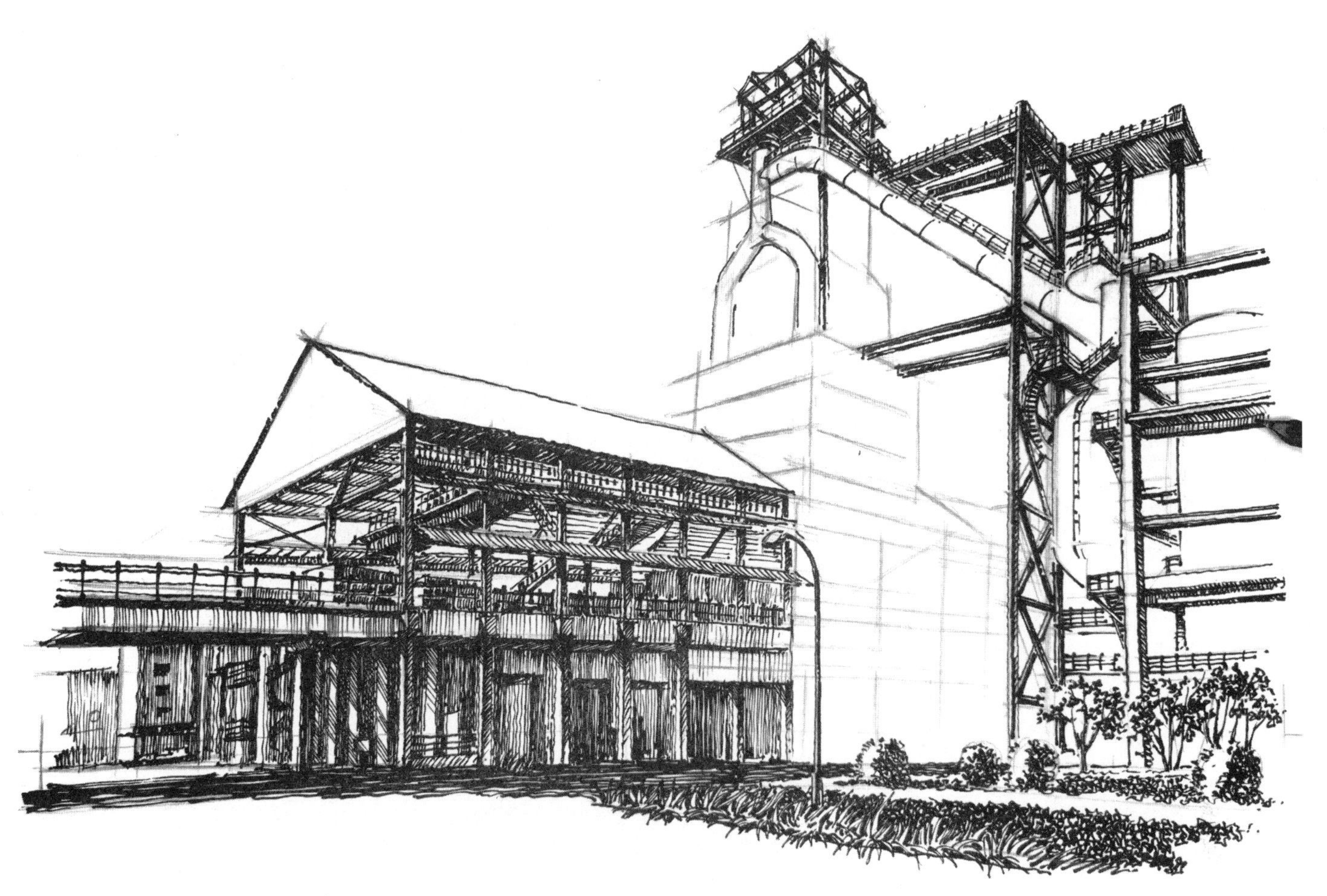

14. 用美工钢笔的笔尖，根据受光规律，以细笔触绘制锅炉的暗部，并表达钢架结构在其上的投影。

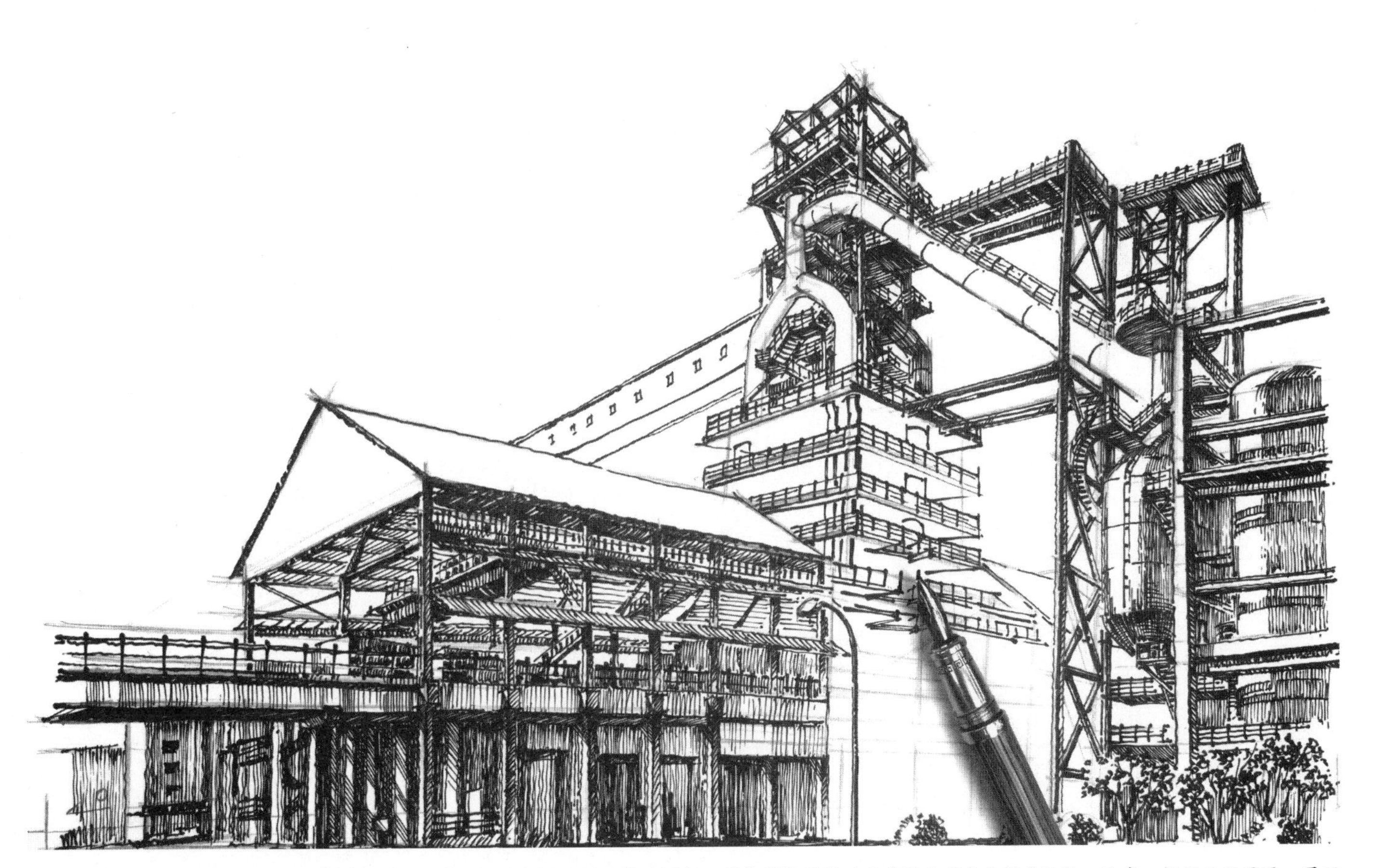

15. 用美工钢笔，先绘制与工业建筑相连接的多层构筑物的分层结构及围栏，再绘制构筑物后面斜置的箱式传送道结构。注意，根据画面需要，灵活选用美工钢笔的笔尖与笔腹，绘制理想宽度的线条。

16. 用美工钢笔的笔尖，以细笔触排线绘制工业建筑后方斜置的箱式传送道立面肌理和窗户。

17. 用美工钢笔的笔尖，先以细笔触绘制与工业建筑相连的多层构筑物结构，再以细笔触排线绘制其内部构造的明暗关系。注意，构筑物的内部虽然结构丰富，但在画面中属于相对虚化处理的部分，因此在较暗的调子中分出层次即可，刻画不要过于细致。

18. 用美工钢笔的笔腹，按照近实远虚的原则，以粗笔触加重之前所绘制结构的暗部和细节结构的转折处，适当强化其结构形态。

19. 用美工钢笔的笔腹，以粗笔触排线调整画面左下角的建筑物投影形状，平衡构图关系。

20. 用美工钢笔的笔腹，再次以粗笔触调整工业建筑底层的内部结构关系，丰富细节。

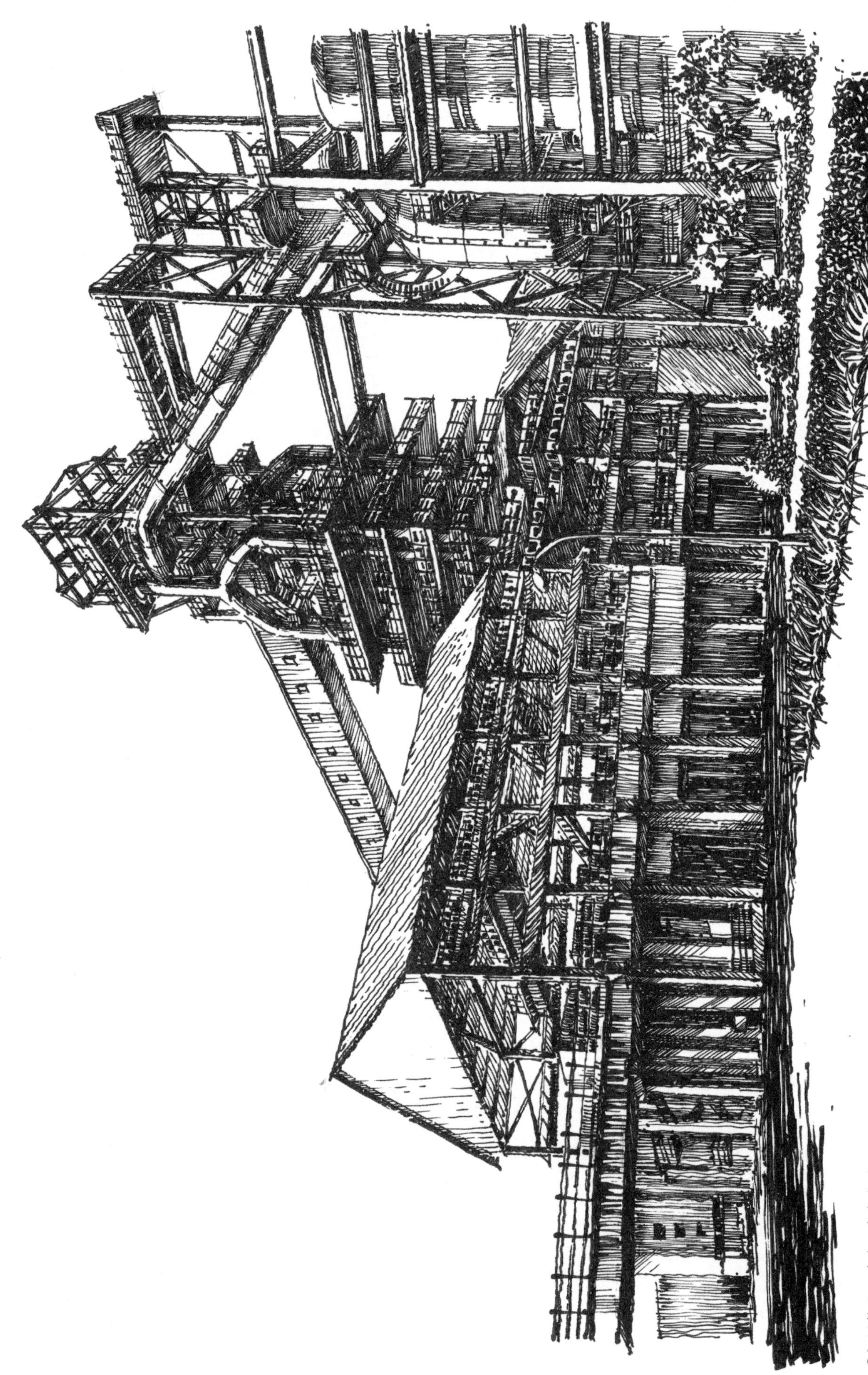

21. 调整画面关系，完成本图。

3.训练参考图

为了巩固本环节讲授的内容，特绘制以下两幅工业建筑手绘线稿，供读者临摹参考。

秦皇岛首钢赛车谷

秦皇岛电力博物馆

第七节 鸟瞰建筑线稿

本图为英国伦敦泰晤士河畔的国会大厦，该场景为鸟瞰视角，涉及多种欧式建筑物、水体、绿化等表现题材，鸟瞰透视的把握，欧式建筑繁琐装饰结构的表现与取舍，以及大量城市背景建筑的概括，是本组线稿手绘的重点和难点。

1.画面剖析

从建筑设计解构式手绘训练来说，画面剖析主要包括构图分析、透视及光影训练、配景训练、局部训练等四个环节。

●1.1 构图分析

（1）场景要素分析

右图为两点透视鸟瞰视角的现代建筑，图中白色水平虚线为该场景的视平线，消失点0和0'分别定位在画面外两侧。由于本图光影关系不明确，因此可主观设置该图左上方为光照方向。在绘制时，根据构图需要，可以忽略图中圈出的区域。

（2）草图绘制

以下两幅草图分别以中性笔和美工钢笔绘制，都强调了主题建筑，弱化了背景建筑，以突显画面的层次感。相较而言，因为本图为欧式古典建筑，其结构复杂，历史的厚重感较强，所以笔者认为美工钢笔更为适合。当然在全景绘制的细节刻画中（P173）辅以中性笔，效果会更佳。

以中性笔绘制的草图

以美工笔绘制的草图

●1.2 透视及光影训练

在草图训练的基础上，本环节将欧式建筑的主体造型概括为长方体组合体块，重点针对建筑主体的透视和光影关系进行讲解。

1. 用铅笔，在A4纸垂直方向约3/4的位置画视平线，该图为两点透视，消失点0和0′分别定位在画面外两侧。

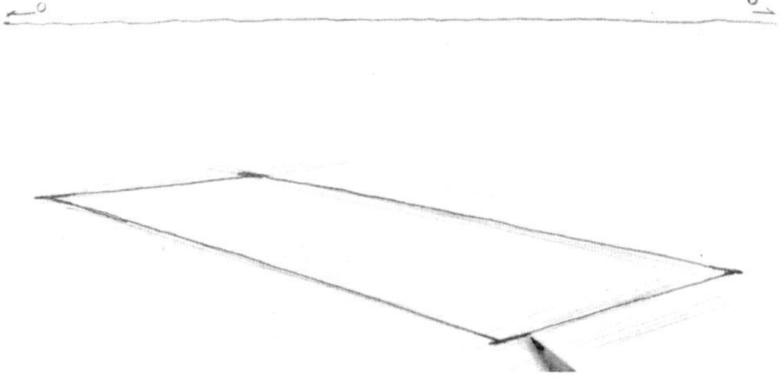

2. 用铅笔，根据两点透视规律，画出主体建筑在地面上的正投影长方形轮廓线。

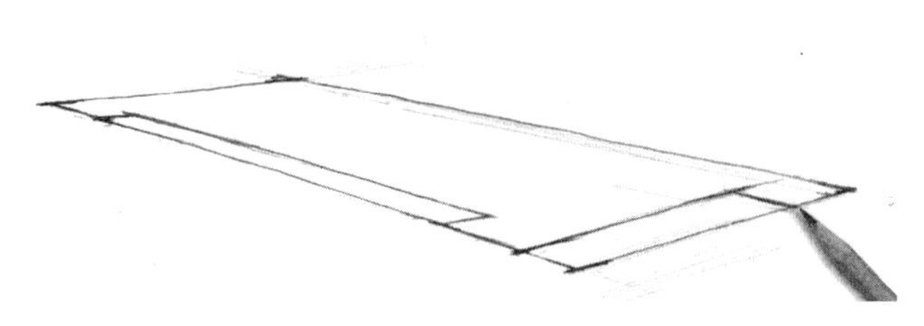

3. 用铅笔，在步骤2所绘制的长方形基础上，根据两点透视规律，分割出建筑各体块的正投影轮廓。

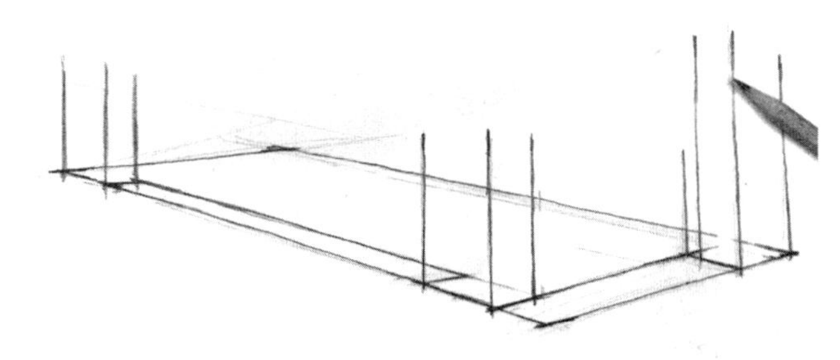

4. 用铅笔，在建筑各体块正投影轮廓的转角处绘制垂直线，拔升建筑高度。

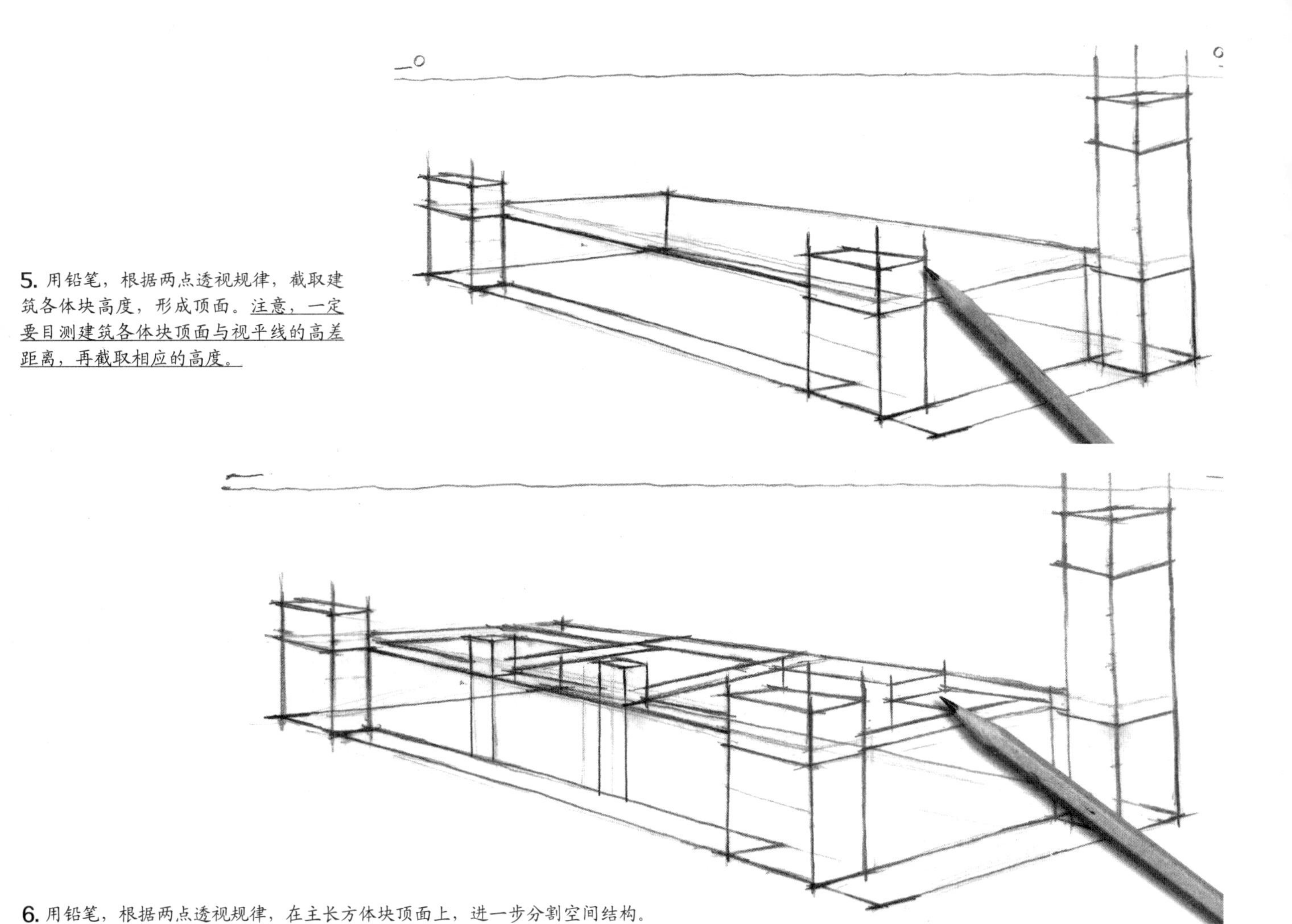

5. 用铅笔，根据两点透视规律，截取建筑各体块高度，形成顶面。<u>注意，一定要目测建筑各体块顶面与视平线的高差距离，再截取相应的高度。</u>

6. 用铅笔，根据两点透视规律，在主长方体块顶面上，进一步分割空间结构。

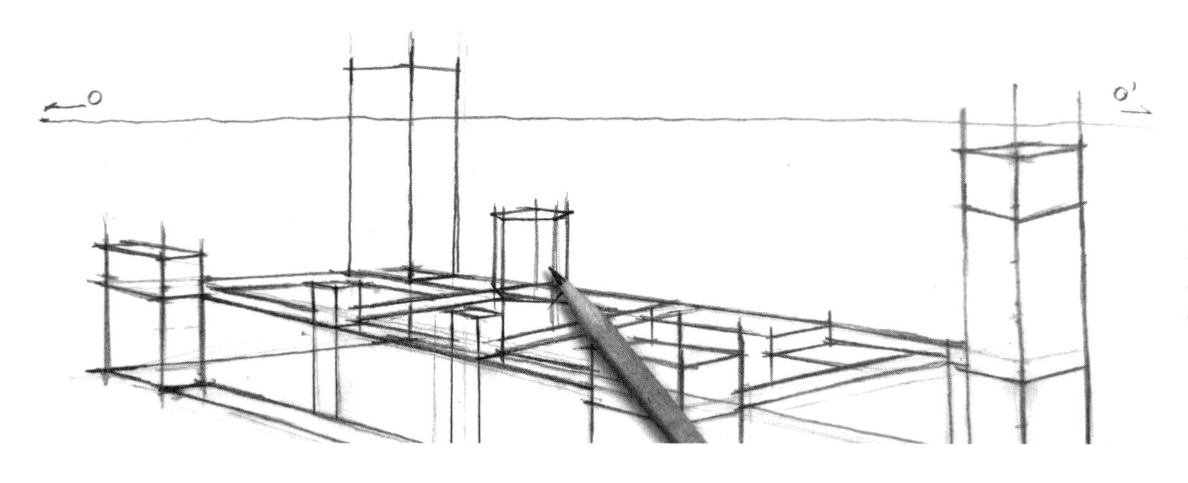

7. 用铅笔，根据两点透视规律，在主长方体块顶面上，绘制最远位置的长方体和截面为正五边形的多面体。注意，这两个体块的绘制，应先画出其底面在主长方体块顶面上的正投影，再拔升、截取高度。

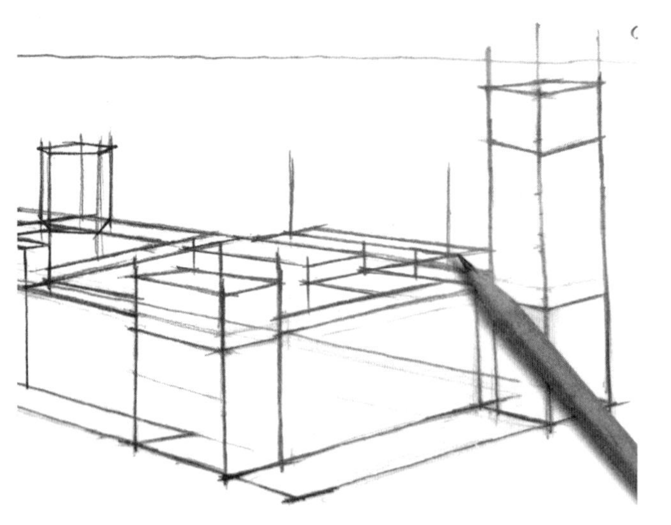

8. 开始在画面右侧绘制坡屋顶结构。用铅笔，根据两点透视规律，先在主长方体块顶面上，延伸绘制坡屋顶的底面正投影长方形，再连接长方形两短边的中点，形成坡屋顶屋脊的正投影线，最后分别过长方形两短边的中点引垂线，形成坡屋顶侧立面三角形的中轴线。

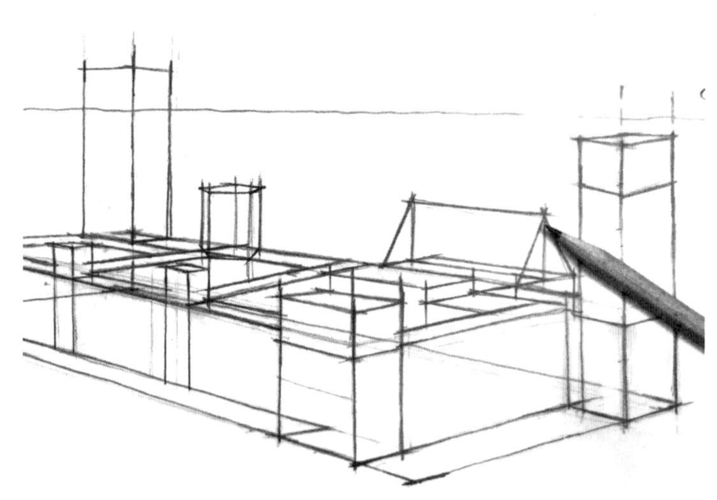

9. 用铅笔，参照图中坡屋顶屋脊与视平线的距离，在坡屋顶侧立面中轴线上截取三角形顶点的位置，再连点成线形成屋脊；最后，分别连接坡屋顶侧立面各顶点，形成完整的坡屋顶造型。

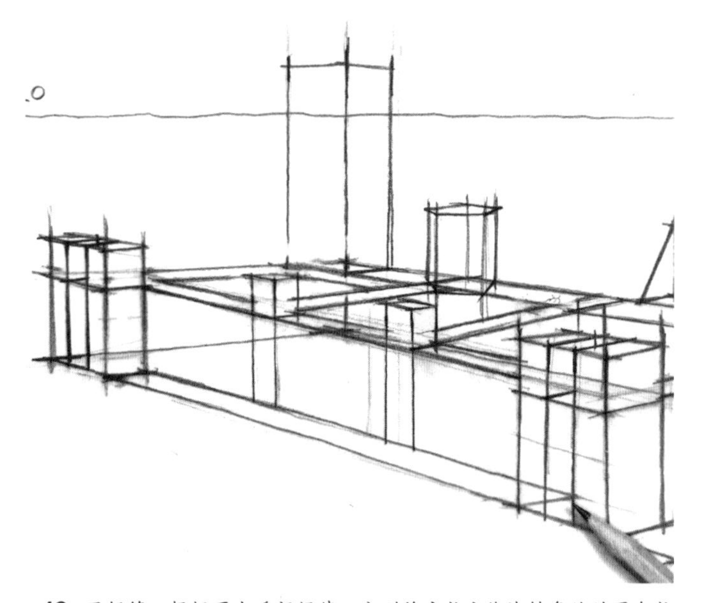

10. 用铅笔，根据两点透视规律，分别将主长方体块转角处的两个长方体进行分割，如图所示。

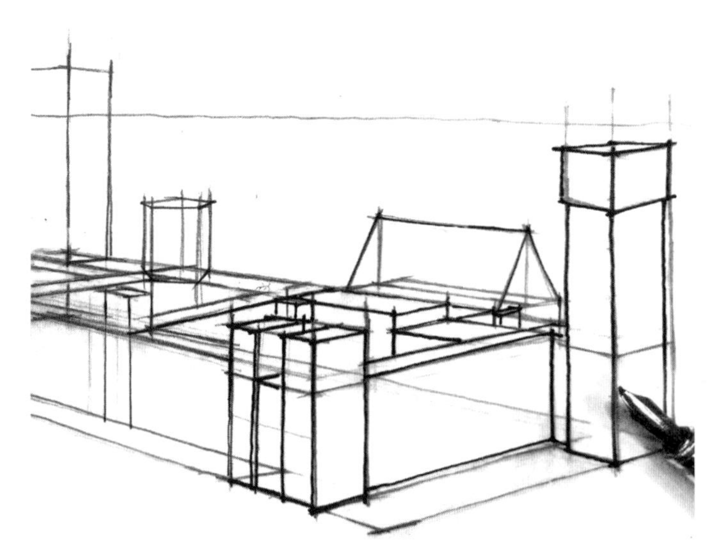

11. 用美工钢笔，按照由近及远的顺序，先绘制建筑右侧的体块结构。注意，根据画面需要，灵活选用美工钢笔的笔尖与笔腹，绘制理想宽度的线条。

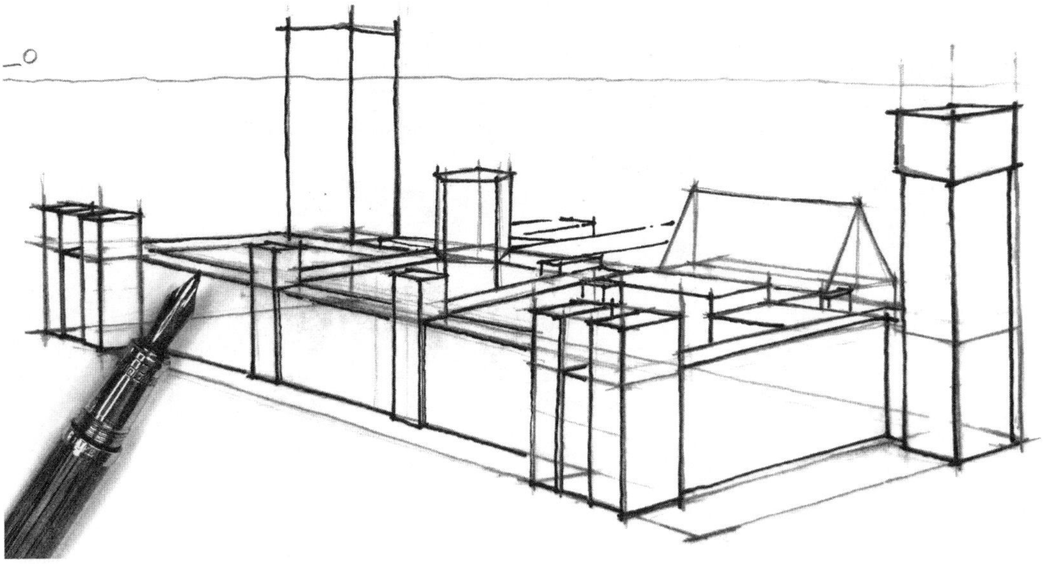

12. 用美工钢笔，绘制建筑全部的体块结构。注意，美工钢笔的笔尖与笔腹，可以根据画面需要灵活选用。

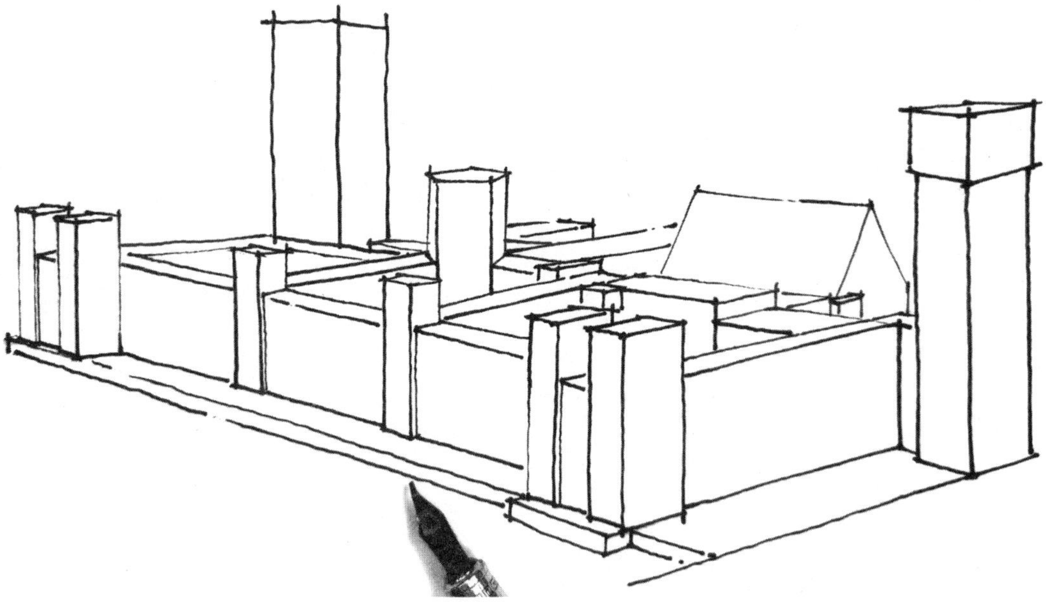

13. 用橡皮清理铅笔底稿，用美工钢笔完成所有体块结构的绘制。

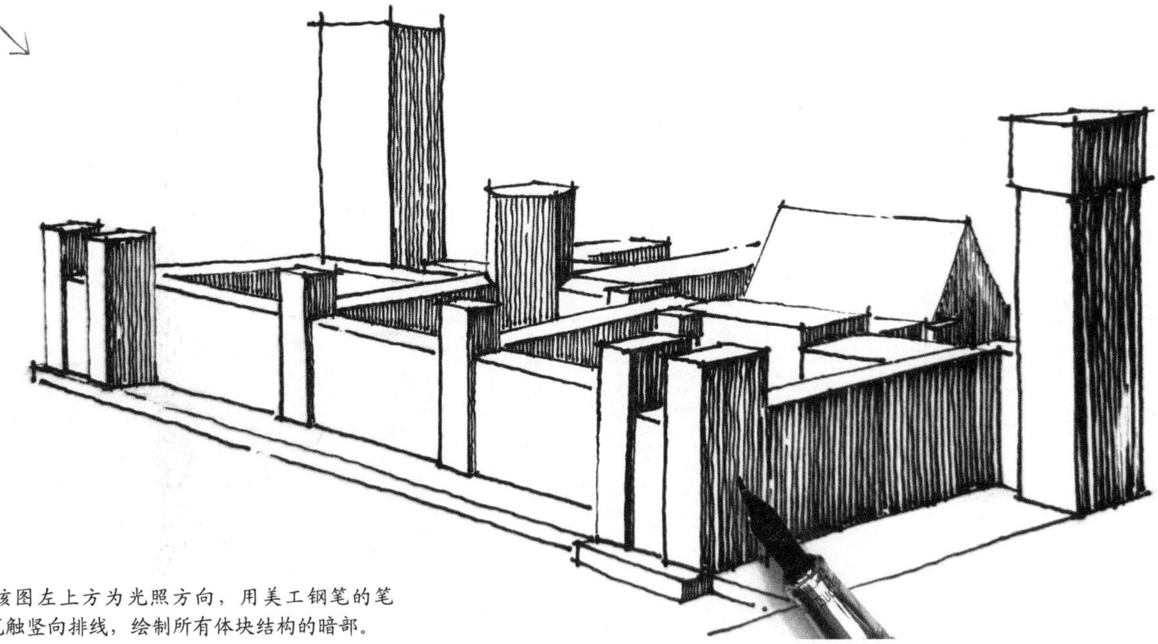

14. 设置该图左上方为光照方向，用美工钢笔的笔尖，以细笔触竖向排线，绘制所有体块结构的暗部。

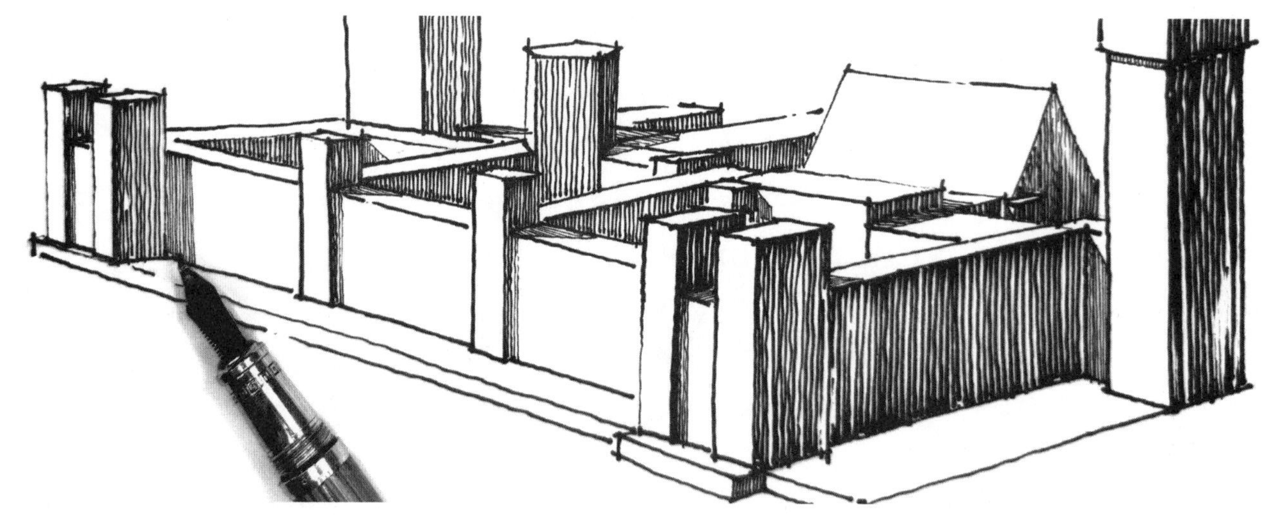

15. 用美工钢笔的笔尖，以细笔触排线绘制所有体块外立面的投影。

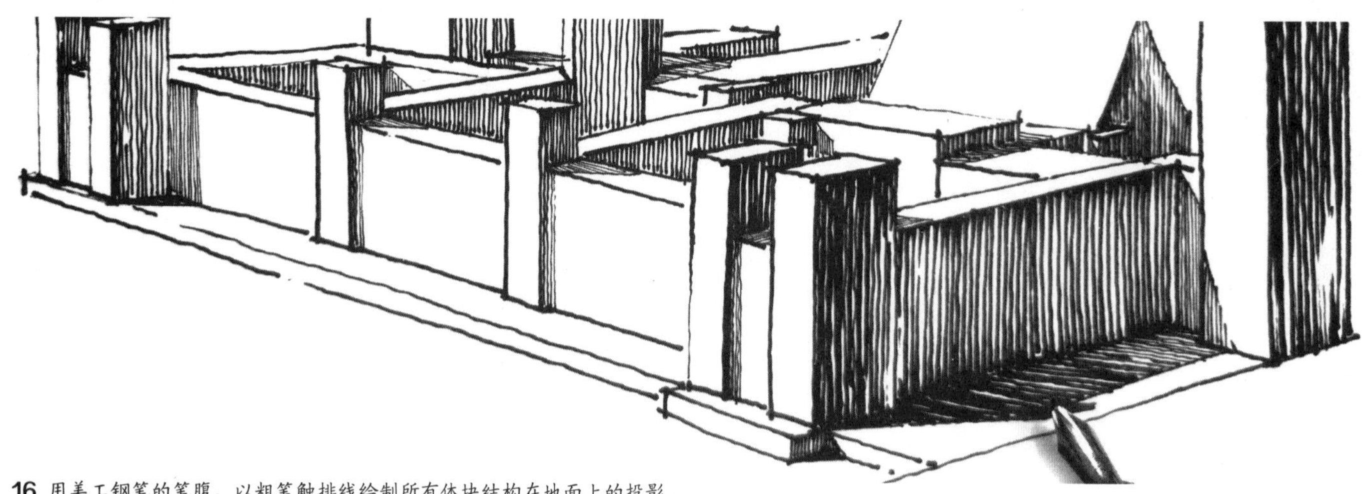

16. 用美工钢笔的笔腹，以粗笔触排线绘制所有体块结构在地面上的投影。

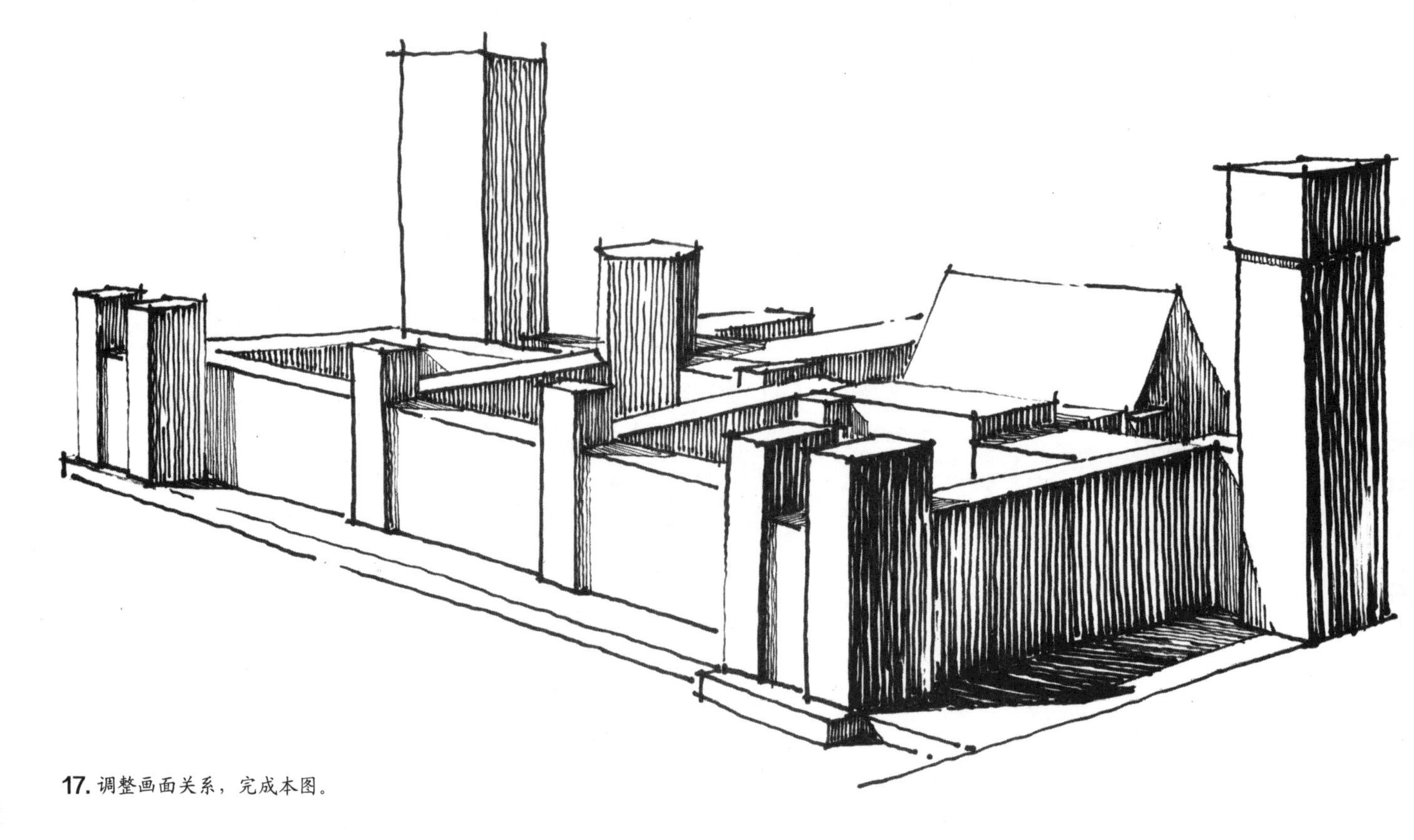

17. 调整画面关系，完成本图。

●1.3 配景训练

本环节选取原图中一角，集中表现主体建筑以外的配景建筑群和植物。为了突出配景，在画面处理上，对位于前景的主体建筑，结构与细节将全部舍弃，仅保留其轮廓。出于训练手绘者观察力和徒手表现能力的目的，本图不设定视平线和消失点的位置，其绘制步骤如下：

1. 用铅笔，以快线勾勒出前景的主体建筑、配景建筑群和植物的主要轮廓。

2. 用铅笔，进一步勾勒出前景主体建筑的轮廓细节。

3. 用美工钢笔的笔尖，以细笔触绘制前景主体建筑的轮廓。

4. 设置该图左上方为光照方向，用美工钢笔的笔尖，以细笔触纵向短排线绘制配景植物。注意，植物受光部尽量留白，排线时注意疏密关系，植物的密集排线与前景主体建筑的轮廓线衔接要整齐而紧密，以突出构图的层次关系。

5. 用美工钢笔的笔尖，以细笔触绘制背景建筑群的结构；再根据受光规律，以纵向短排线绘制最远处的配景植物。注意，为远处配景植物排线时，尽量减少细节层次刻画，减弱对比，使画面关系符合近实远虚的规律。

6. 用美工钢笔的笔尖，根据受光规律，以细笔触深入刻画背景建筑群中较近位置建筑的结构与明暗关系。

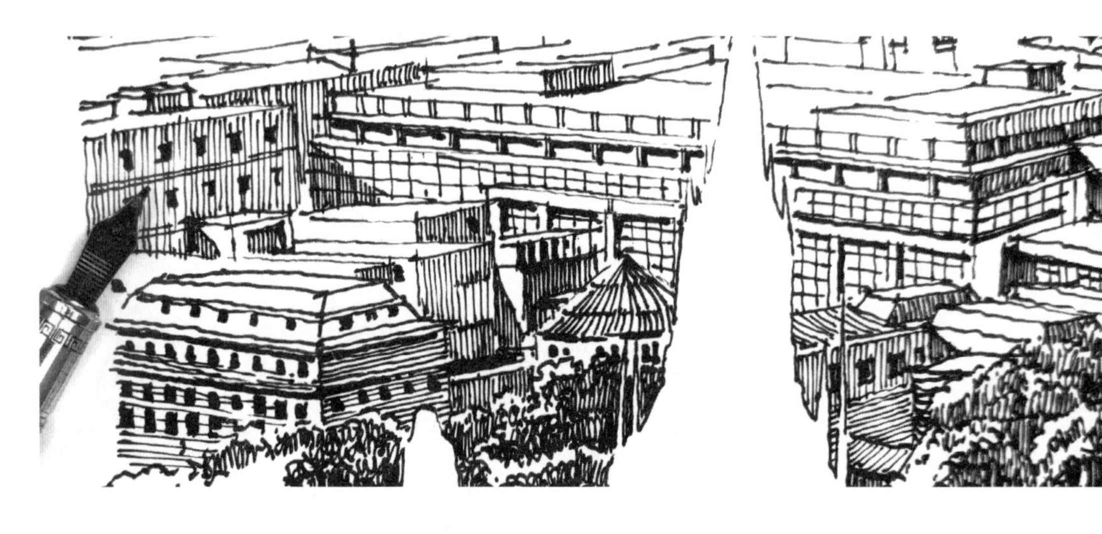

7. 用美工钢笔的笔尖，根据受光规律，以细笔触刻画背景建筑群中较远位置建筑的结构与明暗关系。

8. 用美工钢笔的笔尖，根据受光规律，以细笔触深入刻画背景建筑群中最远位置建筑的结构与明暗关系。注意，要把握近实远虚的规律，画出建筑群的层次感。

9. 调整画面关系，完成本图。

●1.4 局部训练

为了更好地提高单项训练能力，深入细节刻画，接下来我们将提取两处建筑场景中的局部图像进行深入表达。

（1）局部训练一

右图为场景中钟楼屋顶造型的局部，图中的视平线位于画面垂直方向约2/3靠上的位置，消失点0和0'分别定位在画面外两侧，设置左上方为光照方向。该图建议以美工钢笔为主要手绘工具。其绘制步骤如下：

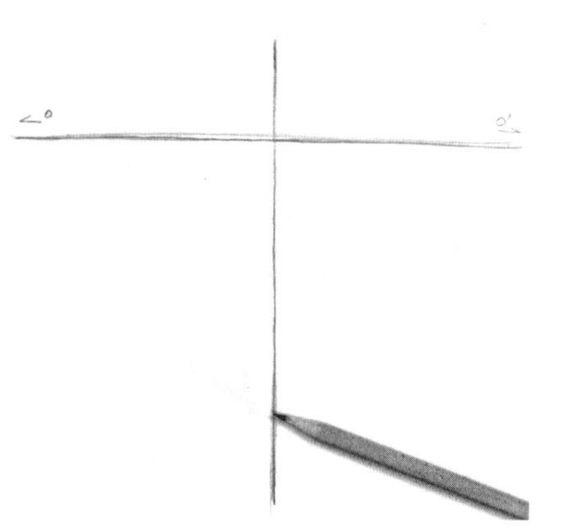

1. 用铅笔，在A4纸垂直方向约2/3的位置画下视平线，该图为两点透视，消失点0和0′分别定位在画面外两侧，再以垂线画出钟楼的中轴线。

2. 用铅笔，根据两点透视规律，按照由上至下的顺序，绘制钟楼的基本结构。

3. 继续用铅笔，根据两点透视规律，按照由近及远的顺序，绘制背景建筑群和植物的轮廓与基本结构。

4. 用美工钢笔，根据受光规律，绘制钟楼的暗部结构。注意，美工钢笔的笔尖与笔腹，可以根据画面需要灵活选用。

5. 用美工钢笔的笔尖，根据受光规律，以细笔触绘制钟楼受光部的细节结构。注意，结构转折处须加重。

6. 用美工钢笔，绘制钟楼右侧建筑的细节结构和明暗关系。

7. 用美工钢笔，绘制钟楼左侧建筑和植物的结构和明暗关系。

8. 用美工钢笔的笔尖，完成所有背景建筑、植物基本结构和明暗关系的绘制。

9. 用美工钢笔的笔尖，绘制背景建筑的窗户。注意，把握近实远虚的关系，远处的窗户可适当概括。

10. 调整画面关系，完成本图。

（2）局部训练二

下图为场景中转角处的塔楼造型局部，图中的视平线高于画面顶部，消失点0和0'分别定位在画面外两侧，设置左上方为光照方向。本图建议以美工钢笔为主要手绘工具。其绘制步骤如下：

1. 用铅笔，在A4纸垂直方向接近顶边的位置画下视平线，该图为两点透视，消失点0和0'分别定位在画面外两侧；接下来，将塔楼造型概括成长方体，根据两点透视规律，绘制于图中。注意，长方体的比例和画面构图。

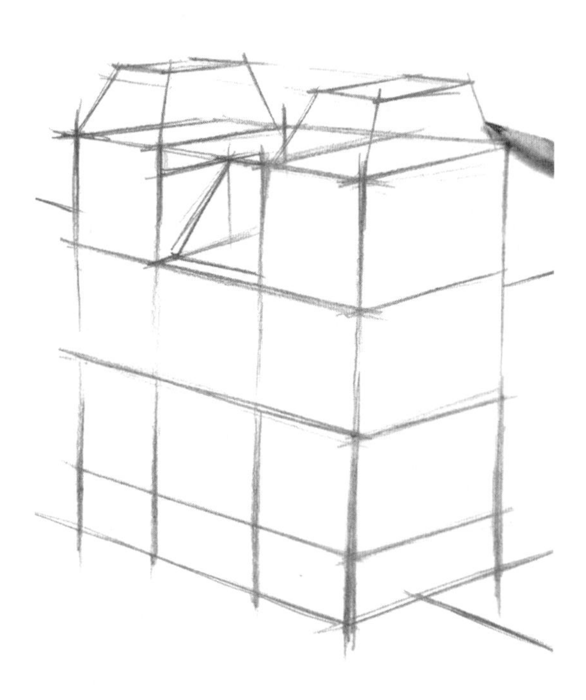

2. 用铅笔，根据两点透视规律，依托之前绘制的长方体轮廓，画出双塔楼的主要结构。

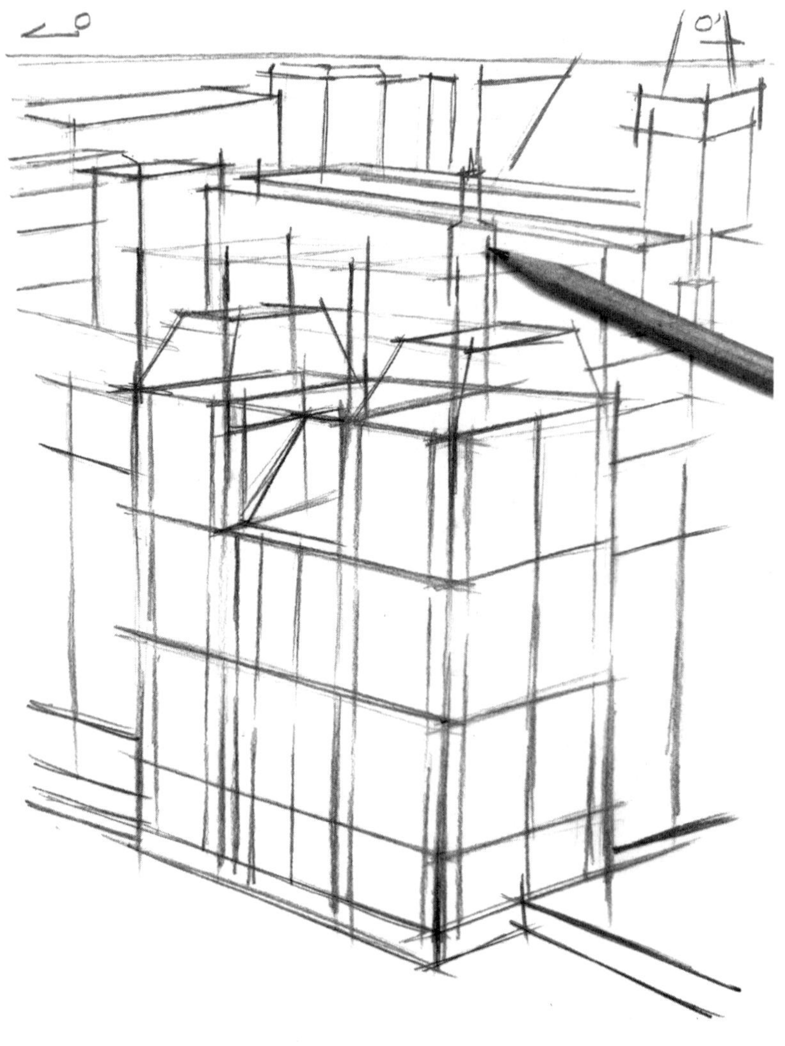

3. 用铅笔，根据两点透视规律，进一步丰富双塔楼和周边建筑的结构。注意，欧式建筑外立面装饰比较繁琐，铅笔底稿只需标记其位置、轮廓、轴线即可，无需深入绘制其结构。

4. 设置左上方为光照方向，用美工钢笔的笔尖，以细笔触垂直排线，先铺满塔楼及右侧建筑的暗部，然后在其上绘制装饰结构，最后绘制画面右下角的地面平台及围栏结构。

5. 用美工钢笔的笔腹，以粗笔触绘制画面右侧建筑暗部内的门窗及装饰构件，然后绘制画面右下角平台立面的肌理及建筑在平台上的投影。注意，绘制门窗时，玻璃和洞口可以大胆加重色，其上装饰构件可留白。

6. 用美工钢笔的笔尖，根据受光规律，以细笔触排线绘制画面内所有建筑的暗部和投影，再以细笔触绘制各坡屋顶瓦的结构线。

7. 用美工钢笔的笔尖，根据受光规律，以细笔触刻画最近处塔楼顶的装饰结构。

8. 用美工钢笔的笔腹，根据受光规律，以粗笔触刻画最近处塔楼受光部的门窗结构。注意，绘制门窗时，玻璃和洞口可以大胆加重色，其上装饰构件需留白，以确保有一定细节。

9. 用美工钢笔，根据受光规律，刻画最近处塔楼后方的另一塔尖。注意，美工钢笔的笔尖与笔腹，可以根据画面需要灵活选用。

10. 用美工钢笔，根据受光规律，刻画双塔楼之间建筑的受光部装饰结构。

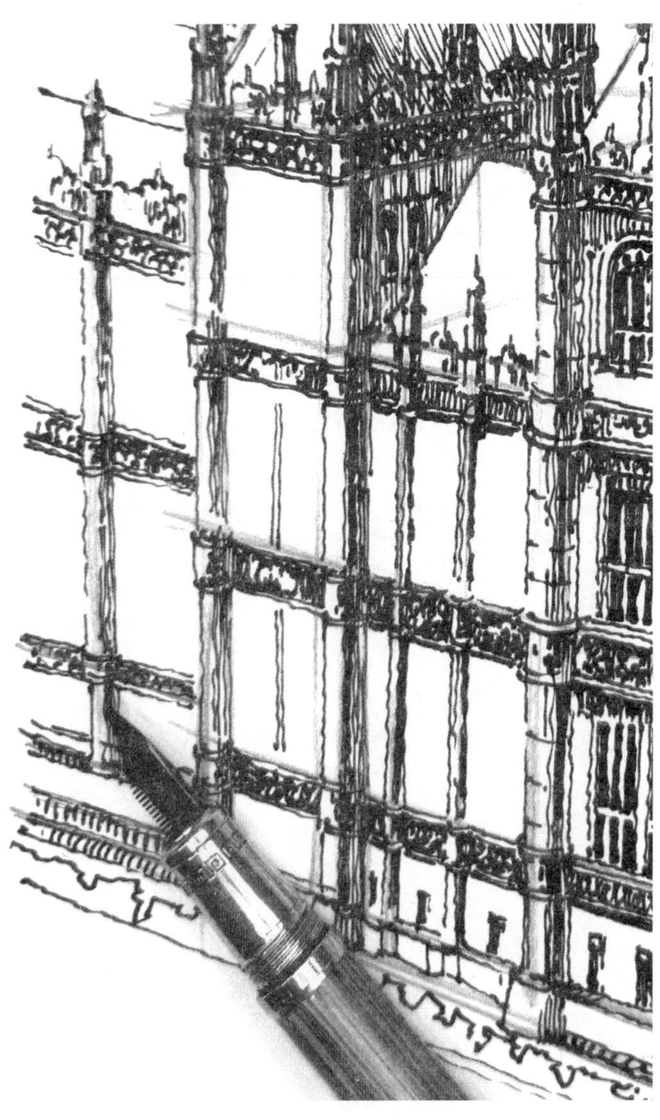

11. 用美工钢笔的笔尖，根据受光规律，以细笔触刻画另一塔楼及其左侧建筑的受光部装饰结构。

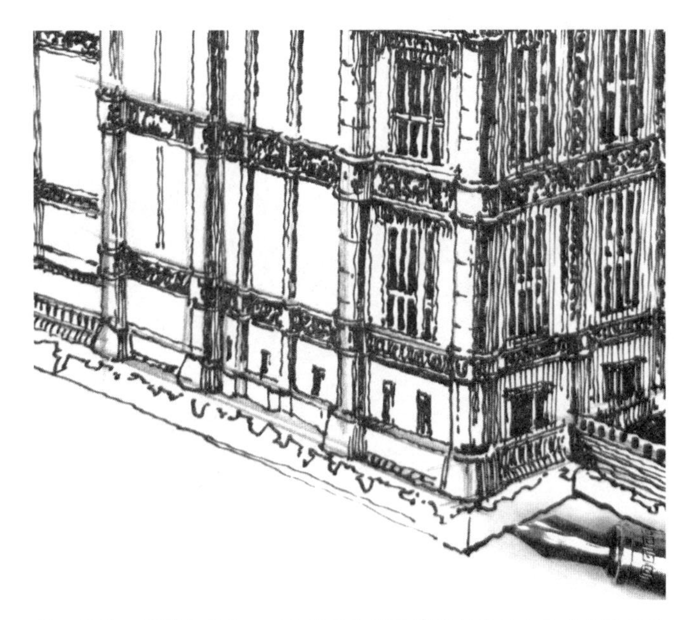

12. 用美工钢笔的笔尖，以细笔触绘制该建筑基座平台及其上绿化的基本结构。

14. 用美工钢笔的笔尖，以细笔触排线绘制画面内所有建筑坡屋面瓦的结构线。

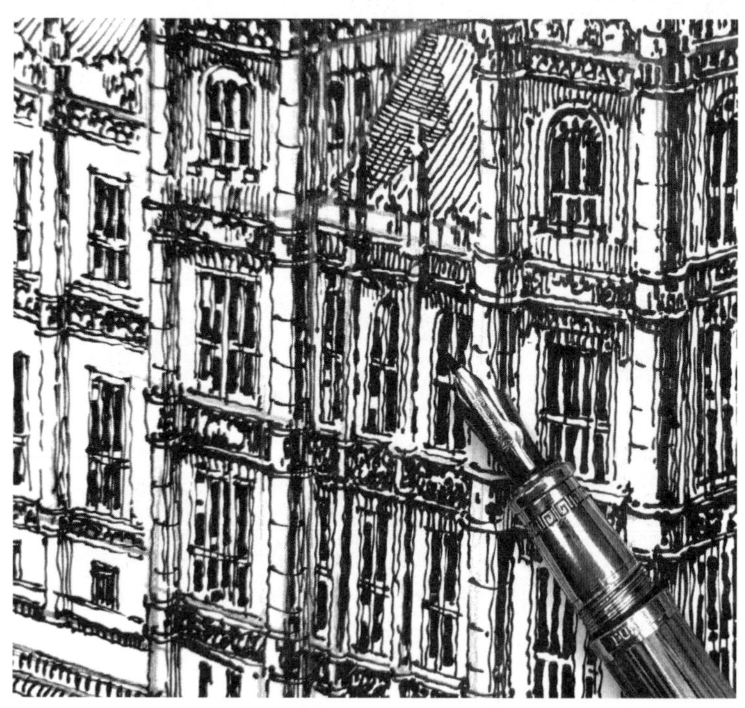

13. 用美工钢笔的笔尖，根据受光规律，以细笔触绘制画面中较近位置塔楼及周边建筑的门窗结构，再以排线绘制建筑坡屋顶的投影。

15. 用美工钢笔的笔腹，以粗笔触加重建筑立面窗户的玻璃颜色，窗构件留白。注意，加重窗户玻璃的时候，尽量不要让重色涂出玻璃的区域；另外，重色不要完全平涂，需根据受光规律，适当为高光留白。

16. 用美工钢笔的笔腹，以粗笔触短弧线排线绘制建筑前方的水面效果。注意，水面绘制需控制好线条整体的疏密关系，贴近水岸的部分线条比较密集。

17. 用美工钢笔，刻画画面右侧尖顶塔楼建筑的细节。注意，灵活选用美工钢笔的的笔尖与笔腹。

18. 用美工钢笔的笔尖，以细笔触继续绘制周边建筑的窗口和屋顶装饰结构。

19. 用美工钢笔的笔尖，以细笔触横向排线绘制塔楼后边建筑的墙面肌理线，使建筑空间层次过渡得更加柔和。

20. 用美工钢笔的笔尖，以细笔触排线弱化塔楼左侧建筑立面的对比度，衬托双塔楼的强对比效果，烘托其画面主体地位。

21. 调整画面关系，完成本图。

2.全景绘制步骤

之前进行的草图、透视、光影、配景、局部等单项训练，使我们充分体验了手绘基础能力在场景表现中的应用，进而对该建筑场景从宏观到细节方面有了比较全面和深入的认识。在此基础上，我们将整合这些内容，进行综合性、系统性的建筑场景手绘，以求厚积薄发、游刃有余、一气呵成。本环节以美工钢笔为主要绘制工具，细节处辅以中性笔。

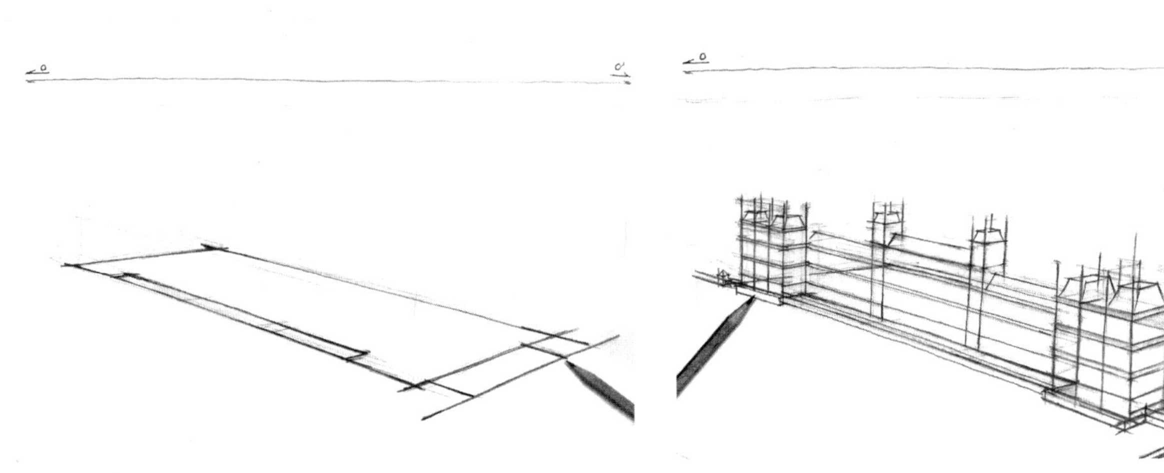

1. 本图建议选用A3幅面手绘纸横版绘图。用铅笔，在纸张垂直方向约4/5的位置画下视平线，消失点0和0′分别定位在画面外两侧。接下来，根据两点透视规律，画出主体建筑在地面上的正投影长方形轮廓，并在其中分割出建筑各体块的正投影轮廓。注意，构图的大小和比例，特别是长方形正投影与视平线的高度距离。

2. 用铅笔，根据两点透视规律，画出鸟瞰建筑较靠前部分的基本结构、分层线以及画面右下角的场地结构。

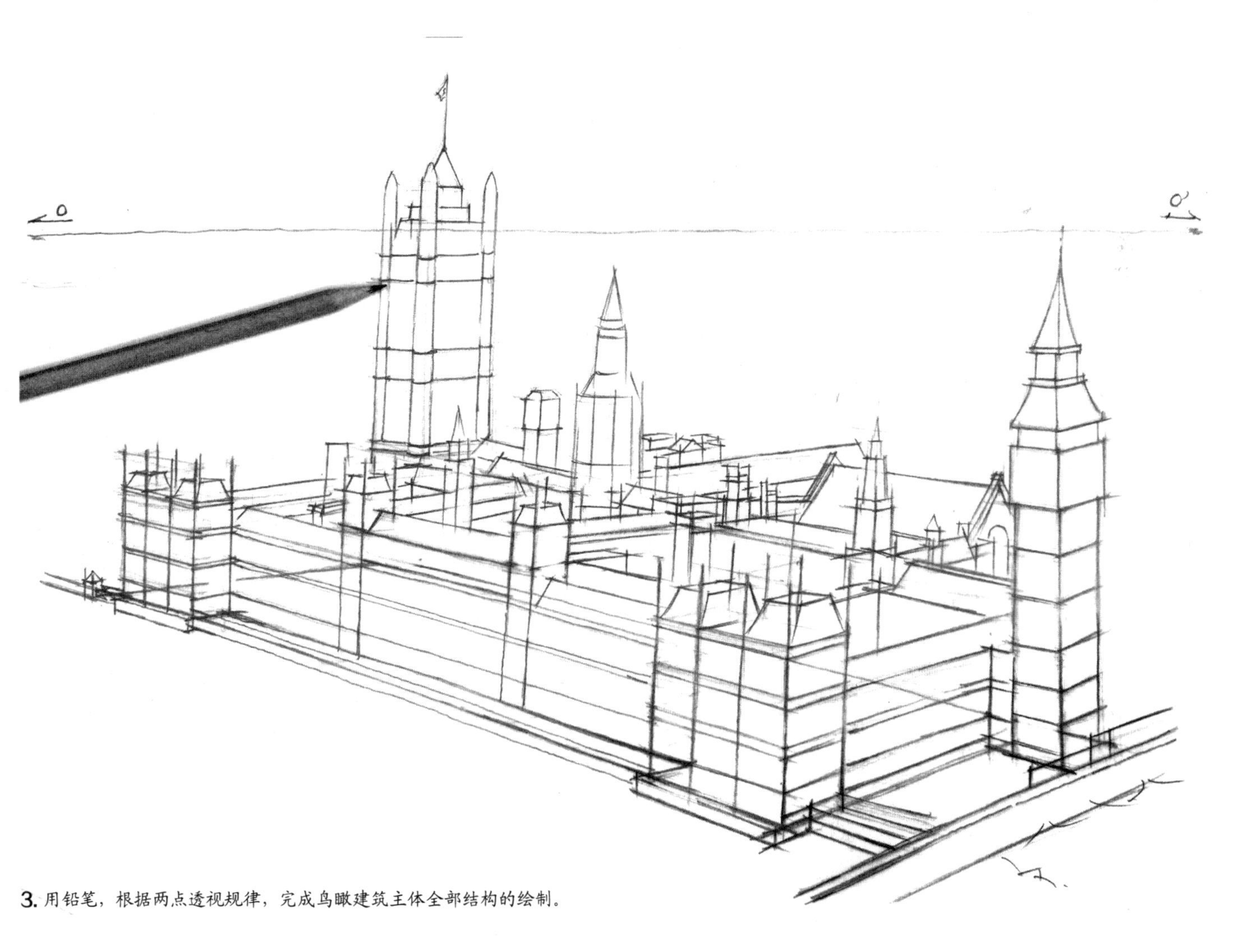

3. 用铅笔，根据两点透视规律，完成鸟瞰建筑主体全部结构的绘制。

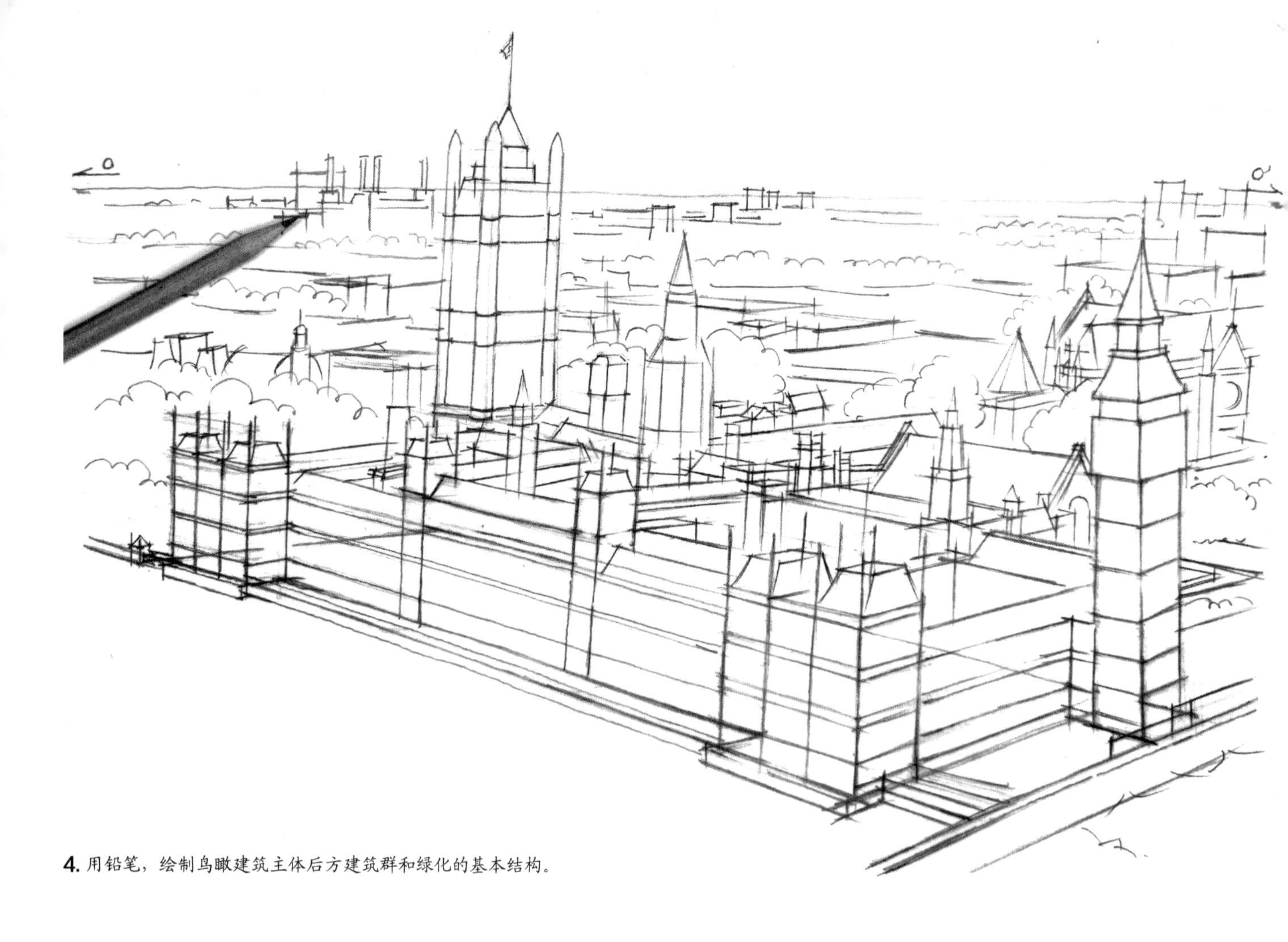

4. 用铅笔，绘制鸟瞰建筑主体后方建筑群和绿化的基本结构。

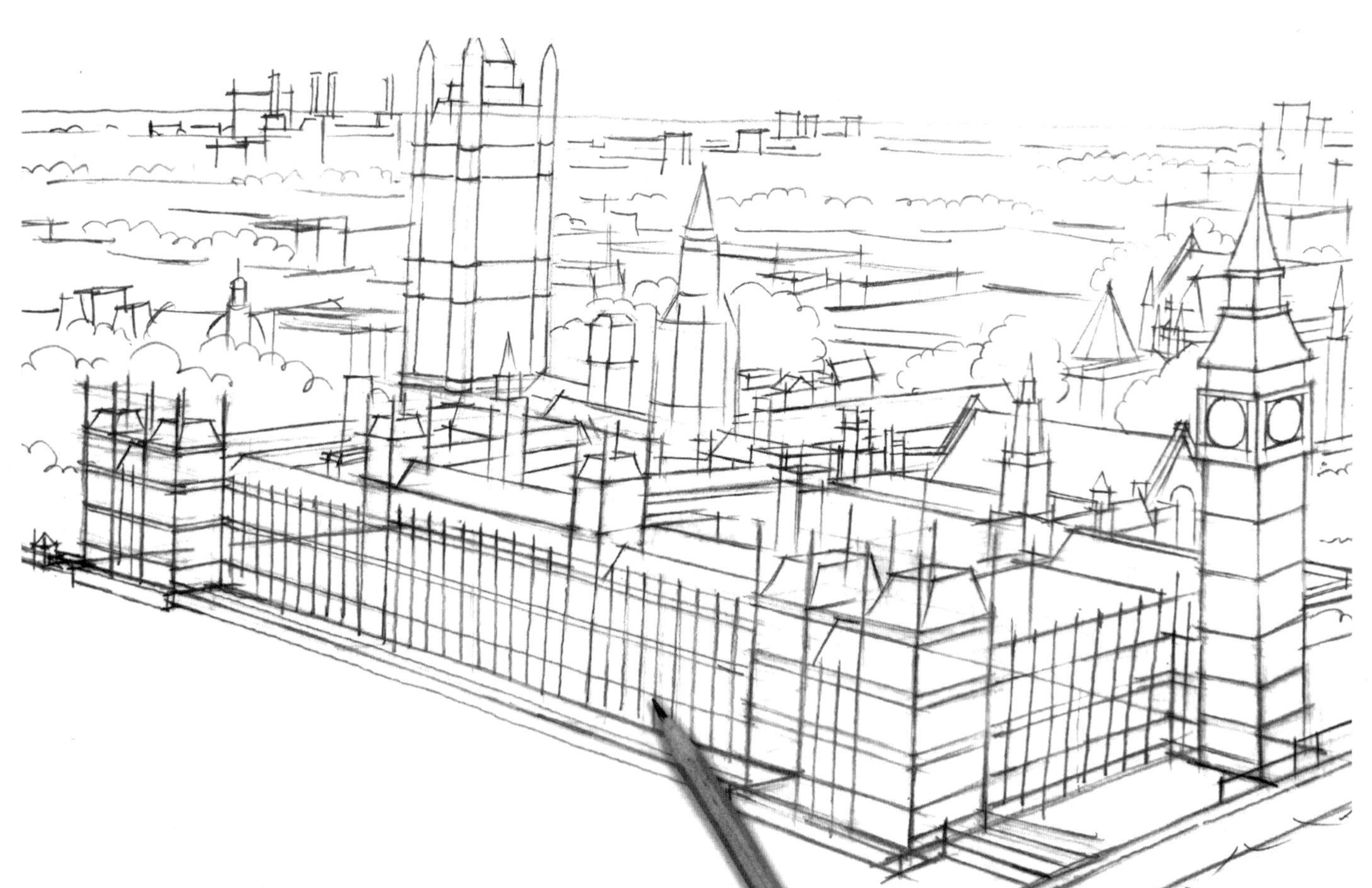

5. 用铅笔，绘制等分垂线示意建筑立面纵向装饰构件的位置以及前方钟楼表盘的图形结构。

6. 设置该图左上方为光照方向，用美工钢笔的笔尖，以细笔触竖向排线，绘制画面右侧位置靠前建筑的暗部。注意，在暗部排线时要体现建筑装饰构件的轮廓。

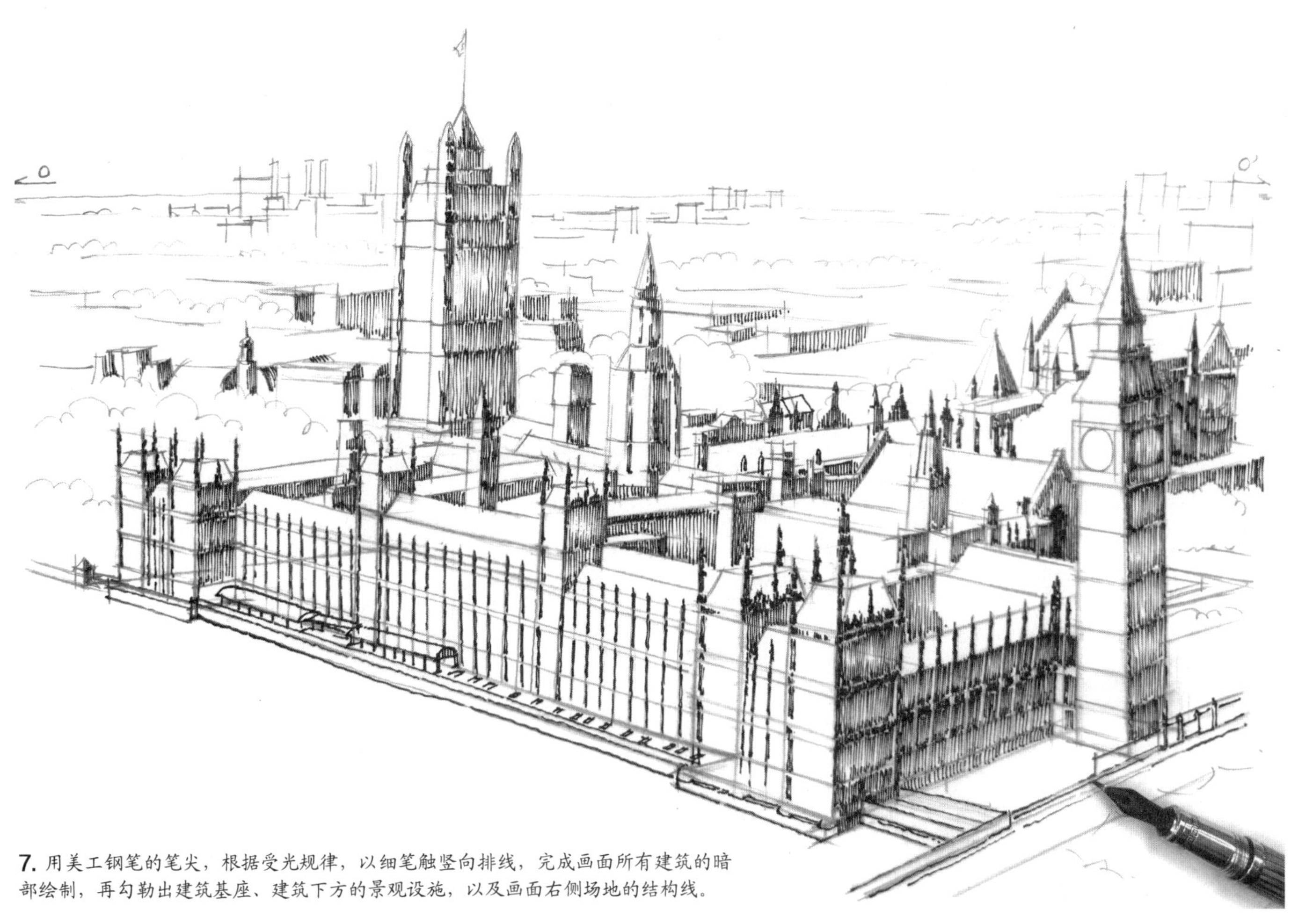

7. 用美工钢笔的笔尖，根据受光规律，以细笔触竖向排线，完成画面所有建筑的暗部绘制，再勾勒出建筑基座、建筑下方的景观设施，以及画面右侧场地的结构线。

8. 用美工钢笔的笔尖，根据受光规律，以细笔触排线，绘制钟楼受光部建筑结构的投影。

9. 用美工钢笔的笔尖，根据受光规律，以细笔触排线，绘制画面主体建筑受光面及地面的投影。

10. 用美工钢笔的笔尖，以细笔触排线，绘制画面主体建筑的屋顶。<u>注意，排线运笔的方向应根据屋顶结构的变化而变化。</u>

11. 用美工钢笔的笔尖，根据受光规律，以细笔触绘制画面右下角塔楼的装饰结构。

12. 用美工钢笔的笔尖，根据受光规律，以细笔触刻画塔楼受光部的窗口。

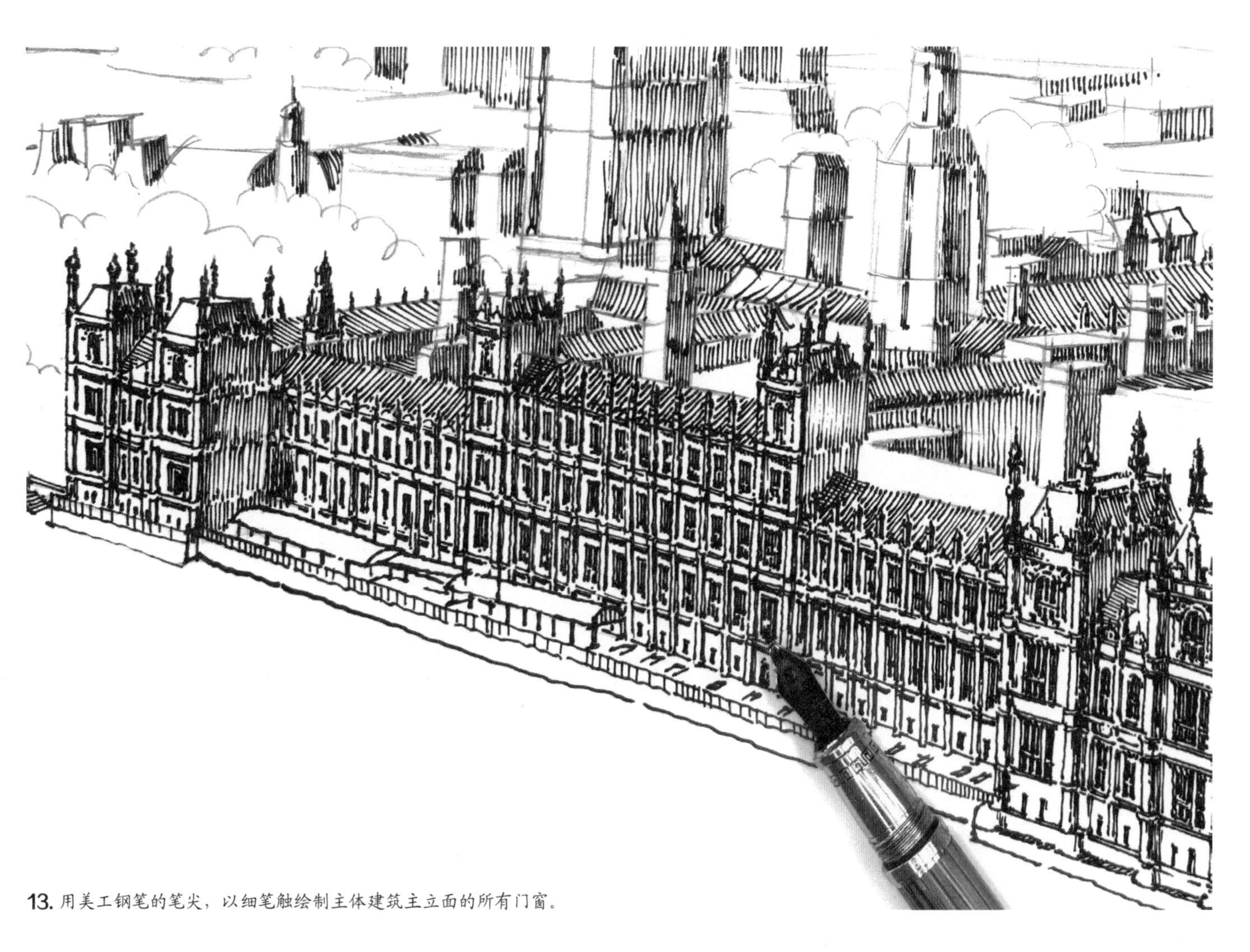

13. 用美工钢笔的笔尖，以细笔触绘制主体建筑主立面的所有门窗。

14. 用美工钢笔的笔腹，以粗笔触绘制主体建筑主立面下方的景观设施。注意，不用特意刻画设施的细节，利用黑白对比示意各类景观设施与地面的关系即可。

15. 用中性笔，根据受光规律，绘制主体建筑天井空间的立面结构及光影关系。注意，以下部分步骤将涉及精细绘制的环节，美工钢笔的的笔尖难以满足要求，因此改用中性笔。

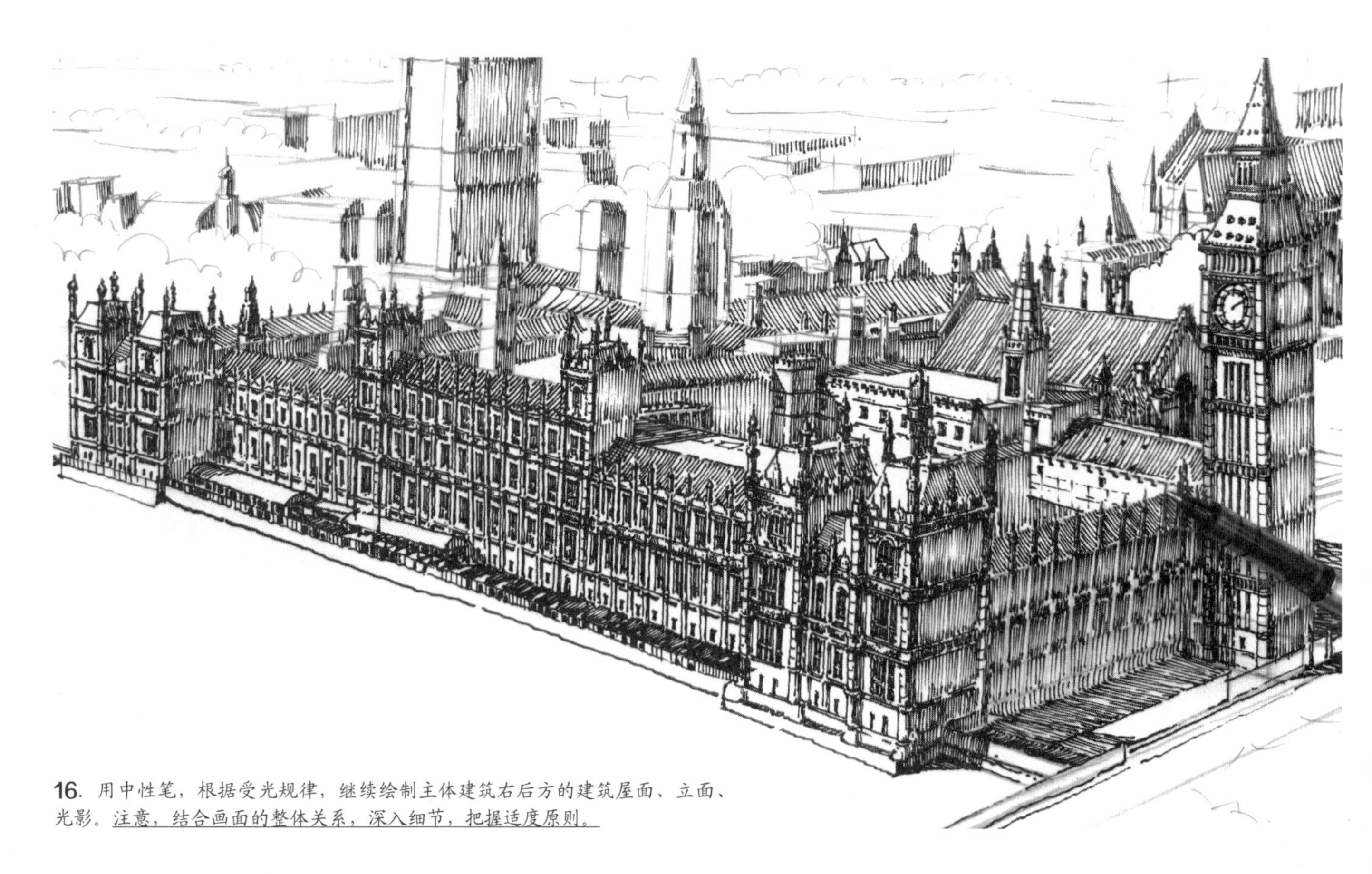

16. 用中性笔，根据受光规律，继续绘制主体建筑右后方的建筑屋面、立面、光影。注意，结合画面的整体关系，深入细节，把握适度原则。

17. 用美工钢笔的笔尖，根据受光规律，以细笔触深入刻画画面中部塔楼受光部位的细节结构与光影关系。

18. 换用中性笔，根据受光规律，刻画主体建筑左后方最高塔楼的受光部。注意，需要遵循上实下虚的效果，表达塔楼结构与光影关系。

19. 继续用中性笔，根据受光规律，刻画最高塔楼右侧较矮塔楼的受光部结构与光影关系。

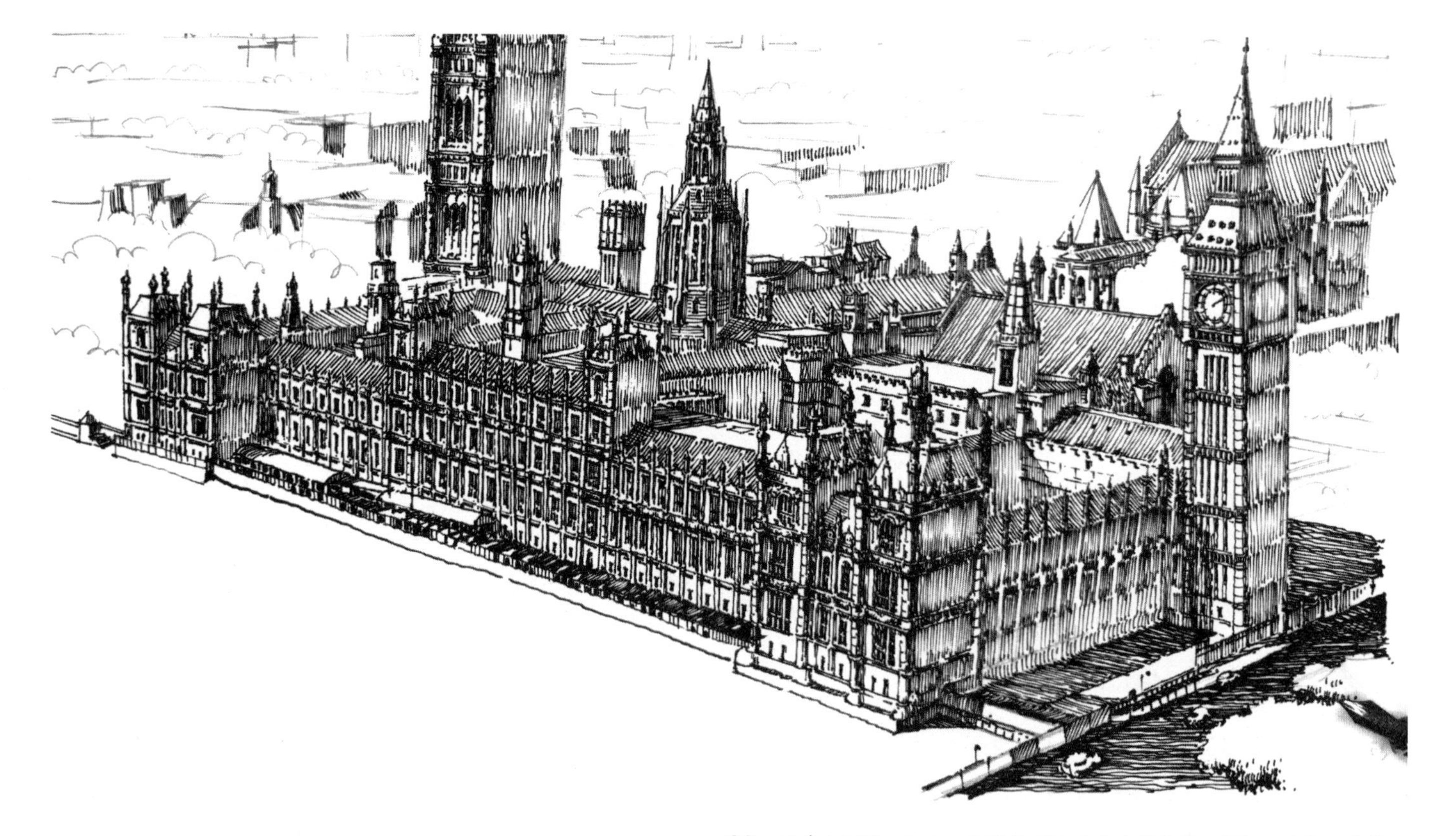

20. 用美工钢笔，先以细笔触绘制画面右下角植物、栏杆、车辆、各类设施的形体与结构，再以粗笔触小振幅慢线排线表达路面的颜色。注意，画面右下角各种配景及交通设施留白，利用路面重色对配景起衬托作用。

21. 以下七个步骤将绘制本图的背景楼群和植物，按照绘图顺序进行局部演示，以保证读者能够清晰看到背景的细节内容。用美工钢笔的笔腹，以粗笔触绘制画面右侧钟楼后方的场地与植物。注意，由于该区域基本笼罩在建筑的投影下，场地内容尽量少留白，排线可适当叠加，以丰富层次感；绘制植物时，可用垂直方向的短线排线，越靠近植物下部，叠加层次逐渐丰富，以增强立体感。

22. 换用中性笔，按照由近及远的顺序，绘制主体建筑后方背景楼群和植物的结构。

23. 用中性笔，继续绘制画面右上角的背景楼群和植物。注意，根据近实远虚的视觉规律，越靠后的建筑，结构越需提炼概括。

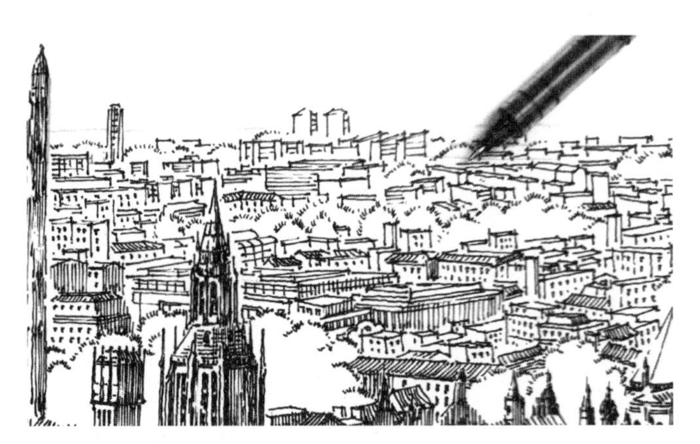

24. 用中性笔，继续绘制画面上方背景中的建筑群和植物。注意，在背景刻画中，建筑的线条相对密集，植物的线条相对疏散，要灵活掌控两者的衔接，使画面形成良好的疏密对比关系。

25. 用中性笔，绘制画面左侧的背景内容，先绘制相对靠前的建筑和植物。

26. 用中性笔，绘制画面左上角背景中的建筑和植物。

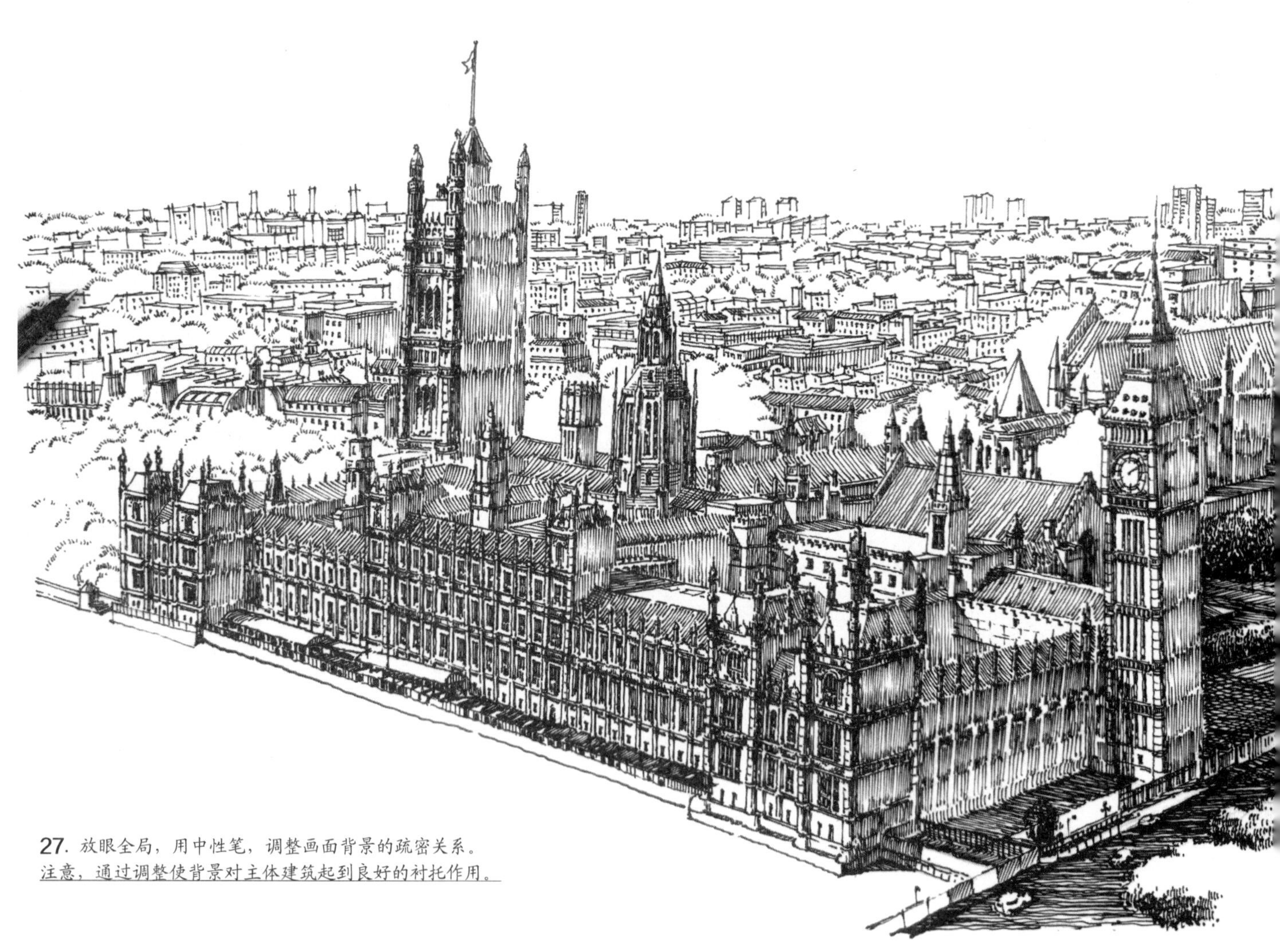

27. 放眼全局，用中性笔，调整画面背景的疏密关系。
注意，通过调整使背景对主体建筑起到良好的衬托作用。

28. 开始绘制建筑主体的暗部结构。用美工钢笔的笔腹，按照由近及远的顺序，先以粗笔触绘制主体建筑右下角双塔塔楼暗部装饰及门窗结构。注意，由于这些结构是在已有纵向排线的暗部底色上绘制，除了明暗交界线部位的结构需要精致刻画以外，其他结构应适当概括，以丰富空间层次感。

29. 用美工钢笔的笔尖绘制画面右侧钟楼塔尖暗部的装饰结构及窗口。

30. 用美工钢笔的笔腹，按照由上至下的顺序，以粗笔触绘制钟楼暗部的表盘、装饰及门窗结构。

31. 用美工钢笔的笔腹，以粗笔触绘制钟楼周边建筑暗部的装饰及门窗结构；再以步骤21的方法，绘制钟楼顶部左侧的绿化。注意，本步骤所绘制的建筑属于配景建筑，相较主体建筑而言，结构绘制可适当概括。

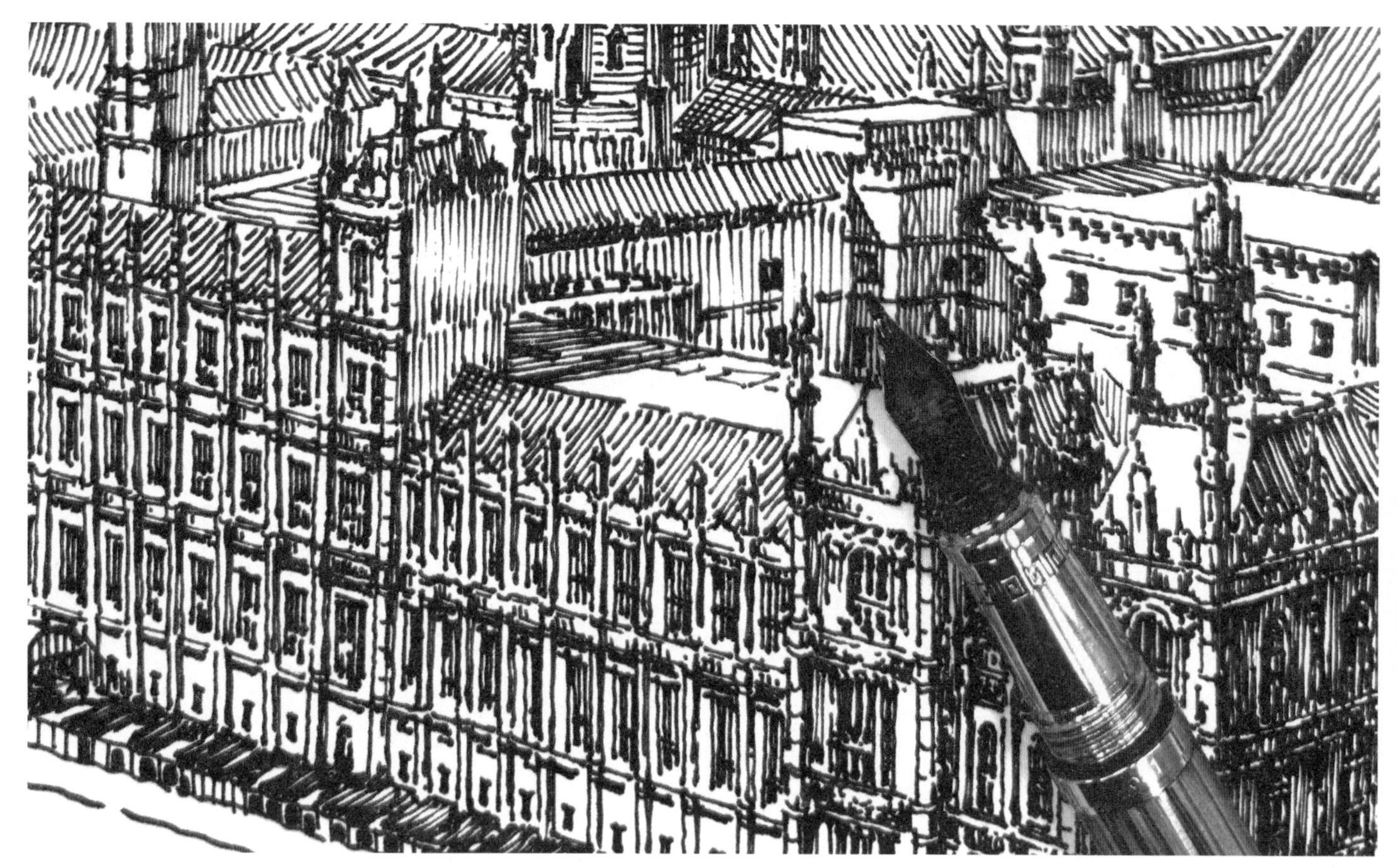

32. 用美工钢笔的笔尖，以粗笔触点笔绘制主体建筑中的天井空间立面的暗部和光影范围内的窗户。

33. 用美工钢笔的笔尖，以细笔触绘制画面中部塔楼的暗部细节结构。

34. 用美工钢笔的笔腹，以粗笔触绘制主体建筑其他塔楼暗部的装饰结构及窗口。

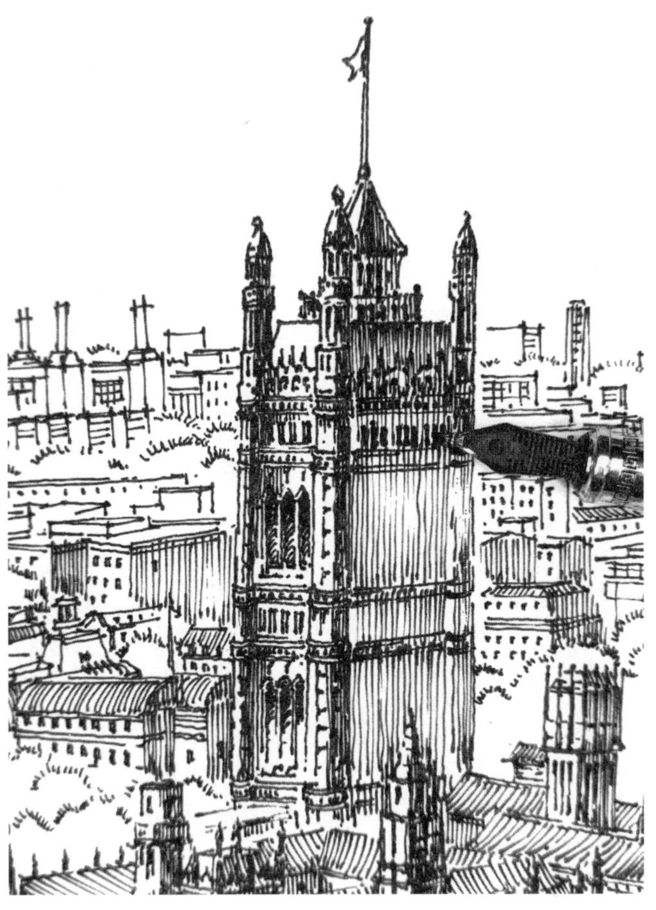

35. 用美工钢笔的笔尖，按照上实下虚的效果，以细笔触绘制画面左侧最高塔楼的楼顶暗部装饰结构及窗口。注意，要适当加重明暗交界线处的刻画。

36. 用美工钢笔的笔腹，以粗笔触完成该塔楼暗部装饰结构及窗口的绘制。注意，该塔楼下部结构的刻画要尽量概括，以虚实对比使其与前方塔楼的塔尖拉开空间关系。

37. 用美工钢笔的笔尖，以细笔触短排线叠加法，绘制画面左侧主体建筑旁边的大面积植物。注意，应用线条的疏密对比关系，表达植物的空间层次感。

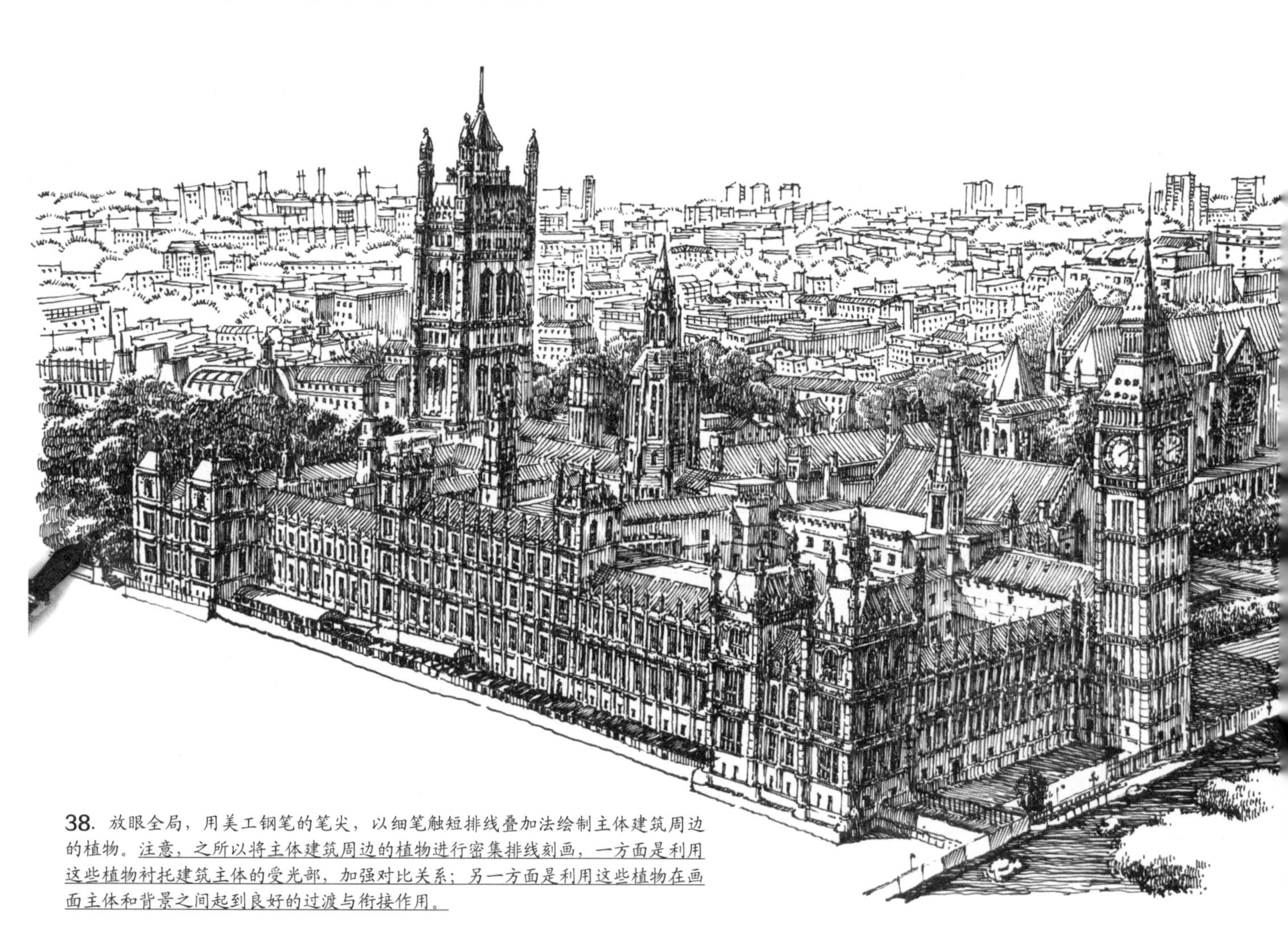

38. 放眼全局，用美工钢笔的笔尖，以细笔触短排线叠加法绘制主体建筑周边的植物。注意，之所以将主体建筑周边的植物进行密集排线刻画，一方面是利用这些植物衬托建筑主体的受光部，加强对比关系；另一方面是利用这些植物在画面主体和背景之间起到良好的过渡与衔接作用。

39. 开始绘制配景建筑群的暗部及光影。用中性笔，按照由近及远的顺序，以垂直排线绘制画面左上角配景建筑的暗部及光影。

40. 用中性笔，继续以垂直排线绘制画面中部配景建筑的暗部及光影。

41. 用中性笔，完成画面所有配景建筑的暗部及光影绘制。

42. 开始绘制画面前景的水体。用中性笔，等距绘制水面上的三角形浮标。

43. 用美工钢笔的笔腹，按照由近及远的顺序，以粗笔触短弧线排线绘制建筑前方的水面效果。注意，画面右下角贴近水岸部分的水面，线条比较密集；其余部分要考虑光线反射的效果，适当留白。

44. 用美工钢笔的笔腹，按照由近及远的顺序，以粗笔触短弧线排线绘制完整的水面效果。注意，排线时要为三角形浮标留白；另外，出于构图需要，画面左下角建议留白。

45. 用美工钢笔的笔尖，以细笔触再次加强主体建筑最前方塔楼的明暗交界线，强调近实远虚的原则，增强画面空间感。

46. 调整画面关系，完成本图。

3.训练参考图

为了巩固本环节讲授的内容，特绘制以下两幅鸟瞰建筑手绘线稿，供读者临摹参考。

云南丽江古城沐王府

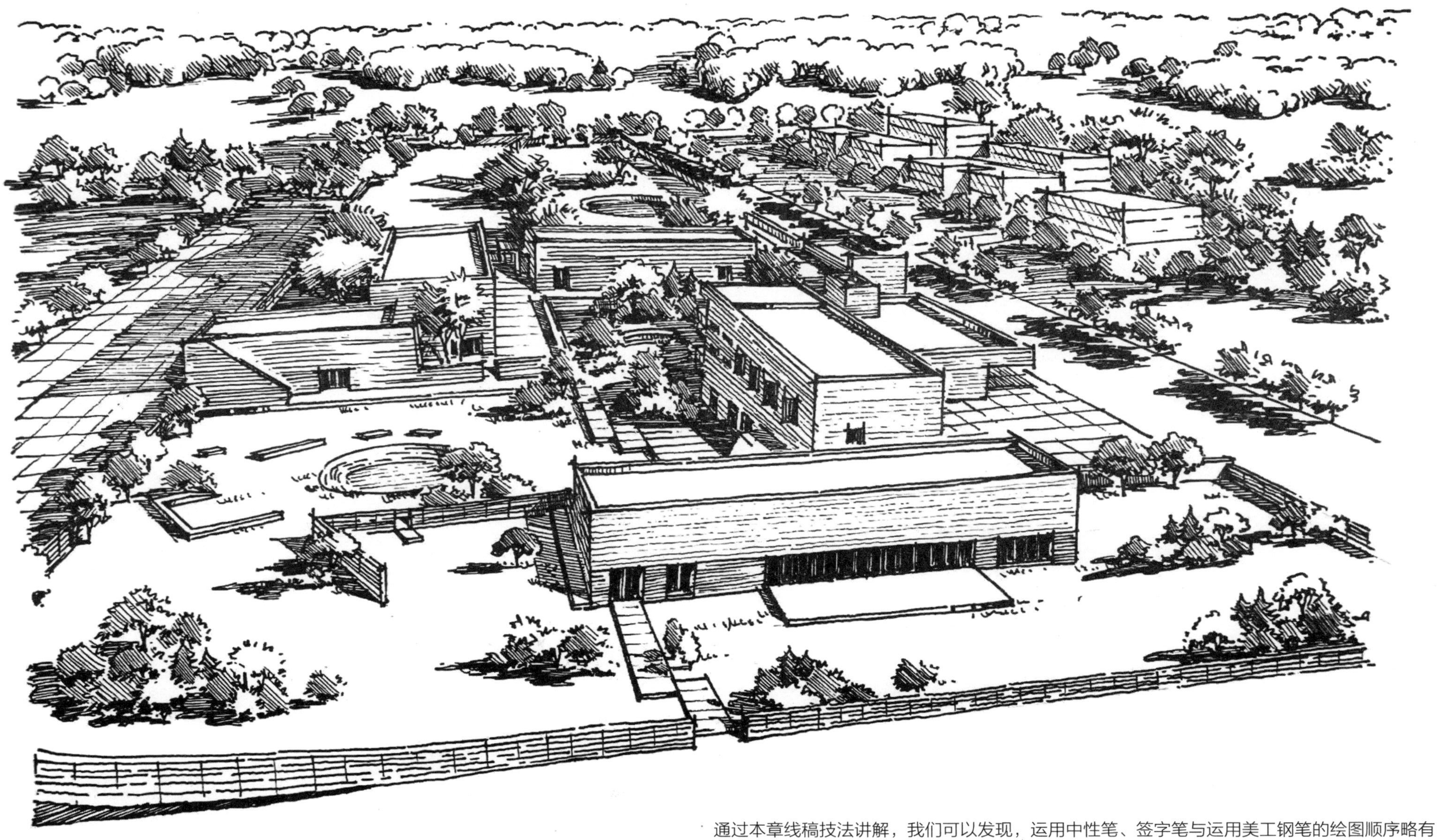

秦皇岛启行西港营地

通过本章线稿技法讲解，我们可以发现，运用中性笔、签字笔与运用美工钢笔的绘图顺序略有不同。前者讲究画图的整体秩序，先画轮廓、结构，后加明暗、光影，画面工整，层次分明，统一中求变化；而后者则可先局部深入，平行推进，最后再进行整体调整，画面对比强烈，灵活生动，变化中求统一。总而言之，运用美工钢笔进行建筑手绘线稿表达，难度高于中性笔、签字笔线稿表达，建议尽量先夯实基础，再使用该工具进行操作。

第四章

建筑设计线稿解构展示及作品欣赏

本章按照由简到繁，由收到放，由共识到个性的手绘进阶规律，将建筑设计线稿手绘分为初级篇、中级篇、高级篇和个性篇四个阶段。鉴于本书第三章对于解构式手绘各环节已讲解得相当细致，本章将以各环节的完成图来展示解构训练过程。希望读者通过临摹与欣赏，取得进步。

第二十二讲 建筑手绘的阶段与分类

第一节 建筑线稿初级篇

建筑线稿初级篇、中级篇、高级篇的阶段分类，与选取素材类型和表现深入程度密切相关。就初级篇而言，选取素材多数为结构相对简洁的现代建筑。画面重点塑造主体建筑的轮廓、比例、结构等，明暗光影简单，配景表达较为概括。该类型案例简洁明快，主次分明，绘制完成时间较短。手绘工具以中性笔、签字笔为主。

河北秦皇岛阿那亚璞澜精品酒店

1.解构展示

本环节将以右图河北秦皇岛阿那亚璞澜精品酒店为例，进行解构式训练展示。

（1）草图训练

（2）透视与光影训练

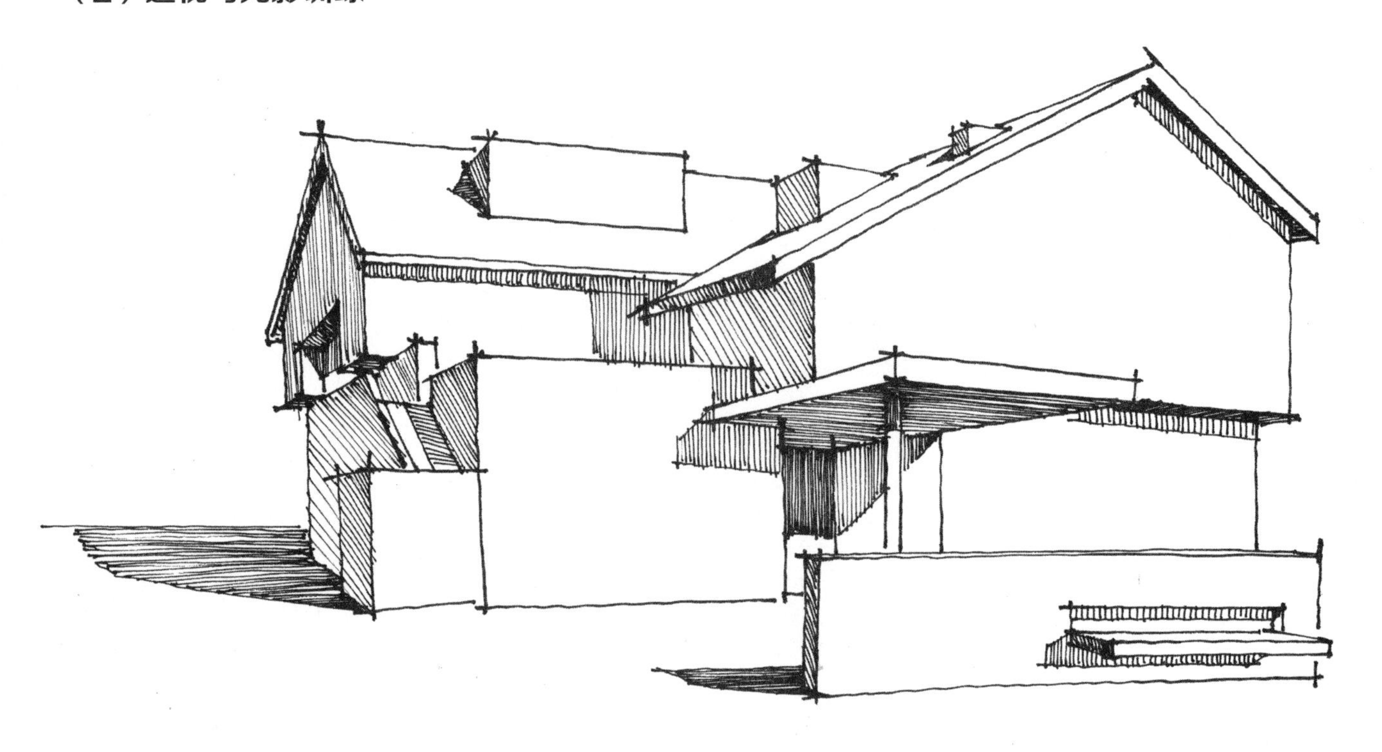

（3）配景训练

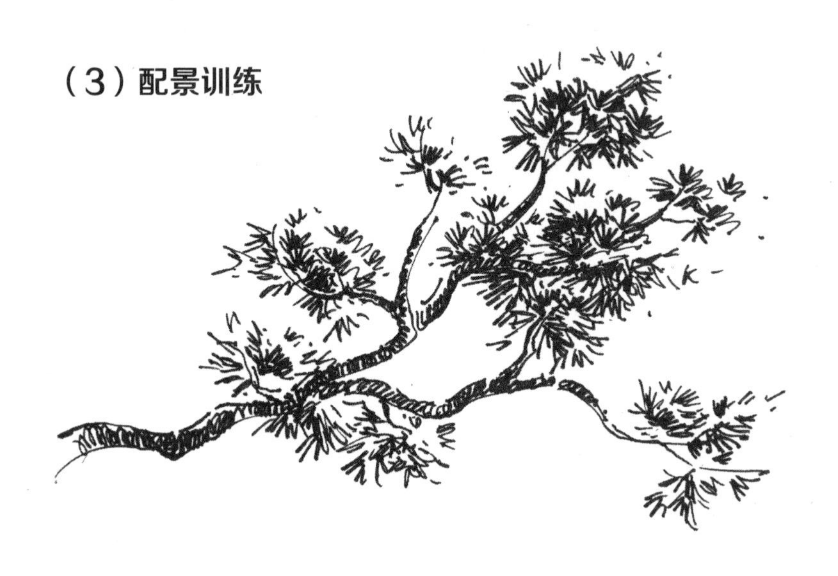

（4）局部训练

（5）最终效果

2.作品欣赏

本环节所展示的手绘作品最终成果，可供读者应用“建筑设计手绘线稿解构式训练方法”进行临摹训练。

美国费城坦普尔大学查尔斯图书馆

河北唐山中海九樾美学生活馆

越南河内混凝土办公综合体

秦皇岛阿那亚黄河入海餐厅

新加坡金沙艺术科学博物馆

俄罗斯某别墅

美国纽约古根汉姆博物馆

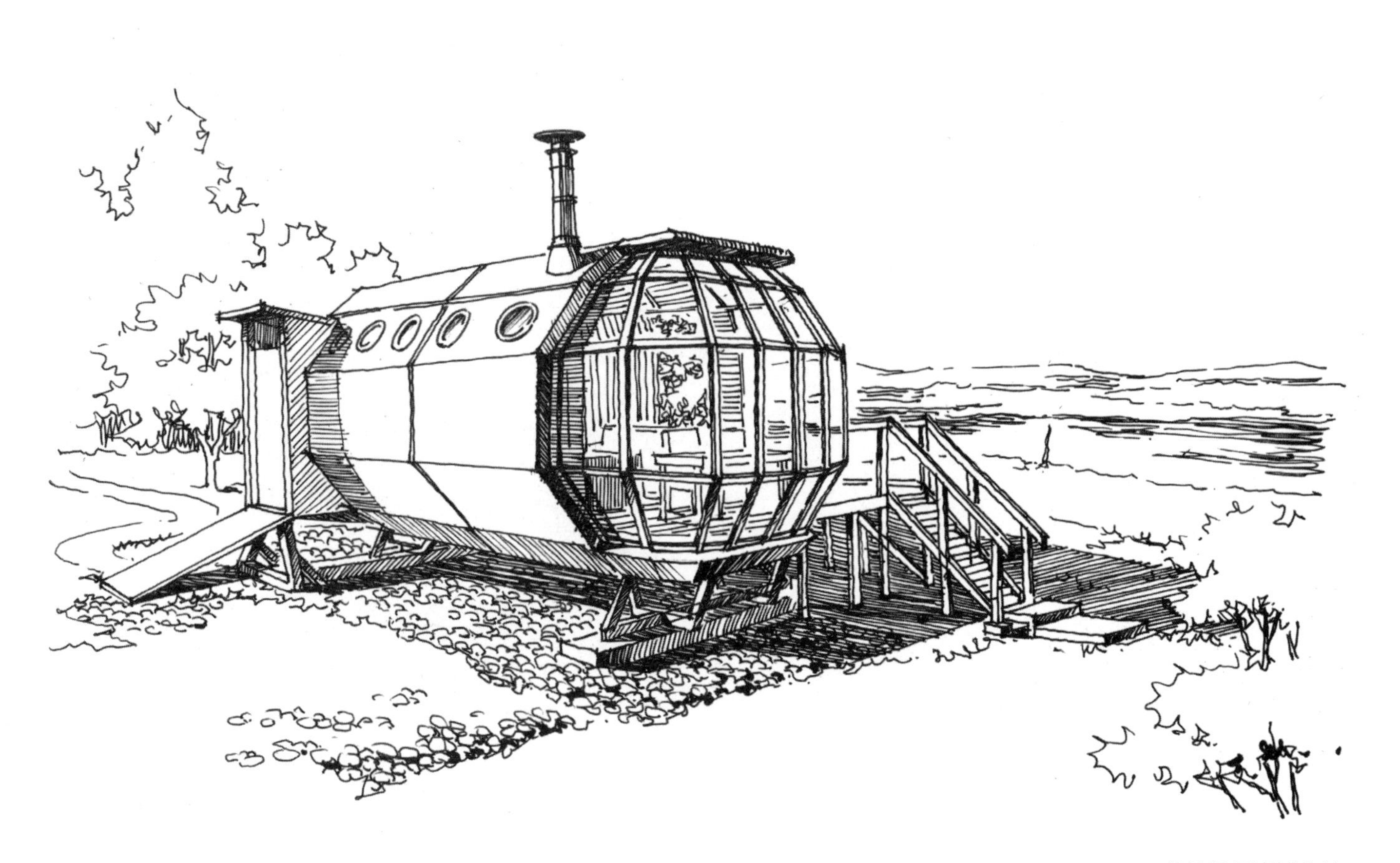

苏格兰悬崖博物馆

苏格兰格里姆宁002号飞艇

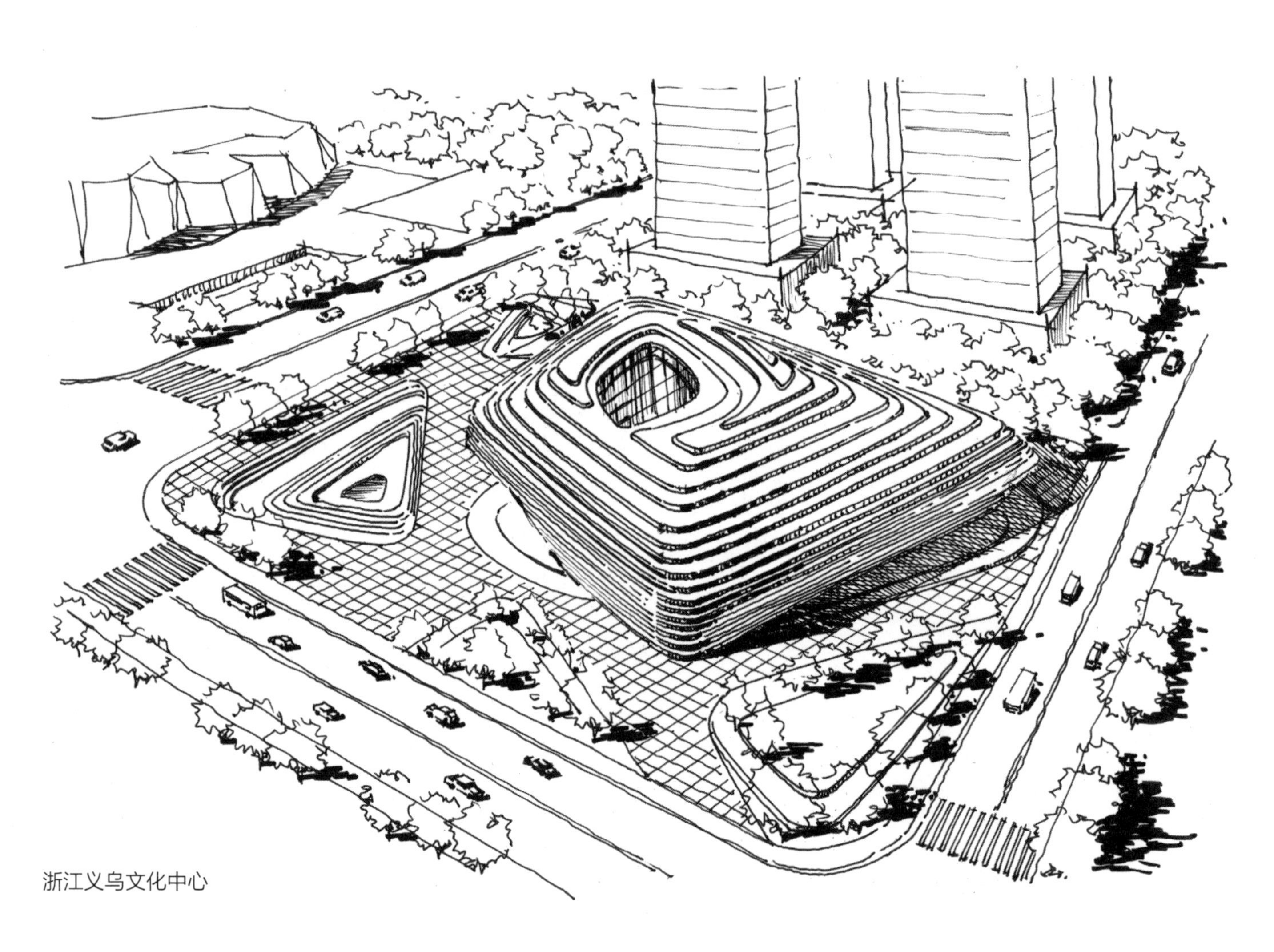

浙江义乌文化中心

第二节 建筑线稿中级篇

就建筑线稿中级篇而言，素材选取不受限制，各种风格和不同难度的建筑场景均可绘制。画面要在塑造主体建筑的轮廓、比例、结构等基础上，全面表达场景主体的明暗与光影关系，配景表达可繁可简，与主体协调即可。该类型手绘构图饱满，内容丰富，主次分明，画面有很强的表现力，绘制完成时间适中。可使用中性笔、签字笔、美工钢笔、马克笔等多种手绘工具表达画面。

1.解构展示

本环节将以右图苏州园林拙政园连廊为例，进行解构式训练展示。

苏州园林拙政园连廊

（1）草图训练

（2）透视与光影训练

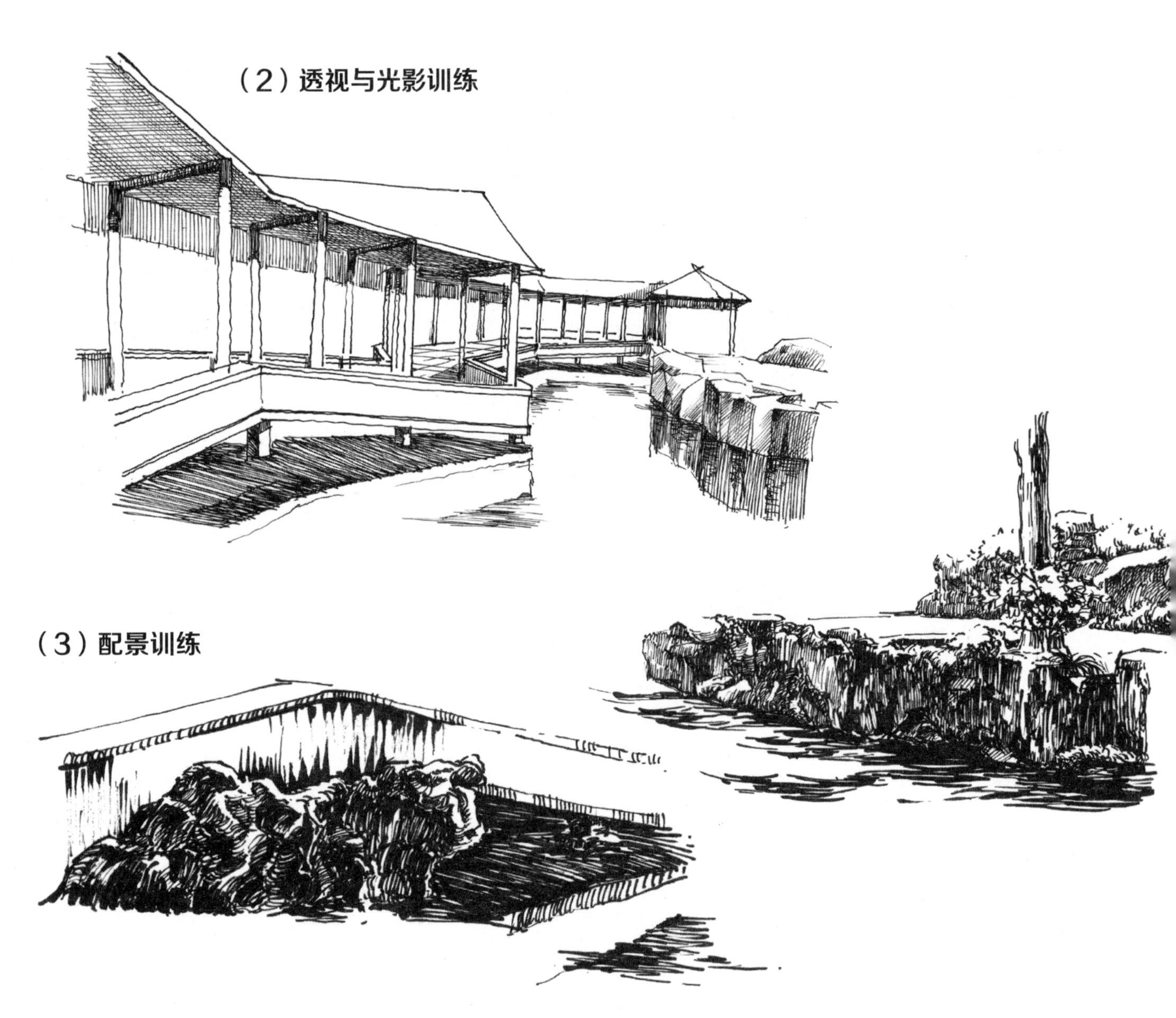

（3）配景训练

（4）局部训练

（5）最终效果

2.作品欣赏

本环节所展示的手绘作品最终成果，可供读者应用“建筑设计手绘线稿解构式训练方法”进行临摹训练。

某现代风格建筑（一）

某现代风格建筑（二）

韩国洪川混凝土住宅

某别墅

某民宿建筑（一）

某民宿建筑（二）

北戴河石塘路一隅

烟台芝罘区旧街

秦皇岛西港海誓花园

天津第五大道渤海商品交易所

西班牙龙达小镇一隅

土耳其卡帕多细亚

秦皇岛园博园

山西某民居

山西晋城柳氏民居

广州岭南印象园

北京某旧厂房

哥斯达黎加，丛林中的Coco＆Wing1

第三节 建筑线稿高级篇

建筑线稿高级篇的素材多选取有一定历史文化价值、质感较为独特、结构较为丰富、光影效果突出的建筑场景。画面要在建筑线稿中级篇的基础上，更加强调素描关系，深入刻画各种事物的质感和光感，弱化结构线条，体现真实、具象的效果。该类型手绘扎实厚重，内容丰富，质感细腻，空间深邃，画面视觉冲击力强，绘制完成时间较长。可用针管笔、中性笔、签字笔、美工钢笔多种手绘工具相配合表达画面。

1.解构展示

本环节将以右图北京古北水镇民宿建筑为例，进行解构式训练展示。

北京古北水镇民宿

（1）草图训练

（2）透视与光影训练

（3）配景训练

（4）局部训练

（5）最终效果

2.作品欣赏

本环节所展示的手绘作品最终成果，可供读者应用“建筑设计手绘线稿解构式训练方法”进行临摹训练，亦可欣赏评析。

秦皇岛西港码头机械

秦皇岛港口博物馆

墨西哥普拉亚维亚酒店

意大利马泰拉古城

安徽宏村

宁波奉化岩头村

陕北民居

陕西米脂杨家沟

北京首钢工业遗址公园

河北唐山启新工业园区

上海佘山世茂洲际酒店

钢笔画创作《不忘初心 继往开来——港口晨鸣》

苏州虎丘

第四节 建筑线稿个性篇

建筑线稿个性篇的素材选取多为结构丰富、构图较有特色、具备一定文化底蕴的建筑场景。画面表达力求突破结构限制，忽略繁琐细节，以自己的主观感受为依据表达建筑，进而在画面中重新建立手绘秩序。该类型手绘可采取忽略明暗光影，强调结构与构图的线性表达，亦可采取忽略结构细节，追求光感变化的块面表达，等等。其画面生动、线条流畅、效果新颖，绘制完成时间相对较短。尽管这类型的作品看起来可能有些随意、抽象、难以理解，但这种画面并非用于指导设计，而是建筑师灵感的记录，审美的淬炼，内涵的升华，是建筑手绘中最贴近于艺术创作的一种表现形式，具有广阔的发展空间。

河北秦皇岛城子峪民居

1.解构展示

本环节将以上图河北秦皇岛城子峪民居为例，进行解构式训练展示。

（1）草图训练

（2）透视与光影训练

（3）配景训练

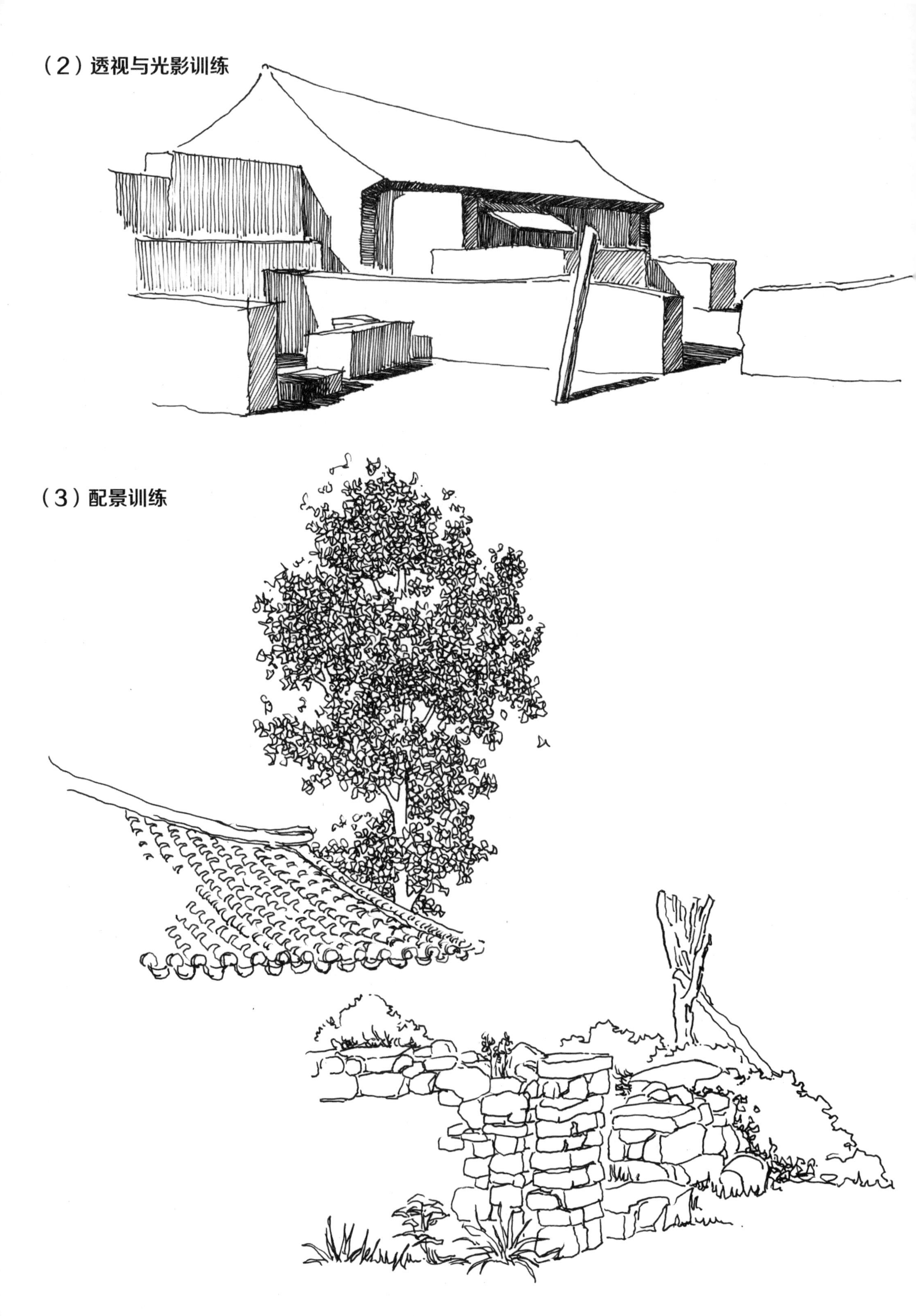

（4）局部训练

（5）最终效果

2.作品欣赏

本环节所展示的手绘作品最终成果，可供读者应用“建筑设计手绘线稿解构式训练方法”进行临摹训练，亦可欣赏评析。

澳大利亚悉尼Atlassian总部

云南丽江古城

福建厦门鼓浪屿万国建筑博览馆

马达加斯加

法国巴黎圣母院

秦皇岛首钢赛车谷高炉广场

北京古北水镇

河北秦皇岛山海关古城西门

德国巴伐利亚州新天鹅城堡

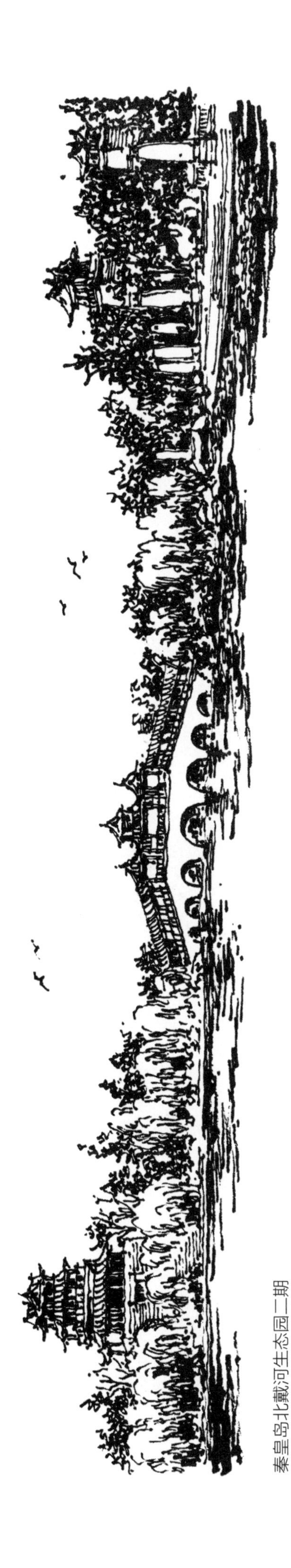

秦皇岛北戴河生态园二期

后记

解构式手绘，重在徒手绘画，精选典型案例，合理剖析构图，灵活应用实践。这是我们第一次从手绘教学的学术角度，发起对手绘训练新方式的探索，希望能为手绘初学者带来良好的助力；更期待随着今后手绘教学工作的展开，我们能够将解构式手绘训练教程作为一门课题予以研究，进而将其学术价值推至新的高度。建议仔细品读本书，并开展同步训练，必将取得意想不到的收获。

《建筑设计线稿解构式手绘技法》

视频课程一览表

本书视频共二十二讲，可与图书配套使用。
大家在观看时，注意同步跟练，这样才能取得事半功倍的效果。